ライブラリ数理・情報系の数学講義＝10

数値計算講義

金子　晃　著

サイエンス社

・UNIX は，The Open Group の登録商標です．
・その他，本書で使用する商品名等は，一般に各メーカの登録商標または商標です．なお，本文では，TM, ⓒ等の表示は明記しておりません．

サイエンス社のホームページのご案内
http://www.saiensu.co.jp
ご意見・ご要望は　rikei＠saiensu.co.jp　まで．

はしがき

　本書は，もともとコンピュータ (計算機) が作られた目的でもあり，また今でもコンピュータの重要な用途の一つである，数値計算に関する基本的な知識を提供するものです．内容的には，微分積分や線形代数の復習から，プログラミングの復習，そして，いわゆる数値解析の入門程度までが含まれます．ただし関数論は仮定していないので，専門的な数値計算の教科書というよりは，大学の基礎課程で学ぶ数学を，実用数学の代表的な分野である数値計算を通して総ざらいすると言ったところです．

　著者はこの内容を，お茶の水女子大学理学部の情報科学科で数回，本書と同名の科目で講義・実習をしてきました．また数学科で一回，応用数学の紹介講義の一環として講義したこともあります．本書の章立ては概ねそのときの一回の講義が一章分に当たっています．情報科学科での講義では，学生達は FORTRAN はもちろん初めて学ぶものですが，C 言語でも，学科の普通の実習では，数値計算に関わるプログラミングを練習する機会はあまり多くは無いようで，結構新鮮に受け止められました．本当はこういうプログラミングの初歩的な部分は，微分積分学や線形代数学の演習の一環としてやるべきものだと思っており，現に著者は自分でも機会あるごとにそのように努めてきました．

　本書は，このライブラリの他の本と比べて，コンピュータに関する記述が多くなっていますが，コンピュータが手近に使える現代では，数値計算の理論をせっかく勉強して，実例が手計算だけというのはもったいないと思います．また，実際計算では，丸め誤差の理解が非常に重要ですが，これもコンピュータを用いて，手ではできない程度の大掛かりな計算をして初めて見えてくるものです．

　数値計算は応用数学に分類されるのが普通ですが，必ずしもそれに限られるものではありません．純粋数学の王様のように思われている Gauss(ガウス) は，晩年には応用数学も精力的に研究しましたが，若い頃から純粋数学の定理を発見するのに膨大な数値計算を行っていたことはよく知られています．Gauss の時代にコンピュータが発明されていたら，彼はそれにのめり込んだことでしょう．

　本書では，プログラミング言語として FORTRAN 77 を主に取り上げ，これを最初から本書で学べるように配慮しました．時代遅れと言う声が必ず上がる

はしがき

でしょうが，FORTRAN 77 なら数学科の学生に 1 時間程度の説明をするだけで簡単なプログラムが書けるように指導するのは不可能ではありません．これだけで理論の検証が十分にできます．それに科学計算の現場では，スピードを求めてまだまだ FORTRAN は活躍しているようです．

　C 言語を学んだ人のために，FORTRAN 77 を補う形で，両者の違いが分かるように解説を加えました．さすがに C 言語の入門を同じ講義でやるのは時間不足なので，これについては一度初歩を学んだ人に対して，復習をしながら数値計算に関わる技法をさらに学ぶ，という立場を取りました．数値実験のためには FORTRAN 77 だけでも良いのですが，二つの言語を比べてみることで初めてその本質が理解できることも多々あるので，できれば C 言語にも興味を持ち，自分でやさしい入門書を求めて一緒に読みながら，本書の C 言語に関する解説も理解して頂くことを期待しています．このような比較の意味で，更に Fortran 90 や C++ といったより新しい言語も適宜紹介しています．

　これと平行して，丸め誤差を気にせず計算できる多倍長の処理系の紹介もしています．なので，コンピュータが嫌いだが数値計算には興味があるという人がもし居たら，本書はプログラミングと丸め誤差に関する記述を飛ばしても読むことは可能です．しかし，数値計算の最大の特徴は丸め誤差にあるので，本書を読むことによりこれらに興味を持って頂き，数値計算というものを通して，純粋数学と実用計算の差を体得して頂ければ幸いです．

　いつものように，本書のサポートページには，出版後に判明した正誤表の他，本書で用いたプログラムの見本や，課題の解答，およびそれらを動かすために必要なソフトの集め方とインストール法の解説などが置かれていますので，ご利用ください．特に，本書は紙数の制約のため，課題の解答を巻末に載せるのを省略しましたが，解答に必要なプログラム例はすべて同サイトに置きますので，自分で解けなかったときの参考にしてください．また，どうしても実験環境を準備できない読者のため，本文の理解に必要な最低限のプログラムを Java で実装したものがサポートページで動くようにする予定です．

　サイエンス社編集部の渡辺はるかさんには，丁寧な編集作業により原稿中の多くの誤りを見つけて頂きました．ここに感謝の意を記します．

2009 年 2 月 19 日　　　　　　　　　　　　　　　　　　　　　　　金子　晃

目　次

序　章　　コンピュータとプログラミング　　1
- 0.1　コンピュータとは 1
- 0.2　二進数によるデータの表現と文字コード 8
- 0.3　プログラミングの基礎 12

第1章　　計算機が扱う数の常識　　20
- 1.1　計算機が表せる数の種類と範囲 20
- 1.2　桁落ちと情報落ち 23
- 1.3　計算機内部における小数の表現 28
- この章の課題 36

第2章　　級数の和と打ち切り誤差　　38
- 2.1　級数の和を求める原理 38
- 2.2　プログラムによる実例 41
- 2.3　打ち切り誤差 (公式誤差) 47
- 2.4　級数の収束の速さと加速法 53
- この章の課題 55

第3章　　数 値 微 分　　56
- 3.1　数値微分法 56
- 3.2　実行例と誤差の観察 58
- 3.3　2階の導関数の近似 62
- 3.4　打ち切り誤差の厳密な評価 64
- 3.5　高次の近似式 65
- この章の課題 67

目次

第4章　数値積分　68

- 4.1　Riemann 近似和 68
- 4.2　台形公式 72
- 4.3　Simpson の公式 76
- 4.4　無限区間における定積分 81
- 4.5　Legendre-Gauss の数値積分公式 84
- この章の課題 87

第5章　2分法と Newton 法 − 非線形方程式の一般解法 −　89

- 5.1　2 分法 89
- 5.2　Newton 法 93
- 5.3　線形反復法 96
- 5.4　Richardson 加速法 97
- この章の課題 102

第6章　関数の作り方　104

- 6.1　関数の製作 104
- 6.2　FORTRAN と C の関数のまとめ 113
- 6.3　関数のグラフの描き方 116
- 6.4　関数を引数にもつ関数 121
- 6.5　関数の近似 124
- この章の課題 126

第7章　行列の計算 (1) − 2次元配列と消去法 −　127

- 7.1　行列と2次元配列 127
- 7.2　連立1次方程式を解く消去法 129
- 7.3　実践例とデータの取り方 135
- 7.4　行列プログラミングの注意事項 139
- 7.5　行列式と逆行列の計算 144
- この章の課題 145

目　次　　　　　　　　　　　　　v

第8章　微分方程式の解法 － 初期値問題 －　146

8.1　初期値問題と Euler-Cauchy 法 146
8.2　Euler-Cauchy 法の実装と誤差評価 149
8.3　Runge-Kutta 法 154
8.4　力　学　系 161
この章の課題 166

第9章　複素数の取り扱い － フラクタル図形の描画 －　168

9.1　Mandelbrot 集合の描画 168
9.2　C++ 言語における複素数の取り扱い 175
9.3　Julia 集合の描画 178
9.4　Newton 法の吸引領域 180
この章の課題 184

第10章　行列の計算（2） － 反復法と固有値の計算 －　185

10.1　対角優位行列の反復法による解法 185
10.2　縮小写像の原理 187
10.3　行列の固有値と作用素ノルム 190
10.4　自然界に現れる固有値問題 195
10.5　固有値と固有ベクトルの計算 198
この章の課題 201

第11章　偏微分方程式の数値解法（1） － 初期値問題 －　202

11.1　偏微分方程式とその近似解法 202
11.2　空間1次元の熱方程式 203
11.3　空間2次元の熱方程式 207
11.4　波動方程式の初期-境界値問題の差分解法 210
11.5　差分スキームの安定性条件 211
この章の課題 213

第12章　偏微分方程式の数値解法 (2) − 境界値問題 −　　215

- 12.1 時間に依存しない偏微分方程式 215
- 12.2 スペクトル法 216
- 12.3 差　分　法 218
- 12.4 有限要素法 219
- 12.5 連立1次方程式の高級解法 221
- 12.6 固有値再論 226
- この章の課題 231

第13章　多倍長演算・精度保証付き計算　　232

- 13.1 多倍長演算 232
- 13.2 　C++ による多倍長演算の実装 236
- 13.3 既存の多倍長演算システム 237
- 13.4 精度保証付き計算 239
- この章の課題 241

付録 A　Fortran 90 の概要　　242

- A.1 FORTRAN の歴史 242
- A.2 Fortran 90 の概要 242
- A.3 Fortran 90 のプログラム例 246
- A.4 Fortran 95, Fortran 2003 247
- この章の課題 248

付録 B　FORTRAN 77 の指令　　249

- B.1 FORTRAN 77 の指令 249
- B.2 xgrf.c で提供されるサブルーチン 252

参　考　文　献　　256
索　　　　　引　　257

序章
コンピュータとプログラミング

　この章は，数学科の学生などで，コンピュータについて本格的には学んだことが無い人のために，本書をより面白く読んでもらえるようコンピュータとプログラミングの易しい速成入門として用意しました．情報系学科の学生は，最後の節に書かれた FORTRAN の簡単な入門だけ読んだら，後は飛ばして次の章から始めればよいでしょう．（もちろん，復習に利用して頂ければ更に幸いです．)

　数値計算を効果的に勉強するには，コンピュータを実際に動かしてみることが重要です．数値解析を始め，コンピュータにからんだ数理科学のパイオニアとして自らいろんな新しい分野の研究を始めただけでなく，多くの分野の創始者を育てた山口昌哉先生は，ご自分ではプログラミングは一度もなさらなかったそうですが，先生のように非凡な方は例外として，私達は理論的な学習だけではなかなか本質を理解できないこともあるでしょうし，将来世の中に出て数学を実用として使う人は，実際に自分でプログラミングまでやらない場合も，一通りはこういうことを知っておいた方がいいでしょう．また，本文中でうっかり説明無しに使ってしまっているかもしれない，コンピュータに関する基礎的な用語をここで押さえておいて頂きたいと思います．

■ 0.1　コンピュータとは

　現在は高校でも教科『情報』が必修となり，ワープロでレポートを作ったり，表計算ソフトで統計処理の練習をしたりしたことがあるでしょう．更に，コンピュータの仕組みについてもある程度のことは学んでいると思います．なので，一般的なことは復習程度にとどめ，もう少し専門的なことまで解説しましょう．

　【コンピュータの構成】　コンピュータはハードとソフトからできています．ハード（ハードウェア，金物）とは，目で見てコンピュータと分かる箱とその中身あるいはその外側に付属している部品や機械類のことで，次のように分類できます．

☆ **本体** (箱)　この中に頭脳に当たる CPU (中央演算装置) や，それに必要なデータを高速に供給するための主記憶 (メモリー) などが載った基板 (マザーボード) や下に述べる補助記憶装置などが入っています．

☆ **入力装置**　文字を打ち込むキーボード，画面でアイコンや項目を選択するためのマウス，絵や写真を取り込むスキャナー，お絵描き用のペンタブレットなど，コンピュータ本体にデータや指令を届けるための装置です．

☆ **出力装置**　コンピュータからのデータやメッセージを表示するディスプレイ (最近は液晶ディスプレイが主流)，印刷機 (プリンタ)，スピーカーなどです．

☆ **補助記憶装置**　内蔵固定型 (ハードディスク) と着脱型 (フロッピーディスク，各種メモリーカード，CD など) の 2 種に分かれます．後者は駆動装置 (ドライブ) が本体の箱に固定されていても，媒体 (メディア) であるフロッピーディスクやメモリーカードは，持ち運んでデータの移動に使えます．

しかし "コンピュータソフト無ければただの箱" という川柳が示すように，これだけではコンピュータは動きません．コンピュータを動かしているのが各種のソフト (ソフトウェア) です．ソフトには大きく分けて OS とアプリケーションがあります．下の図はこれらが成す階層構造を模式的に表したものです．

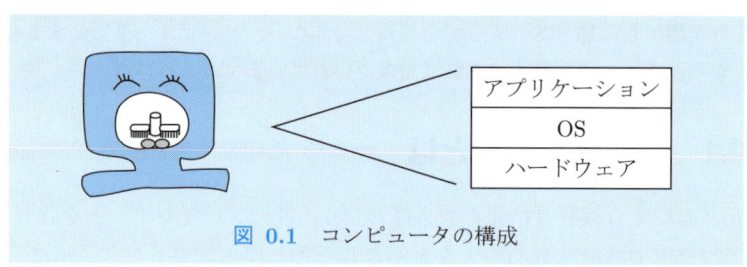

図 **0.1**　コンピュータの構成

【**OS (オペレーティングシステム)**】 とは，コンピュータの基本動作をする縁の下の力持ち的なソフトで，普通に使うアプリケーション (いわゆるソフト) がその上で走るのを助けたり，複数のアプリケーションがコンピュータのハードウェア資源を使うときの交通整理をしたりします．コンピュータを普通に買うと付いてくる Windows XP, Windows Vista などの Microsoft 社の製品 (以

0.1 コンピュータとは

下区別する必要が無いときは単に Windows と呼びます），あるいは Apple 社の Macintosh に積まれている Mac OS などが身近な OS の例です．更に，しばらく前から Linux と呼ばれるフリーの OS もよく話題に上っているので，名前くらいは聞いたことがあるかもしれません．

普通にパソコンを購入すると Windows や Mac OS で使うことになりますが，これから使うソフトの中には昔からの代表的な OS の一つである UNIX 上で動作するように作られたものもあるので，この名前も覚えておきましょう．実はLinux も UNIX のクローンで，使い方はほとんど同じです．更に，Windows上で UNIX をエミュレート (真似) した Cygwin というソフトウェアパッケージもこれからの作業では有用です．Macintosh なら，普段はあまり使わない，開発キットというものをインストールして，実は Mac OS の裏で動いているFreeBSD という UNIX の一種を使うことになります．

このように，OS にはいろいろな種類があるので，以下に述べるようなアプリケーション類を自分で購入したり，フリーソフトをダウンロードしてインストールするときは，CPU の種類と併せて，どの OS 用のものかも確かめる必要があります．

【ハードディスクのディレクトリ構造】 最近の OS やアプリケーションは巨大になったので，普段はハードディスクに記録され，ある仕事をするときに必要になったものだけが主記憶に読み込まれて実行されます．ハードディスクはいくつかのパーティションに分けられているのが普通です．Microsoft 社の Windowsでは，これらに C:, D: などとアルファベットのラベルが与えられ，ドライブと呼ばれます．この下にディレクトリ (フォルダ) と呼ばれる記録単位が階層構造(入れ子状，正確には木構造と呼ばれるもの) を成して作られ，最後はファイルと呼ばれる単位で記録されます．自分で作成した文書やプログラムなどもファイルとして保存されるので，必要なら USB メモリーに写したり，ネット経由で自宅に運んだりします．自分が作ったはずのファイルがどこに有るのか探すのが最初に経験するトラブルでしょうね．

【アプリケーションのいろいろ】 アプリケーションには大別して，次のようなものがあります．

◎ **一般の人 (ユーザー) が使うソフト**　レイアウト付きの文書を作成するワードプロセッサ (ワープロ), 統計データの処理をする表計算ソフト, 業績や研究などを発表するためのプレゼンテーション (プレゼン) ソフト, 挿絵などを作ったり写真を加工したりする CG・画像処理ソフト, ウェッブブラウザ (いわゆるインターネットの閲覧ソフト), メールソフトなどが代表的なものです.

◎ **コンピュータでアプリケーションを開発する人のためのソフト**　いわゆるプログラミングにより自分で新しいアプリケーションを作り出すときは, 次のようなソフトが必要になります：

☆ **エディター**　ワープロに似ていますが, レイアウトや文字装飾などとは無縁で, ただひたすら編集に便利な作りになっているものです. Windows では標準添付のメモ帳, ワードパッドなどがこれに相当します. UNIX の世界では emacs や vi が典型的なソフトです. プログラミングをするときは, まずエディターを使って FORTRAN, Pascal, C, C++, Java などのプログラミング言語のどれかによりソースファイルというものを書きます.

☆ **コンパイラ**　エディターで書いたソースファイルをコンピュータ (CPU) に実行可能な機械語や中間言語に変換するソフトです. プログラミング言語の種類に応じて, それぞれのコンパイラがあります. これについては最後の節で詳しく説明します.

☆ **シェル**　伝統的なやり方でコンピュータとの対話をする際の窓口となるのが**ターミナルウインドウ**です. Windows ME までは DOS（ドス）窓と呼ばれるターミナルウインドウがありました. XP や Vista にはコマンドプロンプトと名付けられた類似のウインドウがあります. シェルは一般にターミナルウインドウでユーザーと OS のやり取りを仲介するソフトです. DOS 窓のシェルは DOS シェルと呼ばれました. 新しい Windows では, それが機能拡張されてコマンドプロンプトとなりましたが, この名前は長いので, 以下では旧名称の DOS 窓や DOS シェルで代用します. UNIX では sh と csh が基本で, 普通はそれを機能拡張した bash や tcsh などがよく用いられます.

【**主なシェルコマンド**】　シェルと対話をするときは, シェルに備わった**コマンド (指令)** を打ち込みます. これから, ターミナルウインドウで仕事をする

0.1 コンピュータとは

ときに必要となる最小限のコマンドを，UNIX のシェルと DOS シェルのそれ (括弧内) を対比させながら一覧してみましょう．

- ☆ ls (dir) ファイルのリストを見る．それぞれ**オプション** (指令を補う付加パラメータ) があり，ほぼ

$$\text{ls -l} \iff \text{dir} \qquad \text{ls} \iff \text{dir/w}$$

と対応しています．UNIX では ls -rtl を実行すると，最新の日付のファイルが一番下になるように表示され，とても便利なので覚えましょう．

- ☆ cp (copy) ファイルのコピー．cp A B で A というファイルのコピーが B という名前で作られます．DOS ではコピーしても日付は変わりませんが，UNIX ではコピー先ファイルは**デフォルト** (標準設定) ではコピーしたときの日付になってしまうので，cp -p のようにオプションを付けて日付を変えずにコピーするのがバージョン管理などで大切になります．別の場所から名前を変えずに**カレントディレクトリ** (自分が今居る場所) にコピーするには，第二引数に．(ドット) を記します．

- ☆ cd (cd) 指定したディレクトリに移動する．cd .. で一つ上のディレクトリに上がれます．単に cd とすると自分のホームディレクトリに戻ります．

- ☆ cat (type) ファイルの内容を表示します．大きなファイルだと，尻尾しか見えませんが，more でファイルの内容を 1 ページずつ表示できます．これは DOS にもありますが，元にも戻れる less は UNIX にしかありません．

- ☆ cmp (fc) 二つのファイルの違いを見る．これは違いの有無しか教えてくれませんが，どこを直したか忘れてしまったときに，その箇所を見たいときは，UNIX には二つのファイルの差を表示する diff というツールがあります．

- ☆ rm (del) ファイルの削除．予め消してもよいファイルを作り，それで練習してから使ってください！ そそっかしい人は消してよいかどうか確認してくれるオプションを付けた rm -i を実行しましょう．**サブディレクトリ** (指定した場所の下にあるディレクトリ) も込めてきれいに消去する恐い指令は rm -r です．

- ☆ mv (move) ファイル名の変更，ファイルの移動．これも名前を変えずに他の場所からカレントディレクトリに移動するには，第二引数に．を記します．

☆ **mkdir (md)** ディレクトリを作成する．
☆ **rmdir (rd)** ディレクトリを消去する（中が空でないと消せません）．

　ここに示した指令の中には，シェルによっては通常のアプリケーション（外部コマンド）となっているものがあります．Windows で UNIX をエミュレートする Cygwin では，ほとんどが**外部コマンド**，すなわち，シェルから別のアプリケーションとしてそれらを起動するようになっているので，次に述べるようなパスに関する注意が必要となります．

【アプリケーションの起動法】　最近は GUI（グラフィカルユーザーインターフェース）が主流になり，普通のユーザーがコンピュータのアプリケーションを起動するときは，単にそのアイコンをマウスでクリックするだけになりました．しかし実際にはアプリケーションはハードディスクでディレクトリの階層構造の中に置かれているので，必要なアプリケーションのアイコンが見付からないときは，エクスプローラの窓を開いて，対象となるファイルのアイコンを求めてフォルダの下を探してゆかねばなりません．このため良く使うアプリケーションは，スタートメニューに登録したり，デスクトップにショートカットを作ったりして，すぐに使えるようにするのが普通です．

　これに対し，伝統的なアプリケーションの起動法は，**ターミナルウインドウ**で対応するアプリケーションのコマンド名をキーボードで打ち込むことにより行います．ターミナルウインドウは今ではアプリケーションの一種ですが，昔コンピュータへの入力がキーボードだけで行われていた頃，その入力画面をターミナル（端末）と言ったので，それをエミュレートしているウインドウのことをこのように呼ぶのです．

　その際，そのアプリケーションのファイルが置かれているディレクトリが実行ファイルのサーチパス（探索経路）に含まれているときは，その名前だけ打ち込んでエンターキーを押せばよいのですが，そうでないときは，その場所を示すパスを頭に付けなければなりません．

　パスとは，ファイルの存在場所をディレクトリの階層構造に従って書き連ねたものです．DOS 窓の場合は \ （バックスラッシュ）で，UNIX や，それを Windows 上でエミュレートする Cygwin のターミナルウインドウの場合は / （スラッシュ）という区切り記号で，ディレクトリの名前を最上階から順に繋げて記します．

0.1 コンピュータとは

例えば,

    C:\Document and Settings\mizuka\My Documents\report.doc　(DOS 窓)
    /home/mizuka/Pascal/report.p　(Cygwin の窓)

バックスラッシュ \ は日本語 Windows や一部の日本語化が進んだ Linux では, 半角文字の ¥ で表示されるのが普通ですが, コンピュータの内部では同じ記号として扱われます.

  実行ファイルのサーチパスは, レジストリ情報として記憶されたり, PATH という名前の環境変数に記憶されていたりします. あるディレクトリをサーチパスに追加することを, そこに**パス**を**通す**と言います. 特にカレントディレクトリは DOS 窓ではシェルの標準でパスが通されますが, UNIX 系ではそうではないので注意が必要です.

【**ソフトウェアと著作権**】　ハードはお金を出さないと買えないことを誰でも理解するのに, ソフトは簡単にコピーできることもあって, 有料であることを理解していない人がいますが, すべてのソフトは著作権で守られており, 特に市販のものは, その著作権を規定した文書が必ず添付されており, それに反してコピーすれば犯罪行為となるので, 十分に注意しましょう. 買ったソフトは一台の機械にしかインストールできないのが普通です.

  これに対し, フリーソフトと呼ばれる, ただで使えるソフトが有ります. これには, 作者が著作権も放棄して全く自由になったもの (パブリックドメイン) もありますが, 多くはみんなに使ってもらうために無料にしているが, 著作権は保持しているものです. 中でも, ソフトのソースコードまで公開しているオープンソースと呼ばれるものが今脚光を浴びています. 大学の予算不足の傾向も有って, Microsoft Office の代替品である Open Office などが, これからキャンパス内で身近なものとなるでしょう. こういうソフトを使うときも, 商用ソフトと同様, 著作権の規定を尊重しましょう. ものによっては使用者による登録が必要です.

  ソフトの著作権は, 自分で苦労してプログラミングをしてみると実感として分かって来るものです. それによってフリーソフトのありがた味も増すことでしょう. みなさんも是非, コンピュータを使うからには, プログラミングまでやって著作者となってみましょう.

本書では，本文を理解するために使うことができるソフトとして，基本的にすべてフリーソフトから選んで紹介しています．

■ 0.2　二進数によるデータの表現と文字コード ■

コンピュータの内部やデータのやりとりの際に，計算結果の値や文字・画像データがどのように表されているかは，コンピュータの仕組みを知る助けになるので，基礎的な知識を持っておきましょう．コンピュータではすべてのデータは 0 と 1 の列より成る二進整数で表現されます．といっても，コンピュータの中に 0 や 1 が本当に並んでいるのではなく，電荷の有無，電圧の高低，磁化の向きなど，物理的に区別できる 2 種の状態が並んでいるのです．実はコンピュータで二進法が使われることになったのは，コンピュータが発明された頃の技術水準では，高速に確実に区別できる物理状態が二つだったからで，もしかしたら今ごろ三進法で動くコンピュータが代わりに普及していたかもしれないのです．

0, 1 の列は，適宜，文字や画像上の点の明るさや色，あるいは数値計算の浮動小数などと解釈して必要な処理が施されるのです．まずは，基本となる正の整数の二進法による表現を見てみましょう．

【二進法と十六進法】　二進法とは，数を 0 と 1 の二種類の数字だけで表すものです．0, 1 の次は 2 になったら，繰り上げて 10 とするのです．下左の表 0.1 に小さな十進数について，その二進法による表現が示されています．

表 0.1

十進	二進
0	0
1	1
2	10
3	11
4	100
5	101
6	110
7	111
8	1000
9	1001
10	1010
11	1011
12	1100
13	1101
14	1110
15	1111
16	10000

表 0.2

十進	二進	十六進
0	0	0
1	1	1
2	10	2
3	11	3
⋮	⋮	⋮
9	1001	9
10	1010	A
11	1011	B
12	1100	C
13	1101	D
14	1110	E
15	1111	F
16	10000	10
17	10001	11
⋮	⋮	⋮
31	11111	1F
32	100000	20

この表から分かるように，二進表現はすぐ長くなってしまうので，情報科学では二進4桁を一つにまとめた十六進法がよく使われます．十六進法では，十進法で 15 までが 1 桁の数となるため，全部で 16 個の数字が必要で，通常の十進法の数字 $0, 1, 2, \ldots, 9$ だけでは足りず，A $(=10)$, B $(=11)$, C $(=12)$, D $(=13)$, E $(=14)$, F $(=15)$ が用いられます．上右の表 0.2 に十進，二進，十六進の対応を示しました．（この表を見ればお分かりのように，10 はいろんな数を表しています．なので十進法のことを 10 進法と書いてはいけません！）

二進法や十六進法でも四則演算が十進法と同様にできます．ここでは下に十進法で $89 + 53$ に相当する足し算の例を示しておきます．一番左が二進法での足し算，その次がそれを十六進法で表したものです．何進法にしても，桁上がりの規則は小学校で習ったものと同じです．参考までに，十進法で 5×3 に当たる掛け算と $1 \div 5$ を二進循環小数に直すための割り算を並べて示します．これらを習ったことが無い人は，小学校で習った十進法の筆算を思い出しながら，パズルだと思って以下の計算法を解読してみましょう．

$$
\begin{array}{r} 1011001 \\ +\ 110101 \\ \hline 10001110 \end{array}
\qquad
\begin{array}{r} 59 \\ +\ 35 \\ \hline 8E \end{array}
\qquad
\begin{array}{r} 101 \\ \times\ \ 11 \\ \hline 101 \\ 101 \\ \hline 1111 \end{array}
\qquad
101\ \overline{)\ \begin{array}{l} 0.0011 \\ 1.0000 \\ 101 \\ 110 \\ 101 \\ 1 \end{array}}
$$

ここで，二進数に関連して良く使われる二つの用語を覚えましょう．

情報量の基本単位

ビット：二進法の桁数を表す単位．
バイト：十六進2桁分の情報量の単位．1 バイト = 8 ビット．
　　　　これは次節で分かるように，アルファベットの一文字分です．

【文字コード】　コンピュータでは，数だけでなく，文字や画像，音声など，あらゆるデータが二進数により表現され取り扱われます．ここでは，文字について解説します．

文字は，**文字コード**と呼ばれる整数に対応させてあります．英語のアルファベットは，よく使う英文句読点などの記号と併せて**アスキー文字**というグループを作っています．これらは一文字あたり 1 バイト，すなわち十六進2桁の整数で表されます．これを**アスキーコード**と呼びます．（アスキー ASCII は American

Standard Code for Information Interchange の頭文字です.)

表 0.3 十六進アスキーコード (半角 JIS コード) の表 [1]

	0	1	2	3	4	5	6	7	8	9	A	B	C	D	E	F
0	NUL	DLE		0	@	P	`	p				ー	タ	ミ		
1	SOH	DC1	!	1	A	Q	a	q			。	ア	チ	ム		
2	STX	DC2	"	2	B	R	b	r			「	イ	ツ	メ		
3	ETX	DC3	#	3	C	S	c	s			」	ウ	テ	モ		
4	EOT	DC4	$	4	D	T	d	t			、	エ	ト	ヤ		
5	ENQ	NAK	%	5	E	U	e	u			・	オ	ナ	ユ		
6	ACK	SYN	&	6	F	V	f	v			ヲ	カ	ニ	ヨ		
7	BEL	ETB	'	7	G	W	g	w			ァ	キ	ヌ	ラ		
8	BS	CAN	(	8	H	X	h	x			ィ	ク	ネ	リ		
9	HT	EM	)	9	I	Y	i	y			ゥ	ケ	ノ	ル		
A	LF	SUB	*	:	J	Z	j	z			ェ	コ	ハ	レ		
B	VT	ESC	+	;	K	[	k	{			ォ	サ	ヒ	ロ		
C	FF	FS	,	<	L	\	l	|			ャ	シ	フ	ワ		
D	CR	GS	-	=	M	]	m	}			ュ	ス	ヘ	ン		
E	SO	RS	.	>	N	^	n	~			ョ	セ	ホ	゛		
F	SI	US	/	?	O	_	o	DEL			ッ	ソ	マ	゜		

この表は,上欄が上位の桁,左欄が下位の桁を表しています.なので,数字の 0 の文字コードは十六進 30 となります.一般に,人間に読めるデータは**テキストデータ**,そのようなデータが書かれたファイルは**テキストファイル**と呼ばれます.テキストファイルに数 0 を書き込むと,実際には数字 0 の文字コードである,十六進 30,十進では 48 という数が二進数として書き込まれるのです.

これに対し,漢字は文字数が多いので 2 バイト,すなわち十六進 4 桁の整数で表します.これがいわゆる漢字コードですが,困ったことに漢字一文字と英字記号二文字はうまく工夫しないと区別がつかなくなります.区別の付け方にはいろいろな方法があり,これがいわゆる漢字コードの種類で,JIS コード,EUC,シフト JIS コード,ユニコードなどがあります.アプリケーションでコードの種類が合わなかったりすると文字化けが起こります.Windows では,涙ぐま

---

[1] カナの半角などは UNIX では扱えないので,全角文字で代用してある.それに合わせてアルファベットの方も全角にしたので,字体が少し違う感じがするかもしれない.西欧では半角仮名の位置に各国語のアクセント付き文字を割り当てたコード表を用いている.漢字の表示できない端末で EUC の漢字を出力するとこのような文字が表示されることが有る.

しい日本語化努力により，ユーザー名やファイルの名前などがデフォルトで漢字になったりしますが，Cygwin や UNIX に持ってゆくと文字化けが起こって正しく処理できないこともあるので注意しましょう．電子メールの Subject 欄なども漢字を使わず英語やローマ字にするのが安全です．

表 0.4 漢字コードの例：第一水準の JIS コードの一部[2)]

	0	1	2	3	4	5	6	7	8	9	A	B	C	D	E	F
302		亜	唖	娃	阿	哀	愛	挨	姶	逢	葵	茜	穐	悪	握	渥
303		旭	葦	芦	鯵	梓	圧	斡	扱	宛	姐	虻	飴	絢	綾	鮎	或

印刷における活字の幅に由来する用語として，1 バイトの英字記号を**半角文字**，2 バイト漢字を**全角文字**と呼ぶことも多いので，覚えておきましょう．ややこしいことに，数字や英字にも全角文字版があり，半角のアスキー文字とは異なる 2 バイトのコードを持っています．本書はコンピュータ自身の教科書ではないので，文字コードについては参考程度に考えて頂けばよいのですが，数の 0 と文字の 0 はコンピュータの中では異なる表現を持っている（すなわち，前者は二進整数の 0 だが，後者は文字 0 に割り当てられたアスキーコードである二進整数 110000，十六進で 30）ということぐらいは覚えておくと，計算結果の出力形式の差を理解するのが容易になるでしょう．また，日本語に完全には対応していないコンパイラが，日本語で書いたコメントのせいでおかしな動作をしてしまう理由も理解できるようになるでしょう．

【バイナリデータとコンピュータ】 データを理解したら，次はコンピュータの指令です．コンピュータを働かせるには，コンピュータに対する指令を最終的に CPU に対する処理 (演算) 命令の列にして与えます．これが機械語の実行可能コードと呼ばれるもので，やはり二進数で表されています．実はコンピュータの内部ではプログラムのコードとデータは，見ただけでは普通の人には区別できないような同じ二進整数で格納されています．プログラムをそれが扱うデータと同等に考えるというアイデアは，現代コンピュータの発明者 **Von Neunann**（フォン ノイマン）によるものです．(ただしコンピュータの発明者に関しては諸説があります．) 最初に作られた電子計算機は，何か新しい計算をさせるのにプログラムを取り換えるときは，外から配線を変更しなければなりませんでした．それを，プロ

[2)] 上述のアスキーコード表とは逆に，左欄が上位 3 桁，上欄が下位 1 桁を表す．例えば，亜のコードは 3021．

グラム自身をデータと同様にコンピュータに与え，コンピュータにそれを解釈させて実行させるという風に変えたところから，コンピュータの劇的な進歩が始まったのです．プログラムもデータも外から見ると単に 0 と 1 の並びにしか見えず，プログラムにバグ (欠陥) が有ると，自分自身を書き換え破壊し，暴走してしまうということも起こり得ます．今流行のコンピュータウィルスも，このデータとプログラムの同等性を利用して活動します．

初期の頃は人間が直接機械語でプログラムを書いていたのですが，これでは作業が大変なので，人間に読んで理解しやすい形にプログラム (ソース) を書き，機械語への変換 (コンパイル) はコンピュータにやらせるようになりました．こうして最初に生まれたのが，1950 年代に開発された FORTRAN (Formula Translation の略) で，過去の膨大な資産のために今でも数値計算の分野でメインに使われています．今日 FORTRAN には，付録 A で書かれているようにいろんなバージョンがありますが，本書で主にとりあげるのは FORTRAN 77，略して F77 と呼ばれるものです．以下単に FORTRAN と言ったらこれを指すものと思ってください．

0.3 プログラミングの基礎

いよいよ計算を始めましょう．コンピュータに計算をやらせる最も簡単な方法は，電卓として使うものです．市販の OS には，GUI の関数電卓がアプリケーションとして供給されているのが普通なので，これを立ち上げれば，普通の計算はできます．しかし，数値や演算ボタンをマウスでクリックするのは，量が多くなるとあまり実用的ではありません．ターミナルの**コマンドライン** (指令入力行) で，計算結果をすぐに返してくれるようなソフトを立ち上げて計算する方が実用的です．その上，簡単なプログラミングもできれば便利です．このような目的で使われるアプリケーションは**インタープリタ**と呼ばれます．

【インタープリタ】 パソコンが出始めたときに良く使われた BASIC インタープリタがその代表例です．これはちょっとした計算をするには結構便利で，一時は高校の数学教科書にも載せられていましたし，著者もよく使っていました．が，BASIC の言語仕様が情報科学のプロ達に大変評判が悪く，他方で次第にコンピュータにバンドルされたソフトが充実してきて，一般のユーザーがわざ

わざ BASIC を用いてプログラミングをしなくても，購入したコンピュータで即いろんなことができるようになったこともあり，今では見掛けなくなってしまいました．

インタープリタ言語として，初等関数の計算までできるものは，Python，CLISP，OCaml や DrScheme など，かなり情報科学向きのものばかりですが，この講義のためにはむしろ，純粋にはインタープリタ言語ではありませんが，そのような使い方ができる，代数計算や数式処理のソフト，Maxima，Risa/Asir，Pari/GP，あるいは統計処理の R などがよりふさわしいかもしれません．こういうソフトは，本格的にソースを書く前に様子を見る，あるいは得られるはずの値をチェックするためにデバッグで利用するなど，結構有用です．慣れている人はこの目的にエクセルなどの表計算ソフトに備わったマクロ (簡易プログラミング) 機能を使っている人もいます．

数式処理ソフトについては，丸め誤差を気にせず計算できるため，最初からこれで数値計算を勉強するにはやや問題があります．なので，本文でその有用性を示すことができるようになったときに紹介することにして，ここでは，R と Python の起動画面をちょっと紹介して，インタープリタの概念を把握してもらいましょう．

次は R を立ち上げて使ってみたときの画面の様子です．> は R の**プロンプト** (入力促進記号) です．明記はしてありませんが，プロンプトの各行の終わりでは，計算機に入力完了を通知するため，エンターキー ↵ を押しています．

```
Kero R              (起動コマンド．この後沢山のメッセージが出るが省略)
> 2+3*4+5^2         (R のプロンプトに計算式を打ち込む)
[1] 39              (* は積を ^ は冪乗を表す．演算の優先順位を確認せよ)
> sin(1)
[1] 0.841471        (三角関数の引数はラジアン)
> 1+1/2^2+1/3^2+1/4^2+1/5^2+1/6^2+1/7^2+1/8^2+1/9^2+1/10^2
[1] 1.549768
> s=0
> for (i in 1:10000) s=s+1/i^2    (この 2 行で簡単なプログラミング)
> s
[1] 1.644834
> pi^2/6                (円周率は pi で呼び出せる)
[1] 1.644934
>q()                    (終了指令)
```

終了指令を確認してから起動しないと慌てますよ．for で始まる行は，級数の和を求めるものですが，この意味は第 2 章を読んだ後なら想像できるでしょう．

R はインストールしないと使えませんが，Python はほとんどの UNIX 配布パッケージや Cygwin に標準で含まれており，Google の公用言語の一つにもなっています．Python のプロンプトは >>> です．

```
Kero$ python            (起動コマンド．この後沢山のメッセージが出るが略)
>>> 2+3*4+5**2          (Python のプロンプトに計算式を打ち込む)
39                      (** は冪乗，演算の優先順位は R と同じ)
>>> sin(1)
Traceback (most recent call last):
  File "<stdin>", line 1, in ?
NameError: name 'sin' is not defined
>>> from math import *  (この準備をしないと関数電卓にならない)
>>> sin(1)
0.8414709848078965      (三角関数の引数はラジアン)
>>> sin(pi/4)           (円周率は pi で呼び出せる)
0.7071067811865476
>>> sqrt(2)/2
0.7071067811865475      (両者の値が一致しない理由を考えてみよ)
>>> s=0
>>> for i in range(1,10000):
...     s=s+1.0/i/i     (1.0/i**2 でもよいが，1/i**2 はだめ)
...                     (単に改行でループから抜ける)
>>> s
1.6448340618480697
>>> pi*pi/6   1.6449340668482264
```

Python の終了指令は Ctrl-D (コントロールキーを押しながら d を押す) です．Risa/Asir や Maxima も，この程度の計算に対してもほぼ上と同じように使えます．これらのインタープリタは，最初は GUI の関数電卓より近付き難いかもしれませんが，上向き矢印キー↑で以前使ったコマンドが呼び出せ (**ヒストリー機能**)，左右の移動キー ← → で途中を書き換えて訂正や再利用できる (**行編集機能**) など，慣れるとボタンを押すしか無い電卓よりずっと便利になります．

【**ソースコードとコンパイルの例**】 数値計算の本格的な実行には，コンパイル言語である FORTRAN, C, C++ などが使われます．こういうものを使った開発の手順は，ほぼ次の図 0.2 のようなものです．

ここで簡単な実験をやってみましょう．次のような"文章"(ソースコード，または単にコード，あるいは**プログラム**と呼ばれます) を適当なエディターで作成し，保存します．何も無ければ Windows のメモ帳でも良いのですが，DOS 窓で

```
notepad jikken.f
```

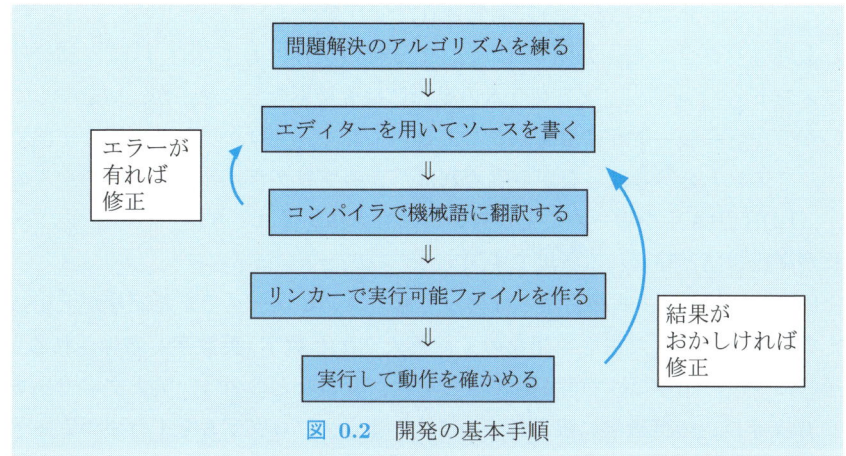

図 0.2　開発の基本手順

のようにファイル名を指定して起動すると，作った文章をあちこち探し回らずに済みます．

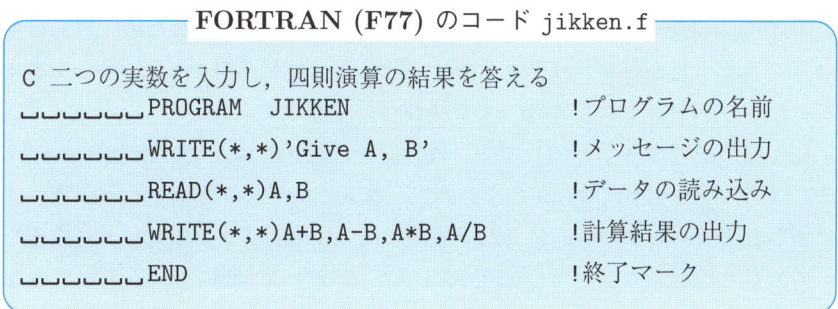

このプログラムは，変数 A, B に二つの実数を読み込んで，その和，差，積，商を出力する (答える) ものです．ここで，**変数**とは，数学と同様，いろんな値を取り得る記号のことで，計算機の中では主記憶のどこか決められた場所 (**アドレス**, **番地**) に存在しています．面倒なのは，変数には，それが取り得る値の種類に応じた**型**の区別が有ることです．これについては第 1 章で詳しく解説します．この他にも異様に見える点がいくつかあるでしょうから，更に説明を加えます．

FORTRAN は 1950 年代にできた，最初の高級言語です．**高級言語**とは，日常の意味で高級な言語という訳ではなく，それまでプログラミングをするのに，個々の計算機に固有の**機械語**で命令を書いていたのを，共通でしかも人間に分

かるような命令で書けるように開発されたプログラミング言語ということです．

上のプログラムで，先頭が C で始まる行の全体，および ! 以降の部分は**コメント** (注釈) で[3]，プログラムの動作には直接影響しませんが，何をやっているのか忘れないように備忘録として書いておく，プログラムの大切な一部です．コメントを参考にしながら眺めれば，このプログラムの各行が何をやるのか，FORTRAN を習ったことが無い人にも大体想像はできると思います．（それが高級言語と呼ばれる所以です．）

FORTRAN は，高級言語とは言っても，コンピュータでまだ記号が沢山扱えない時代にできた古い言語なので，英大文字と数字 (**英数字**と略称される)，それに少数の記号だけで書かれてきました．変数などの名は，英大文字で始まる 6 文字以内の英数字に限られています．また，プログラムを 1 行ずつカードにパンチしてコンピュータに入力したので，カードの横幅の制約から一行が 80 カラム[4]でできており，指令は 72 カラム目までに納めるというきまりがあります．（残りの 8 カラムは制御情報を書くために留保されています．）特に最初の 6 カラムは後の §2.1 で説明するような特殊用途に使われるため，普通の指令は 7 カラム目から書かれます．なお，記号 ␣ は絶対必要な空白一つ分を表すために FORTRAN の参考書でよく使われた記号です．

和と差の記号は数学と同じです．積の記号は数学では・の方が普通ですが，これはアスキー文字には存在しないので，コンピュータの世界では ∗ が標準的に使われます．数学のようにこれを省略して AB と書くと，2 文字より成る一つの変数と解釈されてしまう (FORTRAN の場合は，間に空白を入れて A B と書いても同じ) ことに注意してください．2*A も 2A とは書けません．

入力のための READ 文と，出力のための WRITE 文に付いている ∗ 印は，積とはまったく関係無く，一つ目が**標準入力装置** (キーボード)，および**標準出力装置** (ディスプレイ) を表し，二つ目が**標準書式**を表しています．書式については第 2 章で説明されます．

---

[3] 本書で主に解説する FORTRAN 77 における伝統的なコメントの書き方は，第 1 カラムに C などの文字を書いて，その行全体をコメントとするもので，このように行の途中に ! を書き，それ以降をコメントとする方法は正式には Fortran 90 で導入された新しいものです．しかし，これは g77 を始めとする多くの F77 コンパイラでも使えますので，本書ではスペースを節約しながらプログラム中に説明を書くときに，他に適当な方法も無いので，積極的にこれを利用することにします．

[4] 列 (column) の意，ここでは文字数のこと．

0.3 プログラミングの基礎

FORTRAN のプログラムの各行は，**宣言文**と**実行文**に大別されます．上の例では，最初の行と最後の行が宣言文で，その他はすべて実行文です．宣言文は，ごく一部を除き，プログラムの先頭にまとめて書かねばなりません．これらの詳細は，第2章から始まる具体的なプログラムの見本で学びましょう．

このプログラムが実行できるようにするには，F77 のコンパイラを使います．コンパイラとして，例えば g77 がインストールされていれば，

```
g77 jikken.f -o jikken
```

を実行すると，実行可能ファイル jikken が生成されるので，

```
./jikken
```

でそれを起動します．(カレントディレクトリにパスが通してあれば，単に jikken と打ち込むだけでよい．) すると，プログラム中に書かれたメッセージが現れるので，適当に二つの小数を入力すると，答が出てきます．もし，うまくいかないときは，コマンド `ls -rtl` で様子を見ましょう．

```
-rw-r--r--  1 kanenko  Kerosoft      153 11 30 19:50 jikken.f
-rwxr-xr-x  1 kanenko  Kerosoft     6798 11 30 19:51 jikken
```

のように出ていますか？この先頭にある記号が**ファイル属性**で，それぞれ，自分，同じグループの他人，一般の他人，に対して読み書き実行の権限が示されています．ソースファイルはこの権限が上のように，順に，読み書き可能，読むだけ，読むだけ，となっており，コンパイル結果の実行ファイルは，上のように，読み書き実行可能，読み実行だけ，読み実行だけ，となっているのが普通です．トラブルの原因は，この実行可能ファイルが，実行しようとしている場所に無いというのがほとんどなので，まずは上の指令で確認する習慣をつけましょう．

🐰 FORTRAN では文字列はシングルクォーテーション ' で囲みます．C 言語を始め多くの言語では，ダブルクォーテーション " で囲む規則なので，注意が必要です．上のプログラム例では，出力メッセージを英語にしましたが，これを日本語にするときは，実行するターミナルがサポートする日本語コードに合わせる必要があります．更に，コンパイラによっては，コードが違うと正しくコンパイルできないこともあります．これはコメントについても起こり得るので，どうにも理由が分からないエラーに出会ったら，日本語をすべて英語に変えてみるのもデバッグの一手段として記憶しておきましょう．

参考までに，上と同等なものを C 言語で書くと次のようになります．

C のコード jikken.c

```
// 実数の四則演算を行うプログラム
#include<stdio.h>          /*入出力のライブラリ関数の定義を読み込む*/
int main(void){
  float a, b;
  printf("Give a, b\n");                    /*メッセージの出力*/
  scanf("%f,%f",&a,&b);                     /*データの読み込み*/
  printf("%f,%f,%f,%f\n",a+b,a-b,a*b,a/b);  /*計算結果の出力*/
  return 0;
}
```

C 言語では，/* と */ で挟まれた部分，および // の後がコメントです[5]．FORTRAN と違い，コメントを読んでも，初めての人には理解し難い記述がいろいろあると思いますが，ここでは，"C 言語のソースは関数の集合から成ること，その中で main 関数と呼ばれるものがコンパイル後に最初に起動されること"，くらいを押さえておけばよいでしょう．これをコンパイルするには，例えば gcc なら，

```
gcc jikken.c -o jikken
```

とします．生成された実行可能ファイル jikken の起動法は FORTRAN の場合と同じです．

【コンパイルとリンクとデバッグ】　機械語とは，CPU の演算命令で書かれたプログラムのことでした．プログラマーが必要となるすべての機能を一々自分で書いていては大変なので，入出力指令や基本的な関数の計算など，みんなが使うものは，システム側で用意し，予めコンパイルして機械語に直したものを**ライブラリ**として保持しています．従って，コンパイラの役目は，プログラマが書いたソースだけを機械語に翻訳し，**オブジェクトモジュール**と呼ばれるものを作ることであり，これとライブラリから取り出した必要な関数をリンク(結び付け) して最終的な実行可能ファイルを作り出すのは**リンカー**の役目です．上のプログラムでも，READ と WRITE の処理はシステムライブラリが使われます．普通は g77 や C 言語のコンパイラ gcc などを起動すると，ソースに誤りが無ければこの二つの操作を連続してやってしまうので，あまり違いを意

---

[5] // の後にコメントを書くのは C++ 言語で採り入れられたものですが，今では gcc を始め大概の C コンパイラでもサポートされています．

識しないのですが，エラーが有ったときには，この二段階の区別を知っていた方が対処が楽になります．特に，エラーメッセージはコンパイラとリンカーのどちらのものかが判別できるようにならなければなりません．

通常は自分で書いたソースが一度でコンパイルできるとは限りません．コンパイルできても，考え違いをしていて，予期した答を出してくれないことも多いでしょう．本当はそうならないように最初からきちんとソースを書くべきなのですが，そうは言っても，エラーに出会ったらソースに戻って修正する作業にも習熟しておかねばなりません．図 0.2 で，下から上に向かう二つの矢印がこの行程を表しており，**デバッグ**と呼ばれます．このためのツールは**デバッガー**と呼ばれ，**gdb** (gnu debugger) などがよく使われます．

実は，上の工程表で最も本質的な部分は，頭の四角に書かれた，アルゴリズム開発と解法設計の部分です．本書でも，その部分に相当する，数値計算の理論的な基礎の解説が中心ですが，実際にコンピュータに載せてみることが，理論の理解も深めるので，FORTRAN77, C, C++, Fortran90 の四つの言語の概要を適宜解説し[6]，自分でも実験できるようにしています．自分ではプログラミングをやる気の無い人は，著者が書いたプログラムの出力結果を信じて眺めるだけでもよいでしょうが，数値計算は実践と深く結び付いた数学の分野なので，折角なら自分でもやってみましょう．

【開発環境の準備】 本書で解説されるプログラミングの実行に必要な環境は，もともとは UNIX というワークステーションの OS 上のものなので，Linux や FreeBSD といったフリーの PC UNIX では標準で含まれています．Macintosh の場合は，購入時に付属してくるインストールディスクから Xcode という開発環境のパッケージをインストールすれば，FreeBSD という PC UNIX と同等の環境が使えるようになります．Microsoft Windows の場合は，Cygwin というフリーの UNIX エミュレータのアプリケーション群をインストールすれば，似た環境が簡単に手に入ります．本書のサポートページのウェッブサイトには，これらに関連するサイトへのリンクと，インストールの仕方の解説を載せていますので，ご利用ください．

---

[6] はしがきにも書いたように，FORTRAN77 は初めての人を対象に，C 言語は初歩的な知識を仮定して解説がなされます．最後の二つはこれらに対する補足として紹介されています．

第1章
計算機が扱う数の常識

現代では，数値計算はコンピュータが遂行するものです．純粋数学とコンピュータの世界の間には，数学しか学んで来なかった人には想像できないような差が時には生じます．そこで，この章ではまず，そのような違いとして基本的なものを確認しておきます．世の中に出て数学を実用で使うためには，こういうことも知っておくべきでしょう．

■ 1.1 計算機が表せる数の種類と範囲

コンピュータは分数と小数のどちらを得意とするでしょうか？ もう少し学問的に言い替えると，計算機は有理数と実数のどちらを得意とするでしょうか？

昔の電卓では小数の計算はできても分数の計算はできませんでした．例えば，$1 \div 3 = 0.33333333$ となってしまったので，必然的に近似計算の仕方が身についたのです．序章で紹介した R の画面はこの昔の電卓と同様に機能することがうかがえます．

分数が扱える電卓は 1980 年代始めに現れました．当時，ヨーロッパに持っていったら，使い捨て懐炉と並びびっくりされたものです．ちなみに，その後は小学校で分数電卓を使った世代もあるようで，電卓に対する感覚が我々老人とは違うかもしれません．

ここで微積分の復習をしましょう．小数と実数の違いを覚えていますか？

質問 1.1 1 と $0.99999\cdots$ は同じもの？ それとも違うもの？

ところで，まずその前に，分数と有理数の違いを覚えていますか？

質問 1.2 $\frac{1}{2}$ と $\frac{2}{4}$ は同じもの？ それとも違うもの？

【計算機による有理数の取扱い】 質問 1.2 に対する答は，次のようなものでした：分数とは $\frac{q}{p}, p, q \in \mathbf{Z}, p \neq 0$ の形の記号の全体ですが，これは (q, p) と書

1.1 計算機が表せる数の種類と範囲

いても差し支えありません．つまり，二つの整数変数のペアにすぎません．だから，分数は計算機で**誤差無し**に，**正確**に取り扱えるのです．（ただし，普通にプログラミングをする場合は，分母，分子それぞれのオーバーフロー，すなわち，それらを記憶している個々の整数変数に許された大きさを越えていないか，には注意する必要があります．すぐ後の整数の範囲の説明参照．）

有理数とは，分数の同値類のことでした．通分の規則は，$(q,p) \sim (s,r) \iff ps = qr$ と解釈されます．だから，"$\frac{1}{2}$ と $\frac{2}{4}$ は分数としては異なるものだが，同一の有理数を表す"というのが質問 1.2 に対する正確な答です．実際にコンピュータで有理数の計算を**実装**[1]するには，約分の実装が重要で，これには有名な Euclid（ユークリッド）の互除法が使われます．（今度は応用代数講義の復習ですね．）

【計算機で普通に扱える整数の範囲】 普通に使われるのは次の最初の二つです：

☆ **普通の整数** 2 バイトあるいは 16 ビット，すなわち二進法の 16 桁以内で表現できる整数です．FORTRAN では INTEGER 宣言，C では int 宣言すると使えます[2]．ただし，そのまま解釈すると $0 \sim 65535$ の範囲の非負整数，C 言語でいう，符号無し (unsigned) 2 バイト整数に相当します．($2^{16} = 65536$ でした．）普通は，絶対値がほぼ等しい範囲の正負の整数を表したいので，最上位の 1 ビットを符号に使います (0 が正，1 が負の数を表します)．すると，絶対値は 7 ビットで表せる整数の範囲，すなわち 32767 以下となります．ただし，普通は負の数を表すのに，その絶対値ではなく，**2 の補数表現**と呼ばれる仕組みを用います．すなわち，$-n$ を $2^{16} - n$ で表すのです．例えば，-1 は符号ビットも自然に込めて十六進で FFFF となります．従って符号付き 2 バイト整数は，正確には -32768 (十六進内部表現 8000) ~ 32767 (同 7FFF) の範囲です．

☆ **倍長整数** 4 バイト，すなわち 32 ビットで表現されます．FORTRAN では INTEGER*4，C では long と宣言されます．$2^{32} = 4294967296$ なので，今度は符号無し 4 バイト整数 (C 言語の unsigned long) が $0 \sim 4294967295$，符号付き 4 バイト整数 (long) が $-2147483648 \sim 2147483647$ となります．負数 $-n$ の表し方は上と同じく 2 の補数表現 $2^{32} - n$ です．

---

[1] プログラミングで実現することを実装 (implement) と言います．
[2] 実際の宣言の仕方は次章以降で具体的なプログラム見本により学んでゆきます．

☆ **4倍長整数** 8バイト,すなわち64ビットで表現されます.$2^{64} = 18446744073709551616$ なので,符号無し8バイト整数 (unsigned long long) が $0 \sim 18446744073709551615$,符号付き8バイト整数 (long long) が $-9223372036854775808 \sim 9223372036854775807$ となります.負数 $-n$ の表し方は2の補数表現 $2^{64} - n$ です[3]).

いずれの場合も,変数の値が宣言された型で許される範囲を越えると,**整数のオーバーフロー**となります.

【計算機による実数の取扱い】 いよいよ質問 1.1 に対する答です.小数とは小数点を挟んで数字を並べたもので,b_i が整数部分,a_j が小数部分です:

$$b_m b_{m-1} \cdots b_1 b_0 . a_1 a_2 \cdots$$

例 1.1 十進小数の場合,数字は $0, 1, 2, 3, 4, 5, 6, 7, 8, 9$ を使います.

$$\left. \begin{array}{l} 123.4567 \ (\text{有限小数}) \\ 0.123123123\cdots \ (\text{循環小数}) \end{array} \right\} \cdots \text{有理数}$$

$3.1415926535\cdots$ (循環しない無限小数) $\cdots$ 無理数

有限小数は $123.4567 = 123.456700000\cdots$ と 0 が繰り返されると考えると,循環小数の一種とみなされます.

他方,実数とは四則と連続性を表現した公理系により定義されるもので,小数はその一つの表現にすぎません.例えば,

$$\text{十進小数}\ 0.a_1 a_2 \cdots \ \text{は}\ \frac{a_1}{10} + \frac{a_2}{10^2} + \cdots\ \text{の意}$$

普通は対応は一対一ですが,有限小数になる実数に限り2種の表現を持ちます:

$$0.2 = 0.200000\cdots = 0.199999\cdots$$

後者は $\frac{2}{10} = \frac{1}{10} + \frac{9}{10^2} + \frac{9}{10^3} + \cdots$ の意味で,無限等比級数を加えると,結局有理数 $\frac{1}{5}$ に帰着します.無限小数が表す実数の意味はこれが定義なので,同一の実数に二通りの小数表現が存在するのは仕方がないのです.前者は実数の小

---

[3]) このサイズの整数は最初に FORTRAN で使われ始め,C 言語では 1999 年に ANSI-C99 として標準化されました.64 ビットの CPU ではそのまま計算できますが,32 ビットの CPU では,変数を二つ繋げてソフト的に処理されます.

数部分を 10 倍しては整数部分を取り出す手続きで得られる正則な小数展開で，謂わば正当な表現ですが，後者は不自然だから使ってはいけないと言っても，

$$\frac{1}{3} = 0.33333\cdots$$

の両辺に 3 を掛けると，禁止したはずの表現 $1 = 0.9999\cdots$ が出てきてしまいます．(これで等しいことが証明できたと思っている人も居るようですが (^^;)

二進法で表すと $\frac{1}{5}$ は一意な循環小数となります[4]．序章で紹介した計算によれば，

$$\frac{1}{5} = 0.00110011\cdots = \frac{1}{2^3} + \frac{1}{2^4} + \frac{1}{2^7} + \frac{1}{2^8} + \cdots$$

後で詳しく説明するように，コンピュータの内部では，実数は二進小数で表現されますが，整数変数と同様，一つの変数には記憶場所に決められた長さ制限があるので，十進法の有限小数 0.2 を格納すると，上の二進無限小数が有限でカットされ，丸め誤差を生じます．謂わば，コンピュータに入れてしまうと 1 と $0.999\cdots$ は等しくなくなってしまうのです．

■ 1.2 桁落ちと情報落ち

次は微分の復習をしましょう．微分の定義 $\displaystyle\lim_{h\to 0}\frac{f(x+h)-f(x)}{h}$ を実際に実行すると，$h \to 0$ のときほんとうに $f'(x)$ に収束するでしょうか？

そこで物理実験をしてみましょう．実験と言っても，量子力学などでよく出て来る，いわゆる仮想実験で，実現は保証しません．(^^;

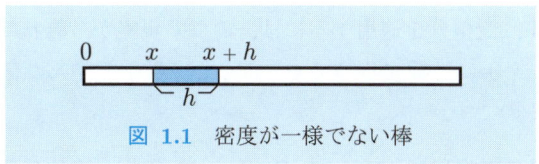

図 1.1 密度が一様でない棒

ここに，線密度 ρ が一様でない鉄の棒があります．線密度とは，単位長さ当

---

[4] なぜ有限にならないのかは十進法の場合と同じ理由ですが，最近は小中学校で教えてもらっているとは限らないようなので，ヒントを書いておきます．N 進法の有限小数とは，k を十分大きく取れば $\frac{a}{N^k}$ の形の分数で表せる数のことですから，これを約分したとしても，分母の素因子には N に含まれるものしか出て来ません．

たりの質量のことです：今，左端から測って長さ x までの部分のこの棒の質量を $m(x)$ とすれば，図 1.1 の部分の平均線密度は，$\rho(x) = \dfrac{m(x+h) - m(x)}{h}$ です．一様に作られていないので，この平均密度の値は切る長さにより異なるかもしれません．そこで，できるだけ短く切って薄片の重さを精密に測り，点 x における"真の"線密度を測定することにします．(これが微分の定義です！)

実験結果のグラフ (^^;

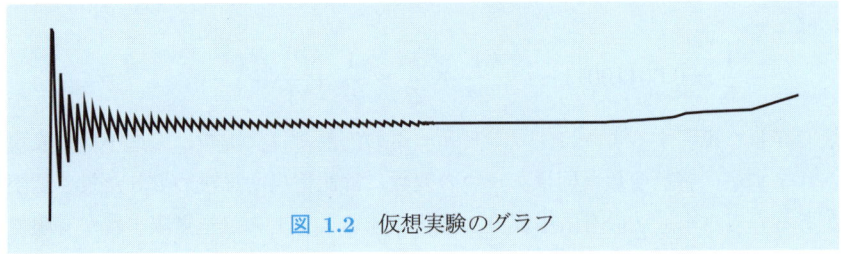

図 1.2　仮想実験のグラフ

h を小さくして行くと，最初のうちは確かに一定の値に近付いて行きます．もっと小さくすると次第に小さな振動を始めます．あまり薄く切り過ぎたため，棒の分子を通り過ぎるときに分子数が不連続的に変化するためでしょう．最後はめちゃめちゃになってしまいました！

　こんなばかばかしい話が現実に問題になるのかと思われるかもしれませんが，物理では，微分するときに h をあまり小さくしてはいけないというのは常識です．分子が見えるようになる直前で止め，そこから先は，直接 h を 0 に近付けてはいけません．そんなことをすると統計物理の世界に入り込み，微積分が使えなくなります．微積分を適用するには，ここで現実から離れて，ここまでの実験結果を $h \to 0$ に外挿するのです．こうして数学で学んだ微分積分学が使えるようになるのです．

例 1.2　流体の基礎方程式 (Navier-Stokes 方程式)　流体の運動は多数の粒子の複雑な運動です．それを，適当な h のサイズで見ると，次のような微分方程式で記述できます．

$$\frac{\partial \boldsymbol{u}}{\partial t} + \boldsymbol{u} \cdot \nabla \boldsymbol{u} + \frac{1}{\rho} \nabla p - \nu \Delta \boldsymbol{u} = \boldsymbol{f}$$

世の中で行われている計算機による数値計算の約半分は，この方程式の近似解

を求める仕事であると言えるでしょう．さて，銀河は多数の恒星の集まりですが，遠くから見ると流体の渦運動をしているように見えます．これから想像して，流体の運動論が応用できると思われます．実際に，星雲を扱う天文学の分野では，そういうことも行われています．こんな世界では，微分とは $h \to 0$ としたときの $\dfrac{f(x+h)-f(x)}{h}$ の極限であると言っても，このときの h の適切なサイズはどれくらい想像できますか?!

図 1.3 星雲の運動（NASA Hubble 望遠鏡の写真より©NASA-JPL）

【導関数計算の倍精度浮動小数による実行結果】 $f(x)=x$ の $x=1$ における微分の値を数値計算で求めるため，$h \to 0$ のとき $\dfrac{(1+h)-1}{h}$ をコンピュータに計算させてみました．結果は次の通りです．(縦軸の範囲は $0.75 \sim 1.25$ です)

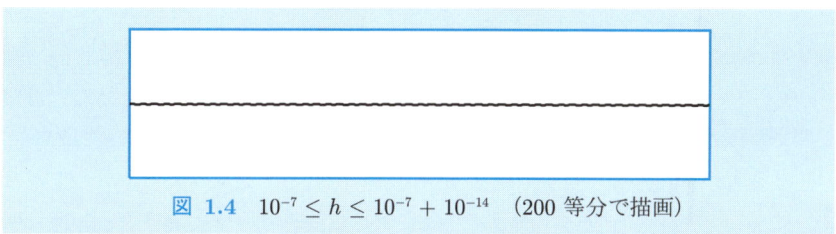

図 1.4 $10^{-7} \leq h \leq 10^{-7} + 10^{-14}$ （200 等分で描画）

相当大きなところでも，描画のための整数化の際の切り捨て処理のせいで1ピクセル（画素，ディスプレイの最小描画単位）くらいの揺れは生じています．

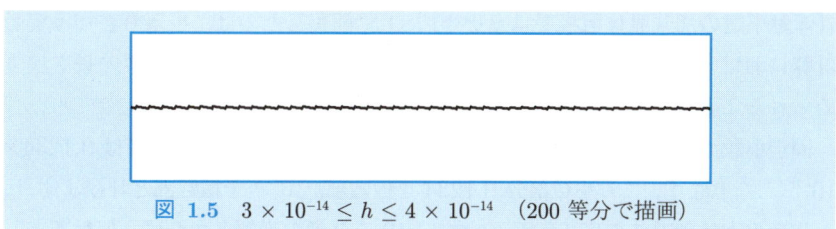

図 1.5 $3 \times 10^{-14} \leq h \leq 4 \times 10^{-14}$ （200 等分で描画）

何だかちょっと心配なグラフになってきましたね．うーん，なんだか．

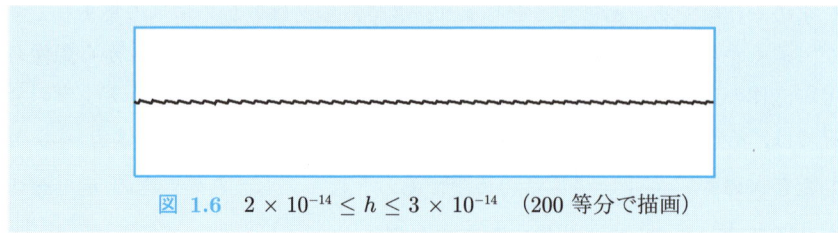

図 1.6　$2 \times 10^{-14} \leq h \leq 3 \times 10^{-14}$　（200 等分で描画）

心配は現実になりそうです．

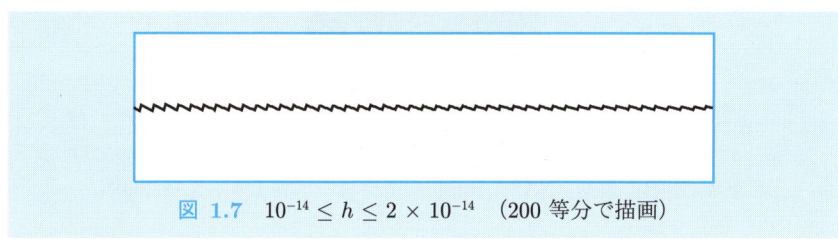

図 1.7　$10^{-14} \leq h \leq 2 \times 10^{-14}$　（200 等分で描画）

次はどうなる？ じゃじゃじゃーん！(この効果音は実際の講義でプレゼンを見ているのを想像して聞いてください．(^^;)

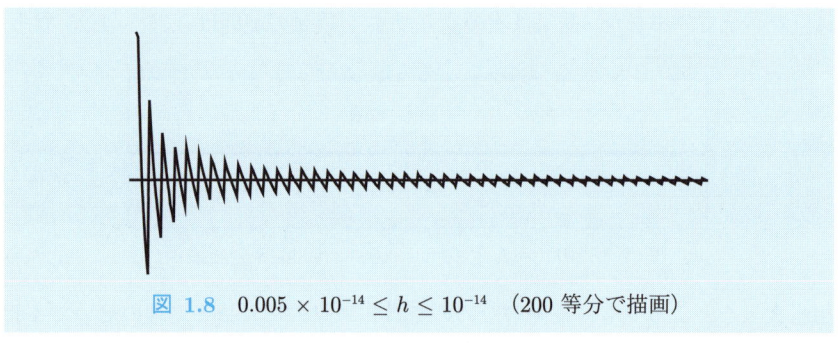

図 1.8　$0.005 \times 10^{-14} \leq h \leq 10^{-14}$　（200 等分で描画）

【浮動小数の加減算は可換ではない！】　上で観察したのは，**桁落ち**という実数計算における恐ろしい現象です．これは，計算機が扱う小数が有限の長さに丸められることから起こります．次のような具体例で見てみましょう．

　固定小数点表現 0.000000001234 を持つ実数は，浮動小数点表現では 0.1234×10^{-8} となります．この小数部分 0.1234 を**仮数部**，10^{-8} を**指数部**と呼びます．

　後者の方は十進法の底 (ラディックス) 10 を共通の理解とすれば，仮数部として 1234 を，指数部として -8 を記録すればよく，前者のように無駄な 0 を記

1.2 桁落ちと情報落ち

録せずに済み，ずっと効率的です．ただし，実際のコンピュータ内部では二進法の浮動小数点数表現が用いられます．これにより，どんな大きさの数でも仮数部の有効桁数をほぼ一定に保てます．これは掛け算には非常に便利です．しかし，足し算にはどうでしょうか？

有効桁数が十進 16 桁として，次の計算を考察します：

$0.1234567890123456 \times 10^{-13} + 1.000000000000000 - 1.000000000000000$

$$
\begin{array}{r}
1.000000000000123 \\
- \ 1.000000000000000 \\
\hline
0.000000000000123
\end{array}
$$

これを指定された順序のまま計算すると，有効桁数が 13 桁分も失われてしまいました．一般に，h が小さいときに $1+h$ という計算をすると，h が持つ情報の 10^{-16} 以下の部分は捨てられます (**丸め誤差の発生**)．その結果から 1 を引いても，完全には h に戻りません．実用計算では桁落ちを防ぐため最大限努力しないと，結果が信用できなくなるのです．(桁が落ちたせいで橋が落ちるかもしれません．(^^;)

【浮動小数の加算は結合法則を満たさない！】 上の例では，最初の加算の段階で二つ目の数の情報が既に 13 桁分も失われ，**情報落ち**が生じています．でも，それが最終結果なら，特に問題は無いでしょう．では加算だけなら常に問題は無いのでしょうか？

$$
\begin{array}{r}
1.000000000000000 \\
0.0000000000001234567890123456789012345 \\
0.0000000000000000478901234562345 \\
0.0000000000000000890123456234567 \\
+ \ 0.0000000000000000901234562345678 \\
\hline
1.000000000000123
\end{array}
$$

上から順に加えれば，結果は前と変わりません．しかし，下の 4 個を先に加えると

$$
\begin{array}{r}
0.0000000000001234567890123456789012345 \\
0.0000000000000000478901234562345 \\
0.0000000000000000890123456234567 \\
+ \ 0.0000000000000000901234562345678 \\
\hline
0.000000000000124124826050765
\end{array}
$$

となり，これを 1 番上に加えると，結果は 1.000000000000124 となります．小さい数がたくさんあると結果はもっと深刻に変わり，真の情報落ちが起こります．例えば，数学的には発散するはずの無限級数が数値的には収束してしまったりします．課題 1.3 参照．

■ 1.3 計算機内部における小数の表現

コンピュータの内部で小数を表す方法はいくつか提案されて来ました．この中で，最も普及している (ただし最良とは言えない) のが次のような二進浮動小数点数の表示法です．この解説はややマニアックなので，コンピュータにあまり深入りしたくない人は，実数が浮動小数点数の形で扱われること，および，その指数部と仮数部の長さにはある定められた制限があること，の二点を理解しておけば十分でしょう．しかし，実際の数値計算では，ここまで理解していないと説明できないような現象に遭遇する機会はそれほど稀なことではありません．

【IEEE 754 規格】[5] これは次のような表現法の集合体です．

☆ **単精度** 4 バイト $= 32$ ビット (指数部 $8 +$ 仮数部 24) より成ります．
$$\pm\left(\frac{1}{2} + \frac{a_2}{2^2} + \cdots + \frac{a_{24}}{2^{24}}\right) \times 2^e, \qquad -126 \leq e \leq 128$$

二進法では，指数を調節して，小数点以下第 1 位が 0 でないようにすると，上のように必然的に 1 に決まるので，書く必要がなくなります．その分を全体の符号を表す 1 ビットの情報に回します．これを **規格化 (正規化) 浮動小数点数** と呼びます．従って規格化されているときは，指数部で 8 ビット，全体の符号＋仮数部で 24 ビットという内訳になります．また，指数としては，負の数も含んだ整数の範囲 $-126 \leq e \leq 128$ を表すのに，通常の整数の表現で行われているような，2 の補数による表現法は取らず，全体に 126 を加えて非負にしたもの $0 \leq e' \leq 254$ を二進整数として記録します．($e = 255$ は特別な用途に用いられます．) このような目的で使われるずらし定数 126 のことを **バイアス** と呼びます．

🐰 小数部を $0.1a_2a_3\cdots a_{24}$ の代わりに $1.a_1a_2\cdots a_{23}$ と解釈して整数の 1 を省略したという説明にしている文献も沢山あります．その場合は，指数は $-127 \leq e \leq 127$ となり，バイアスは 127 と解釈されます．

---

[5] IEEE はアメリカの電気通信情報学会の略称で，アイトリプルイーと読みます．

単精度の浮動小数は，FORTRAN では `REAL`，C では `float` という宣言で使えます．

☆ **倍精度** 8バイト = 64ビット（指数部 11 + 仮数部 53）より成ります．
$$\pm\left(\frac{1}{2} + \frac{a_2}{2^2} + \cdots + \frac{a_{53}}{2^{53}}\right) \times 2^e, \quad -1022 \leq e \leq 1024$$
この場合も，指数を調節して，小数点第1位が0でないようにすると，二進法では1に決まるので書かずに済むので，その分を全体の符号を表す1ビットの情報に回します．また指数部は，バイアス 1022 を加えた結果の非負の数 $0 \leq e \leq 2046$ で表します．これが倍精度の**規格化浮動小数点数**です．(この場合も $e = 2047$ は特別な用途に用いられます．) 従って規格化されているときは，符号+指数部で 12 ビット，仮数部で 52 ビットを使用します．

🐍 倍精度についても，小数部を $0.1a_2a_3\cdots a_{53}$ の代わりに $1.a_1a_2\cdots a_{52}$ と解釈して整数の 1 を省略したという説明も使われます．このときは，指数は $-1023 \leq e \leq 1023$ となり，バイアスは 1023 と解釈されます．

倍精度の浮動小数は，FORTRAN では `DOUBLE PRECISION` または `REAL*8`，C では `double` という宣言で使えます[6]．

これらのビットデータが計算機内部で実際にどのように置かれているかは，更にマニアックな話になりますが，プログラムを書いて実際にメモリーに納まっている浮動小数点数を覗いて IEEE 754 規格の勉強をしようと思ったら，これを知っていないとしようが無いし，本気でプログラミングをやろうとするときにも，時には気にする必要が出て来ますので，解説しておきます．

【**ビッグエンディアンとリトゥルエンディアン**】 endian とは，卵の太い方，細い方のどちらを好むかという話で，ガリバー旅行記に，これが元で戦争をしている国の話が登場するのが，この言葉の起源です．普通の PC やワークステーションでは，メモリーの一つのアドレスに 1 バイトずつ格納されます．複数バイトより成るデータは，メモリーの下位から上位にどのような順番で並んでいるか，というのがこのエンディアンの意味で，使用する CPU に依存します．

---

[6] 大型計算機などでは，`DOUBLE PRECISION` のサイズが必ずしも 8 バイトでは無いこともあります．ここでの説明は，普通のパソコン上に実装されたコンパイラについてのものです．

例 1.3 十六進整数 897EB85A の場合，

☆ ビッグエンディアン (big endian) では，上位から順に 1 バイトずつメモリーの下位の番地の方から並ぶ: (下位番地) ← 89 7E B8 5A → (上位番地)

☆ リトゥルエンディアン (little endian) では，データの下位がメモリーの下位と一致: (下位番地) ← 5A B8 7E 89 → (上位番地)．

最も身近に見られる Intel(インテル) のプロセッサはリトゥルエンディアンですが，Sun Microsystems(サンマイクロシステムズ) のワークステーション[7]で使われている SPARC を始め，ワークステーション用の CPU にはビッグエンディアンのものが多いようです．Macintosh が以前に使っていた Power PC はソフト的にどちらか選べますが，デフォールトではビッグエンディアンになっているので，規格の勉強には好都合でしょう．

【浮動小数の内部構造の観察】 では実際に Intel CPU の機械でメモリーの内部を覗いてみましょう．

例 1.4 十進法の 1.0 は浮動小数でも誤差無しで格納されます．まず倍精度では，

$$0.\underbrace{100\cdots 0}_{53 \text{ ビット}} \times 2^1$$

この指数にバイアス 1022 が足され $1023 = 1024 - 1$ (3FF) となり，仮数部の最初の 1 ビットが省略され，

$$\text{3F F0000000000000}$$
符号 + 指数

となります．

なぜ倍精度から例を示したかというと，単精度の方が理解しにくいからです．同じ 1.0 は単精度では，二進浮動小数で

$$0.\underbrace{100\cdots 0}_{24 \text{ ビット}} \times 2^1$$

となり，ここで仮数部は最初の 1 が省略されて 23 個の 0 の列となります．指数部のバイアスは 126 なので，指数部の格納データは 127 (7F)，すなわち 7 個の

---

[7] Microsoft が，この名前をサーバ機に対して個人使用のコンピュータという意味で使ったため，意味が曖昧になりましたが，もともとの用語は，パソコンよりは大型の (高価な) コンピュータの呼称でした．

1 が並びます．よってビッグエンディアンなら，先頭に符号ビットの 0 を補って
0 01111111 000 0000 0000 0000 0000 0000，すなわち，3F 80 00 00 と
なりますが，リトゥルエンディアンの Intel CPU では，00 00 80 3F となり
ます．

例 1.5 十進法の $0.2 = \dfrac{1}{5}$ は二進法では無限循環小数 $\dfrac{1}{101} = 0.00110011\cdots$
となるのでした．これは倍精度二進小数で有限小数に丸められますが，

$$0.\underbrace{110011001100\cdots 11001}_{53 \text{ ビット}} \times 2^{-2}$$

に切捨てられるのではなく，

$$0.\underbrace{110011001100\cdots 11010}_{53 \text{ ビット}} \times 2^{-2}$$

に "四捨五入" され，最初の 1 ビットが省略され，指数にバイアス 1022 が足さ
れて，

$$\underbrace{\text{3F C}}_{\text{符号+指数}} \text{999999999999A}$$

となります．($1020 = 256 \times 4 - 4$ に注意．) 実際にメモリーを覗くと，リトゥ
ルエンディアンの場合，これが完全に逆順に置かれています：

    2.000000000000000e-01 = 9A 99 99 99 99 99 C9 3F

単精度だと，上と同様に，指数部は $-2 + 126 = 124 = 01111100$，仮数部は

$$0.\underbrace{110011001100\cdots 1101}_{24 \text{ ビット}}$$

から先頭ビットを除いた 100 1100 1100 1100 1100 1101 の 23 ビット．こ
の先頭に符号ビット 0 が付いて，全体としては，

    0 0111 1100 100 1100 1100 1100 1100 1101 = 3E 4C CC CD

ですが，Intel だとひっくり返って CD CC 4C 3E となります．

例 1.6 負数の例 十進法の -0.2 だと，先頭に符号ビットが立ち，倍精度なら
BF C9 99 99 99 99 99 9A となるはずですが，Intel では逆順になり

```
              -2.000000000000000e-01 = 9A 99 99 99 99 99 C9 BF.
```

同様に，単精度だと BE 4C CC CD がひっくり返って CD CC 4C BE となります．

【オーバーフローの観察】 以上の考察から，倍精度浮動小数で表される最大の正数は

$$\left(\frac{1}{2} + \frac{1}{2^2} + \cdots + \frac{1}{2^{53}}\right) \times 2^{1024} \fallingdotseq 1.797\cdots \times 10^{308}$$

であることが分かります．これより大きくなると，実数型での**オーバーフロー**となります．

例 1.7 オーバーフローの実験結果 1.0 から始めて次々に 2 倍したものを出力させてゆくと，次のようになります：

```
9.999999999999999e-01 = 3F EF FF FF FF FF FF FF
2.000000000000000e+00 = 3F FF FF FF FF FF FF FF
...(途中省略)...
8.988465674311579e+307 = 7F DF FF FF FF FF FF FF
1.797693134862316e+308 = 7F EF FF FF FF FF FF FF
                  inf = 7F F0 00 00 00 00 00 00
                  nan = 7F F0 00 00 00 00 01 00
                  nan = FF F0 00 00 00 00 02 00
...
```

ここで `inf` は無限大 (infinity) を，`nan` は非数値 (non-arithmetic number) を表し，それぞれ特殊用途に用いられます．

単精度での実験結果は，最後のところだけを記すと，

```
3.402823466385289e+38 = FF FF 7F 7F
                  inf = 00 00 80 7F
```

この先は `nan` にはならないようです．

【アンダーフロー】 規格化された倍精度浮動小数で表される最小の正数は

$$\frac{1}{2} \times 2^{-1021} = 2^{-1022} \fallingdotseq 2.225\cdots \times 10^{-308}$$

これより小さくなると**漸近的アンダーフロー**となります．しかし，指数が最小値 -1022 のときは規格化を止め仮数部 **52** ビットをすべて書くことにすると，有効桁数は減るものの，表せる最小値はもっと小さくなり，

$$\varepsilon := \frac{1}{2^{52}} \times 2^{-1022} \fallingdotseq 4.940\cdots \times 10^{-324}$$

となります．これが**計算機イプシロン** (machine epsilon) と呼ばれるものです．

1.3 計算機内部における小数の表現

計算機で $h \to 0$ の極限を計算しようと思っても、$h \geq \varepsilon$ の範囲でしか動けません。$h < \varepsilon$ となって、0 と同一視されてしまった状態が真のアンダーフローです。

🐇 ここでの話はあくまで"通常の変数を用いた通常の計算"の説明です。これだけでは、日本の国家予算も計算できませんし、Bill Gates（ビル ゲイツ）も自分の資産がコンピュータ処理できません。これが本当の限界だったら大変ですが、そろばんでも 2 台繋げれば倍の桁の数が計算できるように、整数変数もいくつかを繋げて使えば、もっと大きな数が計算できます。これが多倍長演算の考えで、暗号などではこうして巨大な整数の計算がなされます。実は、この考えは浮動小数点数にも適用できます。そういうものを使うと、時間とメモリが許す限りいくらでも大きな、あるいは小さな数を扱えるようになります。金田康正氏による π の 1 兆桁以上の計算もこういうことをしています。そこまでゆかなくても、悪条件の下での数値計算を通常の数倍程度の精度で安定に計算する試みは、最近ではよく行われるようになっています。この講義でも、最後の章でそういう計算をしてみましょう。

では、1.0 を 2 で次々に割って行き、アンダーフローを確認しましょう。

例 1.8 アンダーフローの実験結果

```
1.000000000000000e+00  = 00 00 00 00 00 00 F0 3F
5.000000000000000e-01  = 00 00 00 00 00 00 E0 3F
2.500000000000000e-01  = 00 00 00 00 00 00 D0 3F
1.250000000000000e-01  = 00 00 00 00 00 00 C0 3F
6.250000000000000e-02  = 00 00 00 00 00 00 B0 3F
3.125000000000000e-02  = 00 00 00 00 00 00 A0 3F
1.562500000000000e-02  = 00 00 00 00 00 00 90 3F
........
4.450147717014403e-308 = 00 00 00 00 00 00 20 00
2.225073858507201e-308 = 00 00 00 00 00 00 10 00
1.112536929253601e-308 = 00 00 00 00 00 00 08 00  ← ここから規格化停止
5.562684646268003e-309 = 00 00 00 00 00 00 04 00
........
1.976262583364986e-323 = 04 00 00 00 00 00 00 00
9.881312916824931e-324 = 02 00 00 00 00 00 00 00
4.940656458412465e-324 = 01 00 00 00 00 00 00 00  ← 計算機イプシロン
0.000000000000000e+00  = 00 00 00 00 00 00 00 00
```

🐇 この表の一行目は倍精度小数とみなされた 1 の内部表現です。整数の 1 とは計算機内部での表現 (データ構造) が異なることに注意しましょう！なお、$1 + h - 1 = 0$ となってしまうような h は、計算機イプシロンよりはずっと大きいことにも注意しましょう。

【丸め誤差に関するもう一つの有名な例】 これは微分積分 I（文献 [1]）でも紹介したものです．$\left(1+\dfrac{1}{n}\right)^n$ は $n \to \infty$ のとき本当に収束するでしょうか？
十桁の電卓による実験結果はつぎのようになります：

n	$(1+1/n)^n$
10	2.59374246
100	2.704813829
1,000	2.716923932
10,000	2.718145927
100,000	2.718268237
1,000,000	2.718280469
10,000,000	2.718281693
100,000,000	2.718281815
1,000,000,000	2.718281827
2,000,000,000	2.718281828

この結果は純粋数学からは非常にもっともらしいですね．うっかりすると，高校の教科書にこのまま載っていたりします．しかし，君達はだまされているのです！ 計算機で本当に掛算を実行するとこうはなりません：

倍精度浮動小数による計算機実験の結果は次のようになりました：

n	$(1+1/n)^n$
10	2.593742460100002
100	2.704813829421529
1,000	2.716923932235598
10,000	2.718145926824898
100,000	2.718268237192295
1,000,000	2.718280469095936
10,000,000	2.718281694132010
100,000,000	2.718281798346360
1,000,000,000	2.718282052011900
2,000,000,000	2.718282052691296

理論値は常に e の真の値より小さいはずですが，最後の方で逆転しています．この理由を考えてみましょう．まず，$1+\dfrac{1}{n}$ の計算には丸め誤差が避けられないことに注意しましょう．今それを ε で表すと，二項定理によれば，

$$\left(1+\frac{1}{n}+\varepsilon\right)^n = \left(1+\frac{1}{n}\right)^n + n\left(1+\frac{1}{n}\right)^{n-1}\varepsilon + \cdots$$

ここで，n が大きいと $\left(1+\dfrac{1}{n}\right)^{n-1}$ は $\left(1+\dfrac{1}{n}\right)^n \doteqdot e$ に近いので，$\varepsilon \doteqdot 10^{-17}$，$n = 10^9$ とすると，誤差の主要項は $\doteqdot ne\varepsilon \doteqdot 2.7 \times 10^{-7}$ となるはずです．もし関数電卓が $\varepsilon \doteqdot 10^{-11}$ の精度で計算していたら，同じような理由で，誤差は

1.3 計算機内部における小数の表現

10^{-2} 程度になってしまうはずです．関数電卓の計算結果はどうしてあんなに正確なのでしょう?!

🐌 Taylor 展開による，理論上の誤差の計算は次の通りです：

$$\left(1+\frac{1}{n}\right)^n = \exp\left[n\log\left(1+\frac{1}{n}\right)\right] = \exp\left[n\left(\frac{1}{n}-\frac{1}{2n^2}+\cdots\right)\right] = \exp\left(1-\frac{1}{2n}+\cdots\right)$$
$$= e \cdot \exp\left(-\frac{1}{2n}+\cdots\right) = e \cdot \left(1-\frac{1}{2n}+\cdots\right) = e - \frac{e}{2n}+\cdots$$

電卓の計算結果は，これに近い値となっていますね．何故なのか調べてみましょう！　これはレポート課題としておきます．

【計算機イプシロンを目で見よう】 下図はフラクタルの一種，Mandelbrot 集合です．この図形の作り方は次の通りです：

> 複素平面で，各 $c \in \mathbf{C}$ に対し，原点から出発して $z \mapsto z^2 + c$ という写像を繰り返して適用したとき，いつまでも $|z| \leq 2$ に留まるとき c はマンデルブロート集合に属するとし，その点 c を黒く塗る．いつか $|z| > 2$ に飛び出すときは，それまでにさまよった回数で色分けする．

詳しい説明は第 9 章で与えられますので，ここではとりあえず出力結果を味わうだけにしておきましょう．この図形の部分を拡大すると，同じような形の複雑な図形が繰り返し現れ，数学的にはこれがどこまでも続きます．

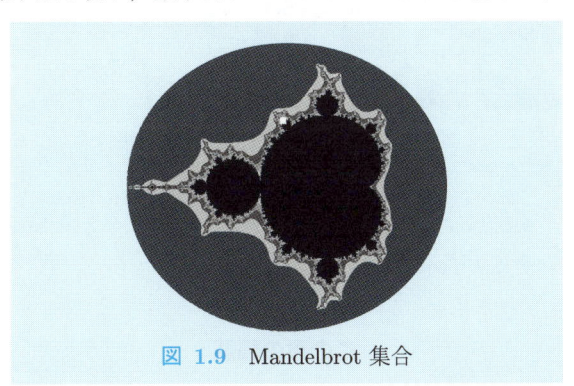

図 1.9　Mandelbrot 集合

コンピュータで実際に拡大を続けるとどうなるでしょうか？　ちょっと分かりにくいですが，以下の図は，白ヌキした小さな正方形領域を次の図で 50 倍に拡

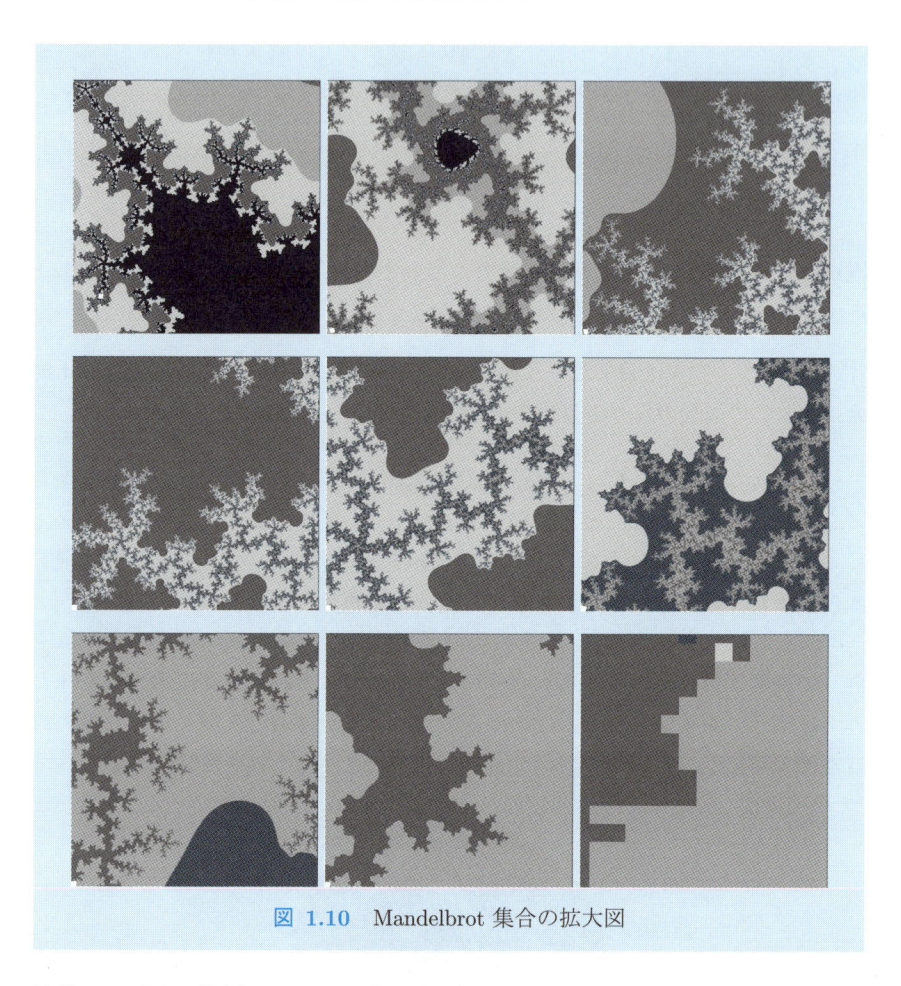

大するという操作を連続して行った結果です：

図 1.10 Mandelbrot 集合の拡大図

最後はモザイク模様になってしまいました！このモザイクの正方形の一辺が計算機イプシロンを拡大表示しているのです．

この章の課題

課題 1.1 符号無し倍長整数 (unsigned long) で $n!$ を計算するプログラムを作り，どこまで正しい答を出すか確認せよ．またその理由を考えよ．同

じ実験を，倍精度浮動小数 (double)，及び符号無し 4 倍長整数 (unsigned long long) で行ってみよ．

🐰 プログラミングを未修の人は，参考プログラム[8]kaijo.f, kaijo2.f, kaijo4.f，または kaijo.c, kaijo2.c, kaijo4.c を序章に解説した方法でコンパイルし，実行して結果を観察するだけでよい．

課題 1.2 数値微分 $\dfrac{1+h-1}{h}$ の計算が $h \to 0$ とともに振動を始めたのはなぜか？ 本日の講義の解説をもとに考察を記せ．

課題 1.3 $\displaystyle\sum_{n=1}^{\infty} \dfrac{1}{n}$ をこの順に加え，結果が変わらなくなったときの和と，そのときの n の値 N を打ち出せ．(この実験は単精度だけで行え．倍精度では今のコンピュータのスピードでは永久に終わらない．) また，このとき $n = N$ から $n = 1$ まで，逆の順序で加えると，値はどうなるか？ これらの考察に基づいて，純粋数学との違いを述べよ．

🐰 この実験には，参考プログラム digit-loss.c を用いてよいが，まだコンパイラを使えるようにしていない人は，仮想的に十進で 2 桁しか計算できない計算機をイメージして実験してみよ．

課題 1.4 参考プログラム overflow.c, underflow.c を用い，自分が使っている計算機において，倍精度でオーバーフローとアンダーフローを観察せよ．また，計算機イプシロンを突き止めよ．

課題 1.5 整数，浮動小数を入力し，その計算機内部におけるデータのメモリーイメージを読み出すプログラムを作り，自分が使っている機械がビッグエンディアンかリトゥルエンディアンかを観察せよ．

🐰 プログラミングを未修の人は，見本プログラム endian.c または endian.f を用いて実験するだけでよい．

課題 1.6 電卓による $\left(1+\dfrac{1}{n}\right)^n$ の計算結果が理論値に近い理由を調査してみよ．WindowsXP 付属の電卓や UNIX 標準の電卓 xcalc ではどうか？

---

[8] 以下，本書で言及する参考プログラムは，本書のサポートウェブサイトからすべてダウンロードできます．各プログラムは，本書に示された名前で章別に並んでいます．

第2章
級数の和と打ち切り誤差

$\sum_{i=1}^{N} a_i$ をコンピュータでどうやって計算しますか？三つ四つの足し算なら，
 s=a1+a2+a3+a4
などと書いてしまうでしょうが，$N = 100$ くらいになるとそうはゆきません．これはループを使うと簡単に書くことができます．ループはプログラミングにおいてコンピュータの計算能力に最初に感動することができる仕組みです．この章は実用的なプログラミング入門を兼ねていますが，他方，単に足すだけの話から純粋数学との差も見えてきます．

■ 2.1 級数の和を求める原理

級数は数列の和です．数列は，数学では a_i のように添え字を用いて表しますが，実態は，自然数の集合 $\boldsymbol{N}$ から実数の集合 $\boldsymbol{R}$ への写像 (関数) です．だから一般項を $a(i)$ と書いても同じことです．そこで，一般項 a_i は i の関数として $a(i)$ で計算できるとすると，次のようなアルゴリズムに到ります：

級数の和の疑似コード

```
s   <-   0                和を入れる変数を初期化
for i:=1 to N do          ループの宣言
begin
    s   <-   s + a(i)     第 i 項を加える
end
print s                   結果を出力
```

疑似コード (pseudo-code) とは，アルゴリズムを分かりやすく表現するための疑似的なプログラミングによる説明文のことです．この目的で使われる言語を**疑似言語** (pseudo-language) といいます．理論計算機の世界では，このように Pascal 言語に良く似た書き方が使われます．上の擬似コードは，要するに，"i の関数 $a(i)$ で一般項が与えられるような級数の，$i = 1$ から N までの和を求

めたかったら，答の和を格納する変数 s を用意し，それを 0 に初期化してから，それに次々に項 $a(i)$ を，i の値を 1 から N まで変化させながら加えなさい"と言っているのです．次々と加える操作は，ループという概念で実現されます．これは，制御変数 i が指定した範囲 (ここでは 1 から N) を動く間，i をパラメータとして含む同一の操作を繰り返す仕組みです．ループは計算機に電卓よりは増しなことをやらせようとするとき，すぐに必要となる基本的な仕組みの一つです．

理論的な内容を主とする書物の場合は，擬似コードだけで済ませておくことも多いのですが，本書はもう少し実践的なプログラミングに踏み込んでみます．以下しばらくプログラミングの技法の話が続きます．読者の多くはこれらに興味を持ってくれることと思いますが，あまり好きでない人は，ここから第 3 節の数学的な話に飛び，プログラミングに興味が湧いたところで戻って来ても良いでしょう．

【FORTRAN 77 による級数の和の実装】　上のアルゴリズムを FORTRAN 77 で実現すると次のようになります：ただし，この例では，関数 A(I) のところは，実際に存在する関数で置き換えるか，直接具体的な計算式を書くことが想定されており，このまま打ち込んでも実行はできません．実際に動かせる例は次節で与えます．

―― **FORTRAN (F77) のコード** ――
```
       PROGRAM   SERIES            !プログラムの名前
       DOUBLE PRECISION S,A        !使用する倍精度変数の宣言
       WRITE(*,*)'Give N : '       !出力メッセージ
       READ(*,*)N                  !加える項数の入力
       S=0.0D0                     !和を記録する変数の初期化
       DO 100 I=1,N                !ループの開始点
          S=S+A(I)                 !現在のの項を加算
  100  CONTINUE                    !ループの終点
       WRITE(*,200) S              !答の出力
  200  FORMAT(1H\ ,F22.15)         !出力フォーマット
       END                         !終了マーク
```

FORTRAN については，序章で簡単な説明を与えましたが，ここで要点をまとめておきます．上のプログラムで，各行の最初の 5 カラムは行番号を書くための専用領域です．また，それに続く 1 カラムは継続行，すなわち，1 行に納まり切らなかった長い命令を次の行に続けて書くときにその印を記入するた

めに使います．これらの位置は，普通は空けておくので，そのことを示すために記号␣が用いてありますが，これは以後は省略します．

　この他，FORTRAN について知っておくべき基本的なことを列挙します．

☆暗黙の型宣言：上のプログラムでは，たくさんの変数を使っているのに，宣言されているのは S, A だけです．これは，FORTRAN 77 には，I～N で始まる変数を整数変数として，A～H, O～Z で始まる変数を単精度実数変数として，使う場合は，変数宣言を省略してよい，という慣習があるからで，これを暗黙の型宣言と呼びます．このため，綴りを間違えて書いても，別の変数と解釈され，エラーにならないので，バグが見付からずに困ることがあります．

☆ DO ループ：FORTRAN 77 でのループの実装の基本です．ループの最終行に区別のため行番号を付け，DO 文と呼ばれるループの開始行において，ループの範囲を示すためにそれを書きます．最終行は実行できる指令文でなければいけませんが，適当なものが無いときにダミーとして良く用いられるのが，"何もしない実行文" CONTINUE です．

☆ FORMAT 文：行番号 200 が付けられている行は，すぐ上でこの番号を引用している WRITE 文において出力される変数 S の出力書式を定めるもので，FORMAT 文と呼ばれます．ここに書かれた F22.15 は良く使われる書式で，(符号や小数点も込めた) 全体の長さが 22 カラム，小数点以下の桁数が 15 である十進固定小数表示を表しています．FORMAT 文は宣言文の一種ですが，他の宣言文がプログラムの先頭など決まった位置にかかれなければならないのに対し，これはどこに置かれてもよいのです．

【C 言語による級数の和の実装】　上と同じことを C 言語 で書くと以下のようになります．(ここでもまだ $a(i)$ は抽象的な表現です．本当にコンパイルできるソースプログラムの例は次の節で与えます．) FORTRAN との違いを簡単に説明すると，

(1) 使用する変数はすべて宣言しなければならない．
(2) 変数 N に値を入力する時は，そのアドレス &N を指定しなければならない．

などです．ループの書き方や，入出力フォーマットの書き方にも違いがありますが，これらは FORTRAN の対応する行と照らし合わせれば分かる程度のものです．

─── C のコード ───

```
#include<stdio.h>
#include<stdlib.h>
int main(void) {
    int i,N;                          /*使用する整数型変数の宣言 */
    double s;                         /*使用する倍精度型変数の宣言*/
    printf("Give N : ");              /*メッセージの出力 */
    scanf("%d",&N);                   /*変数 N の値を整数として入力*/
    s=(double)0;                      /*倍精度型の 0 を s にセット*/
    for (i=1;i<=N;i++) {              /*ループ*/
        s=s+a(i);
    }
    printf("%22.15lf\n",s);           /*結果を出力*/
    return 0;
}
```

2.2 プログラムによる実例

ではいよいよ実際にプログラムを動かしてみましょう.

【FORTRAN による実例 1】 $\sum_{i=1}^{\infty} \frac{1}{i^2}$ の近似値の計算を FORTRAN 77 で書いてみましょう. これは純粋数学でゼータ関数と呼ばれるもの $\zeta(z)$ の $z=2$ における値で, $\frac{\pi^2}{6}$ に等しいことを既に Euler が 18 世紀に導いていました.

─── FORTRAN のコード zeta2.f ───

```
      PROGRAM  ZETA2
      DOUBLE PRECISION S
      WRITE(*,*)'Give N : '
      READ(*,*)N
      S=0.0D0
      DO 100 I=1,N
          S=S+1.0D0/I/I
  100 CONTINUE
      WRITE(*,200) S
  200 FORMAT(1H ,F22.15)
      END
```

FORTRAN プログラムのコンパイルの仕方：序章で解説しましたが, ここで復習しておきましょう. 上のソースファイルを `zeta2.f` という名前で作ったら, コンパイル指令

```
g77 zeta2.f -o zeta2
```

で実行ファイル zeta2 ができます．(FORTRAN コンパイラの実行指令名は f77 になっていることもあります．) -o はコンパイル結果の出力ファイル名を指定するオプションでした．何も書かないと，UNIX なら a.out，Cygwin なら a.exe ができます．実行の仕方も序章に書いた通り，ターミナルウインドウでこれらの名前を打ち込めばよいのですが，そこでも注意したように，パスに気をつける必要があります．

さて，上のプログラムは，前節の例において一般項 A(I) を具体化しただけですが，二三気をつけなければいけないことがあります．まず，反復手続きの核心部分ですが，FORTRAN には，冪乗の演算子が有り，X^N は X**N と書けます．すると，ここは

```
S=S+1/I**2
```

と書くと，数学科の人にも気持ちのよい表現になるでしょう．しかし，こちらで実行してみると，N をどんなに大きく取っても，答は常に 1 になってしまいます．その理由は，M, N が整数型のときに M/N は **整商**，すなわち，余り付きの割り算の商の部分を表す約束だからです．例えば，7/3 は整数 2 となります．なので，上の計算は I=1 のときだけ 1，それ以外は 0 を S に加えることになるのです．では，

```
S=S+1.0/I**2
```

と書けばよいでしょうか? 基本的にはこれで良いはずですが，コンパイラの中には，この式を単精度の 1.0 を I^2 で割った結果を S にセットするように翻訳するものがあるので，倍精度の答を得たいときには危険な書き方です．FORTRAN には，単精度の浮動小数点数を表すのに

$$1.0 \times 10^0 \quad \text{の表現として} \quad \text{1.0E0}$$

という書き方があり，ここで E は指数 exponent の頭文字を表していますが，1.0D0 はその倍精度版として，E の代わりに D を用いたもので，真に倍精度の 1.0 を表す書き方です．

では，なぜ

```
S=S+1.0D0/I**2      あるいは      S=S+1.0D0/(I*I)
```

と書かなかったのかというと，これはもうプログラマの習慣のようなものですが，コンパイラがあまりお利口でないと，括弧内を先に計算してしまい，その

2.2 プログラムによる実例

結果，最初に示した書き方よりは早く，整数 I*I を計算した段階でオーバーフローが起こってしまい，計算できる N の範囲が狭くなってしまうのを防ぐという実用的な意味もあるのです．

なお，1.0/(I*I) のつもりで，1.0/I*I と書くのは絶対にいけません．この書き方は数学における慣習と異なり，(1.0/I)*I の意味になってしまいます．

【C 言語による実例 1】 上と同じ計算を今度は C 言語で書いてみましょう．

── C のコード zeta2.c ──
```c
#include<stdio.h>
#include<stdlib.h>
int main(void)
{
    int i,N;
    double s;

    printf("Give N : ");
    scanf("%d",&N);
    s=(double)0;              /* 整数 0 を倍精度浮動小数に変換 */
    for (i=1;i<=N;i++)
    {
         s=s+(double)1/i/i;
    }
    printf("%22.15lf\n",s);
    return 0;
}
```

ここで (double)1 は整数の 1 を倍精度浮動小数型に変換する**型変換 (キャスト) 演算子**です．C 言語においても，(double)1/i/i という書き方の背後には，FORTRAN で述べたのと同様の配慮があります．

C プログラムのコンパイルの仕方：上のソースファイルを zeta2.c という名前で作ったら，ターミナルウインドウでコンパイル指令

```
gcc zeta2.c -o zeta2
```

を打ち込むと，実行ファイル zeta2 ができます．(FORTRAN と両方一緒に実験したい人は，出力ファイル名 zeta2 を他の適当な名前に変えないと，先ほど作った zeta2 が上書き更新されてしまいます．)

FORTRAN, C のいずれでもよいので，N をいろいろ替えて出力値を観察してみましょう．普通は，結果が変わらなくなったら収束したと判定しますが，これは非常に危険です．実際，この判定法だと，$\sum_{i=1}^{\infty} \frac{1}{i}$ を収束と判定してしまう

かもしれません．数学の知識または本能的 (!) 直観で，誤った判断を防ぐ必要があります．

【FORTRAN による実例 2】 次は，Taylor 級数を用いて $e^x = \sum_{i=0}^{\infty} \dfrac{x^i}{i!}$ の近似計算をします．

```
             FORTRAN のコード exptaylor.f
      PROGRAM EXPTLR
      DOUBLE PRECISION MYEXP,X,T
      WRITE(*,*)'Give X : '
      READ(*,*)X
      WRITE(*,*)'Give N : '
      READ(*,*)N
      MYEXP=1.0D0
      T=1.0D0
      DO 100 I=1,N
         T=T*X/I
         MYEXP=MYEXP+T
  100 CONTINUE
      WRITE(*,200)'My value of exp by Taylor : ',MYEXP
      WRITE(*,200)'Value from Library : ',DEXP(X)
  200 FORMAT(1H ,A21,F18.15)
      END
```

ここで，真値を比較するために用いている関数 DEXP は，指数関数 EXP の倍精度版です．FORTRAN では，施す変数 X の方に応じて，単精度なら EXP，倍精度なら DEXP と名前が区別されることに注意しましょう．これは他の初等関数についても同様です．

このプログラムでも，数学科の人は階乗の関数 FAC が有ったら

  MYEXP=MYEXP+X**I/FAC(I)

と書きたいなと思うでしょう．階乗を与える関数は FORTRAN にも C にも有りませんが，自分で簡単に作ることができます（第 6 章で練習します．実は第 1 章の章末課題 1 の参考プログラムに既に含まれています．）しかし，もしそのような関数を使えたとしても，I の階乗は整数だと急速にオーバーフローしてしまいます．倍精度実数にしても，けっこう早くだめになります．上の書き方にはもう一つ問題が有ります：コンパイラが貧弱だと，一般項を計算するのに一々 X を I 回掛けるかもしれません．また，たとい DEXP(DLOG(X)*I) で計算してくれたとしても，二つの関数を毎回呼ぶのはとても重い計算になります．上のプログラム見本は，こういう場合の標準的処方を示すもので，一般項を漸化式を用いて一つ前の値から軽い計算により次々更新してゆく手続きの典型例

を示しています．この例では，ある次数の一般項は，一度使えば用済みとなるので，級数の一般項を A(I) として保存しておく必要も全くありません．

【C 言語による実例 2】 上と同じ計算を C で書いてみましょう．

―― C のコード exptaylor.c ――
```c
#include<stdio.h>
#include<stdlib.h>
#include<math.h>
int main(void) {
    int i,N;
    double x,s,t;
    printf("Give x : ");
    scanf("%lf",&x);
    printf("Give N : ");
    scanf("%d",&N);
    s=(double)1;                    /* 和の初期値を0でなく1に */
    t=(double)1;                    /* 一般項の初期設定 */
    for (i=1;i<=N;i++) {
        t=t*x/i;                    /* 一般項の次数を進める */
        s=s+t;                      /* それを加える */
    }
    printf("Approximate value : %22.15lf\n",s);
    printf("Value of the library function : %22.15lf\n",exp(x));
    return 0;
}
```

一般項の更新部分に対する注意は FORTRAN の場合と全く同様です．更に言うと，C 言語には冪乗の演算子がありません．(ライブラリ関数 pow(x,i) なら有りますが．) 他の高級計算機言語を学んだ人は，x の i 乗のつもりでうっかり x^i と書いてしまうかもしれませんが，これは x と i のビット毎の排他的論理和という，全く別の計算になります．

上のプログラムは，真値の参照のため exp(x) という C 言語の数学ライブラリで提供される関数を呼んでいます．このため，この関数の仕様が書かれているヘッダファイル math.h がプログラムの 3 行目で新たにインクルードされています．更に，コンパイル時には，この関数を実際にリンクするため，

```
gcc exptaylor.c -lm -o exptaylor
```

とリンクのオプション -lm を追加します．

🐌 C 言語で exp, sin などの数学関数を使うときは，いつでもこのように，ソースに定義ファイルをインクルードする指令 #include<math.h> を記すとともに，コンパイル時に -lm というオプションをつける必要があります．

-lm は，"然るべきところ (ライブラリの標準サーチパス) にある libm.a あるいは libm.so などという正式名を持つライブラリファイル" の略記法で，このオプションは，それをリンクせよという意味を持っています．一般的には /usr/lib/libm.a などが -lm の実体となります．コンピュータが好きな人向けの練習として，自分の使っている環境で math.h，および libm.a あるいはその代替物がどこに有るか探してみましょう．

【FORTRAN による実例 3】 次は，Taylor 級数が交代級数となる $\sin x = \sum_{i=0}^{\infty} (-1)^i \frac{x^{2i+1}}{(2i+1)!}$ の近似計算をしましょう．

```
─── FORTRAN のコード sintaylor.f ───
      PROGRAM SINTLR
      DOUBLE PRECISION MYSIN,X,T
      WRITE(*,*)'Give X : '
      READ(*,*)X
      WRITE(*,*)'Give N : '
      READ(*,*)N
      MYSIN=0.0D0
      T=X
      DO 100 I=0,N
         MYSIN=MYSIN+T
         T=-T*X*X/(I+I+2)/(I+I+3)
  100 CONTINUE
      WRITE(*,200)'My value of sin by Taylor : ',MYSIN
      WRITE(*,200)'Value from Library : ',DSIN(X)
  200 FORMAT(1H ,A21,F18.15)
      END
```

e^x の場合と比べて，変わったのは，和と一般項の初期化の仕方，および一般項の更新手続きです．特に，後者において，交代級数用に符号を交互に変える仕組みに注目しましょう．FORTRAN の場合は，冪乗演算子 x**n が有るので，一般項の符号の処理を (-1)**(2*I+1) のように書くこともできますが，"こんな風に書くと，本当に一々 (-1) をこの回数だけ掛け算してしまうので，非常に遅くなるから絶対避けるように" と，昔は教えられたものです．コンパイラが賢くなったので，もちろん (-1)**N と書いても，$N-1$ 回の乗算をやってしまうことはありませんが，少なくとも一々 mod 2 の計算くらいはするでしょうから，今でも若干遅くなりますので，この書き方は，プログラマとしては避けた方がよいでしょう．

【C 言語による実例 3】 同じ計算を C 言語で書いてみました．もう特に説明

を追加すべきことはありませんね．

C のコード sintaylor.c

```c
#include<stdio.h>
#include<stdlib.h>
#include<math.h>
int main(void) {
  int i,N;
  double x,s,t;
  printf("Give x : ");
  scanf("%lf",&x);
  printf("Give N : ");
  scanf("%d",&N);
  s=(double)0;
  t=(double)x;                      /* 一般項の初期設定 */
  for (i=0;i<=N;i++) {
      s=s+t;                        /* 一般項を加えた後，*/
      t=-t*x*x/(i+i+2)/(i+i+3);     /* その次数を進める */
  }
  printf("Calculated value: %22.15lf\n",s);
  printf("Value of library function: %22.15lf\n",sin(x));
  return 0;
}
```

いろいろな x, N についてこれらのプログラムを実行し，ライブラリ関数に含まれる sin(x) の値と比較してみましょう．

2.3 打ち切り誤差（公式誤差）

以前に出て来た丸め誤差は，コンピュータの技術的な問題ですが，打ち切り誤差は，数学と密接に関連したもので，手計算でも重要なものです．一緒に理解し，記憶しましょう．

2 種類の誤差

丸め誤差：コンピュータが実数を有限小数に変換する過程で生ずる．
打ち切り誤差：無限に続く式や極限をとらねばならない操作を，
　　　　　　　計算のために途中で打ち切ったときに生ずる．

【打ち切り誤差の理論的評価】 打ち切り誤差は理論的に見積もるべきものです．精密な評価は難しいこともありますが，初等的な考察で割と正確な見積りが得られる場合もあります．

例 2.1 $\sum_{i=1}^{\infty} \frac{1}{i^2}$ を $\sum_{i=1}^{N} \frac{1}{i^2}$ で近似したとき，打ち切り誤差は，初等的な計算で

$$\sum_{i=N+1}^{\infty}\frac{1}{i^2} \leq \sum_{i=N+1}^{\infty}\frac{1}{i(i-1)} = \sum_{i=N+1}^{\infty}\left(\frac{1}{i-1}-\frac{1}{i}\right) = \frac{1}{N}$$

と上から評価できます．逆向きの評価も同様に，

$$\sum_{i=N+1}^{\infty}\frac{1}{i^2} \geq \sum_{i=N+1}^{\infty}\frac{1}{i(i+1)} = \sum_{i=N+1}^{\infty}\left(\frac{1}{i}-\frac{1}{i+1}\right) = \frac{1}{N+1}$$

別解として，積分を用いた評価法もしばしば有効です．下図より，

$$\int_{N+1}^{\infty}\frac{dx}{x^2} = \frac{1}{N+1} \leq \sum_{i=N+1}^{\infty}\frac{1}{i^2} \leq \int_{N}^{\infty}\frac{dx}{x^2} = \frac{1}{N}$$

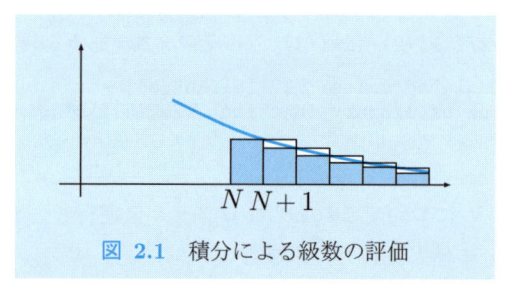

図 2.1 積分による級数の評価

【**Maxima による真値の検証**】 この級数の真の値は $\frac{\pi^2}{6}$ であることが知られています．これを仮定して，上の誤差評価がどのくらい正確か調べてみましょう．参考までに $\pi = 3.14159265358979323846\cdots$ こういう計算には Maxima, Pari/GP, Risa/Asir などで精度 (有効桁数) を上げて行うのが便利です．次はフリーの数式処理ソフト Maxima による例です．Maxima は Windows 用の実行可能ファイルがインターネットからダウンロード可能で，インストールすればアイコンクリックですぐ使えます．ここではターミナルウインドウから maxima.bat を起動したときの様子を示します．(出力データのスペースは見やすくするため実際より詰めてあります．) 結果は理論通りですね．

```
Kero$ maxima.bat
(%i1) fpprec: 30;
(%o1)                    30
(%i2) bfloat(%pi)^2/6;
(%o2)       1.644934066848226436472415166665b0
(%i3) sum(bfloat(1)/i^2,i,1,10000);
(%o3)       1.644834071848059769806081833b0
(%i4) quit();             (終了指令)
```

2.3 打ち切り誤差 (公式誤差)

Maxima では，C 言語の double に相当する通常の精度の変数と，精度を増やした，いわゆる多倍長浮動小数点数 (第 13 章参照) を区別する必要があります．後者は精度を変更でき，最初の fpprec でそれを十進 30 桁に指定しています．b0 は十進浮動小数の指数部です．次の bfloat は変数を多倍長の精度に変換する指令です．関数 sum の意味はご想像の通りです[1]．

【冪級数の打ち切り誤差の評価】 Taylor 展開の剰余項を用いて行うのが最も基本的です．

例 2.2 $x > 0$ の場合の e^x を取り上げます．

$$e^x = s_N + R_N,$$
$$s_N = \sum_{i=1}^{N} t_i, \quad t_i = \frac{x^i}{i!}, \quad R_N = \frac{x^{N+1}}{i^{N+1}} e^{\theta x} \quad (0 \le \theta \le 1).$$

これより

$$|R_N| \le |t_{N+1}| e^x \le |t_{N+1}|(s_N + |R_N|)$$
$$\therefore \quad |R_N| \le \frac{|t_{N+1}| s_N}{1 - |t_{N+1}|}.$$

N が大きいとき，$|t_{N+1}|$ は非常に小さいので，上はほぼ $|R_N| \le |t_{N+1}| s_N$ と思って良い．つまり，最後の計算結果に次の一般項を掛けたものがおおよその打ち切り誤差の評価となります．普通はこんなに丁寧な評価はせずに $t_{N+1} = \dfrac{x^{N+1}}{(N+1)!}$ を以て誤差評価としてしまうようです．上の結果は，ほぼこれを正当化しており，心配なら 1 項余分に足しておけば十分な訳です．しかし，これはいつでも正しいとは限りません．本能が弱いなと思う人はきちんと数学的考察をやるようにしましょう．(^^;

前節で示したプログラム例を用いて，FORTRAN でも C でもよいので，いろいろな x, N について，出力値を調べ，実際の誤差を理論的評価と比較してみましょう．

---

[1] Maxima でこんな便利な関数が有るのに，何でわざわざ C 言語などで級数の和を求めるプログラミングの練習するの？という疑問を持った人もいるでしょうね．その答はいろいろですが，級数の和だけ計算していればよいという訳ではないので，級数の和はプログラミング技法の基礎として有用だし，スタンドアローン，すなわち，それだけで動作する大きなプログラムの中で級数の和が必要になったときに，一々 Maxima を立ち上げてもらう訳にはいかないのです．すべてのソフトは用途に応じて使い分けるのがよいのです．

第2章 級数の和と打ち切り誤差

【交代級数と桁落ち】 交代級数に対しては，捨てた最初の項で打ち切り誤差を見積もることが正当化されます．微積分で次の収束判定法を学んだのを思い出しましょう：

交代級数の収束判定と誤差評価

交代級数 $\sum_{i=1}^{\infty}(-1)^{i-1}a_i$ において，$a_i \searrow 0$ なら，級数は収束し，しかも部分和 $\sum_{i=1}^{N}(-1)^{i-1}a_i$ の打ち切り誤差は a_{N+1} 以下である．

ここで，"数値計算は，丸め誤差と打ち切り誤差の両方を考えなければならない"，ということを，もう一度思い出しましょう．

例 2.3 $\sin x$ の計算に上の定理を適用すると，$|R_N| \leq \dfrac{x^{2N+3}}{(2N+3)!}$ が打ち切り誤差となります．この評価はなかなか良いので，これだけ見ると，$x=20$ くらいでも，もっともな大きさの N で，上の級数を用いて十分な精度で $\sin x$ が計算できるように思われるかもしれませんが，実際にやってみると，とんでもない値が得られてしまいます．著者などは，そんな恐いことはとても最初からやる気にならないのですが，学生が物おじせずにこれをやってしまったので，とてもよい教材ができました (^^;．上の級数のプログラムで $\sin 20$ を計算してみると，$N=40$ くらいから先はもう N を大きくしても変わらなくなります．これは上の打ち切り誤差の評価と整合していますが，肝心の近似値が 0.912945256651658 と，ライブラリ関数の $\sin 20$ の値 0.912945250727628 と単精度程度しか合っていません．これは何故なのでしょう？ プログラムをいくら調べてみても，単精度の表現が紛れ込んでいるようには見えませんし，実際，x が小さいときは，ちゃんと $\sin x$ の値を倍精度で答えています．

N が小さいところからの近似値の途中経過を出力させてみると理由のヒントが得られます (次表参照)．

近似和の計算は，各項が倍精度の桁数以内に丸められ，足されることに注意しましょう．ここでまず丸め誤差が現れます．この表は通常の倍精度で計算した結果を，同じ f25.15 のフォーマットで出力させたものです．$x=10$ の付近では数字が 30 個近く並んでいますが，double の有効桁数は十進で約 15 桁程

2.3 打ち切り誤差 (公式誤差)

度なので，後の方の 10 個近くは，実はでたらめなのです．(コンピュータの好きな人は，これらの数字がどこから来たのか調べてください!)

N	$\dfrac{20^{2N-1}}{(2N-1)!}$	第 N 部分和
1	20.000000000000000	20.000000000000000
2	-1333.333333333333258	-1313.333333333333258
3	26666.666666666664241	25353.333333333332121
4	-253968.253968253906351	-228614.920634920563316
5	1410934.744268077425659	1182319.823633156969654
6	-5130671.797338462434709	-3948351.973705305717885
7	13155568.711124261841178	9207216.737418957054615
8	-25058226.116427168250084	-15851009.379008211195469
9	36850332.524157598614693	20999323.145149387419224
10	-43099804.121821746230125	-22100480.976672358810902
11	41047432.496973097324371	18946951.520300738513470
12	-32448563.238713908940554	-13501611.718413170427084
13	21632375.492475938051939	8130763.774062767624855
14	-12326139.881752671673894	-4195376.107689904049039
15	6071990.089533336460590	1876693.981843432411551
16	-2611608.640659499447793	-734994.658816067036241
17	989245.697219507419504	254251.038403440383263
18	-332519.562090590712614	-78268.523687150329351
19	99855.724351528726402	21587.200664378397050
20	-26951.612510534068861	-5364.411846155671810
21	6573.564026959528746	1209.152180803856936
22	-1455.938876402996584	-246.786695599139648
23	294.129065939999293	47.342370340859645
24	-54.417958545790796	-7.075588204931151
25	9.254754854726523	2.179166649795174
26	-1.451726251721777	0.727440398073398
27	0.210700471948008	0.938140870021406
28	-0.028377167939126	0.909763702082280
29	0.003556036082597	0.913319738164878
30	-0.000415667572484	0.912904070592394
31	0.000045428149998	0.912949498742392
32	-0.000004652140297	0.912944846602096
33	0.000000447321182	0.912945293923278
34	-0.000000040463246	0.912945253460032
35	0.000000003449552	0.912945256909584
36	-0.000000000277630	0.912945256631954
37	0.000000000021129	0.912945256653083
38	-0.000000000001523	0.912945256651560
39	0.000000000000104	0.912945256651664
40	-0.000000000000007	0.912945256651658
41	0.000000000000000	0.912945256651658

【$\sin x$ の Taylor 級数の桁落ち】 上の例の計算で x の小さな値に対しては，よい近似値を返した $\sin x$ の Taylor 展開が，x が 20 くらいから狂い始めたのは何故かを調べるため，$\displaystyle\sum_{i=0}^{41}(-1)^i\dfrac{20^{2i+1}}{(2i+1)!}$ の各項毎の値を見てみましょう．x が小さいときは，一般項は単調に減少しますが，x が大きいと，最初のうちは

x^n の方が $n!$ に勝り，あるところまで急激に増大するのが分かります．項の絶対値が最大になるのはどのあたりかを調べてみましょう．こういうときに頼りになるのが

> **Stirling**（スターリング）**の公式**
> $$n! \sim \sqrt{2\pi n}\, e^{-n} n^n$$

です．(証明は巻末文献 [1] の II，第 8 章参照．) これを用いて近似計算すると，

$$t(n) = \frac{x^n}{n!} \fallingdotseq \frac{1}{\sqrt{2\pi n}}\left(\frac{ex}{n}\right)^n.$$

$$\therefore \quad \log t(n) \fallingdotseq n(\log(ex) - \log n) - \frac{1}{2}\log(2\pi n)$$

ここまでくれば n は連続に動けるので，右辺を n で微分し極値を求めると

$$\log(ex) - 1 - \log n - \frac{1}{2n} = 0 \quad \therefore \quad n \fallingdotseq x.$$

従って $\sin 20$ の級数の場合は $n = 2i+1 \fallingdotseq 20$，すなわち，$i$ が 9 か 10 で最大となります．上の表はこの考察を裏付けていますが，改めて眺めると，ここまで値が膨らんだ後よくもまあ誤差が打ち消し合って 7 桁もの精度が残ったものだと，逆の感慨が湧いてきますね．これは丸め誤差がランダムでうまく打ち消し合ったために，最大項の小数点以下有効桁がほぼ保証されたことを示しています．しかし，それは常に保証できることではありません (**神頼み！**)．丸め誤差の影響をきちんと評価するには，第 13 章で解説される**精度保証付き計算**が必要になります．期待した精度が得られていない場合は，同じく第 13 章で解説される**多倍長演算**も必要となるでしょう．

【実用的解決法】 上は，e^x の Taylor 展開の場合は全く問題になりません．何故なら，答の大きさが最大項と同じくらいなので，桁落ちの恐れが無いからです．項は途中で大きくなるが，最終的な答が小さいという場合が問題になるのです．x が大きくても最後の答が小さい理由として，$\sin x$ の場合は**周期性**が挙げられます．$x = 20 = 6\pi + (20 - 6\pi)$ $(20 - 6\pi \fallingdotseq 1.150444078461240569)$ だから，

$$\sum_{i=0}^{41}(-1)^i \frac{20^{2i+1}}{(2i+1)!} \quad \text{の代わりに} \quad \sum_{i=0}^{12}(-1)^i \frac{1.150444078461240569^{2i+1}}{(2i+1)!}$$

を計算すれば，収束は極めて速く，結果も比較的安全です．一般に，桁落ちの可能性がある Taylor 級数を計算するときは，対象となる関数が周期条件のような**関数等式**を満たしていることが多いので，それを利用してなるべく小さな x に帰着させて Taylor 級数を計算するのが数学的な解決法です．$\sin x$ の場合は，更に $\sin(\pi - x) = \sin x$ を用いて $|x| \leq \pi/2$ にできます．また，$\cos x$ と同時に実装することにすれば，更に $|x| \leq \pi/4$ まで減らせます．

🐕 x から 2π の整数倍を取り去った残りを与える関数は，FORTRAN では DMOD(X,2*PI) です．ただし，PI の値は PARAMETER（パラメータ）文で

```
DOUBLE PRECISION PI
PARAMETER(PI=3.1415926535897932)
```

のように定義しておきます．同じ関数は C では fmod(x,2*M_PI) です．ここで，M_PI は math.h の中で定義されている π の近似値です．mod 計算は丸め誤差を伴うので，この方法でも最後の桁まで正しく出すのは大変です．なお，ライブラリに含まれる sin などは，Taylor 展開よりも高級な有理関数による近似式で実装されており，周期性は誤差が出ない二進法の桁ずらしを通して利用されています (第 6 章参照)．

■ 2.4 級数の収束の速さと加速法

収束の速さは，第 N 項までの和を近似値としたときの打ち切り誤差 e_N の絶対値の大きさが N のどのような関数となるかで分類されます．これは，与えられた精度で和を求めるには何項必要かの目安を与えるものです．以下，$e_N = O\left(\dfrac{1}{N^k}\right)$ とは，ある正定数 C により $|e_N| \leq \dfrac{C}{N^k}$ となっていることを意味します．

☆ $O\left(\dfrac{1}{N}\right)$ より小さくできない … とても遅い．

例：$\displaystyle\sum_{n=1}^{\infty} \dfrac{1}{n^2}$，$\displaystyle\sum_{n=1}^{\infty} \dfrac{(-1)^{n-1}}{n}$ など

☆ $O\left(\dfrac{1}{N^k}\right)$ ($k > 1$) 程度[2] … 遅いが，k が大きければまあ我慢できる．

---

[2] 記号 $O\left(\dfrac{1}{N^k}\right)$ は $O\left(\dfrac{1}{N^N}\right)$ の場合も含むので，厳密にはこの言い方では遅いとは言えません．計算幾何などでは，$\dfrac{c}{N^k} \leq e_N \leq \dfrac{C}{N^k}$ のとき $e_N = \Theta\left(\dfrac{1}{N^k}\right)$ という記号を用いますが，数値計算の分野では使われていないので，ここでは曖昧な言い方にしておきます．

例：$\displaystyle\sum_{n=1}^{\infty}\frac{1}{n^3}$ など（この和の値は無理数であることがやっと 1980 年代になって示されただけの謎の多い数です．）

☆ $O\left(\dfrac{1}{a^N}\right)$ $(a>1)$ … 実用的に速い．

例：等比級数 $\displaystyle\sum_{n=0}^{\infty}\frac{1}{2^n}$，それに近い $\displaystyle\sum_{n=1}^{\infty}\frac{n}{2^n}$ など

☆ $O\left(\dfrac{1}{a^{N\log N}}\right)$ $(a>1)$ … 非常に速い．

例：$\displaystyle\sum_{n=0}^{\infty}\frac{x^n}{n!},\ \sum_{n=0}^{\infty}\frac{x^{2n+1}}{(2n+1)!}$ など．($n!$ の評価については前述の Stirling の公式参照．)

☆ $O\left(\dfrac{1}{a^{N^k}}\right)$ $(a>1, k>1)$ … 猛烈に速い．

☆ $O\left(\dfrac{1}{a^{b^N}}\right)$ $(a>1, b>1)$ … 超猛烈に速い．(Newton法は $a=e, b=2$ に相当．)

理論的には，これより速い収束の例はいくらでも考えられますが，実用的に出会う可能性があるのはまあこんなところでしょう．

【加速法】 収束の遅い級数は，変形して収束を速くしてから計算します．この種の手法は 18 世紀に盛んに研究されました．コンピュータの計算が速くなると，単独計算ではあまり有難味がないと思われるでしょうが，例えば，級数の和でライブラリ関数を作ろうというときは，それを数値積分のプログラムで繰り返し呼ぶかも知れないので，少しでも速い方がよく，今でも重要な技法です．級数の加速法と初等関数の高速計算法は，第 5 章で再び取り上げます．ここでは加速法の初等的な例を一つ示すにとどめます．

例 **2.4** $\zeta(2)=\displaystyle\sum_{n=1}^{\infty}\frac{1}{n^2}$ を加速してみましょう．既に見たように，
$$\sum_{n=1}^{\infty}\frac{1}{n(n+1)}=1$$
は既知です．また高校で学んだように，
$$\sum_{n=2}^{\infty}\frac{1}{(n-1)n(n+1)}=\sum_{n=2}^{\infty}\frac{1}{2}\left(\frac{1}{n-1}+\frac{1}{n+1}-\frac{2}{n}\right)=\frac{1}{2}\left(1-\frac{1}{2}\right)=\frac{1}{4}$$

故に,

$$\zeta(2) - 1 = \sum_{n=1}^{\infty} \left(\frac{1}{n^2} - \frac{1}{n(n+1)} \right) = \sum_{n=1}^{\infty} \frac{1}{n^2(n+1)},$$

$$\zeta(2) - 1 - \frac{1}{4} = \frac{1}{2} + \sum_{n=2}^{\infty} \left(\frac{1}{n^2(n+1)} - \frac{1}{(n-1)n(n+1)} \right)$$

$$= \frac{1}{2} - \sum_{n=2}^{\infty} \frac{1}{n^2(n^2-1)},$$

$$\therefore \quad \zeta(2) = \frac{7}{4} - \sum_{n=2}^{\infty} \frac{1}{n^2(n^2-1)}$$

これで $O\left(\frac{1}{N^3}\right)$ の収束が保証されます．Euler はこのような方法を推し進めて，Euler の級数変形法あるいは Euler 変換と呼ばれる加速法を編み出しました．興味を持たれた読者は巻末に挙げた数値解析の参考書を見てください．

この章の課題

課題 2.1 級数 $\sum_{i=1}^{N} \frac{1}{i^2}$ において，$N = 10^n$ とし，n を種々の値に取ることにより，$\sum_{i=1}^{\infty} \frac{1}{i^2}$ の真値 $-\frac{1}{N}$ と $O\left(\frac{1}{N^2}\right)$ でしか違わないこと，すなわち近似値は小数点以下第 n 桁目が狂っているが，そこに 1 を足せば，ほぼ $2n$ 桁の近似値が得られることを観察せよ．この理由を考えよ．

課題 2.2 与えられた x と N に対して $\cos x$ の Taylor 級数を計算し，ライブラリ関数と比較するプログラムを C と FORTRAN で作れ．

課題 2.3 $\log(1+x)$ の Taylor 展開と Abel(アーベル) の定理から，

$$1 - \frac{1}{2} + \frac{1}{3} - + \cdots + (-1)^{N-1}\frac{1}{N} + \cdots = \log 2$$

が成り立ち，かつ左辺の打ち切り誤差が $O\left(\frac{1}{N}\right)$ であることが分かる．最終項の分母の N を $2N$ に変えると，誤差が $O\left(\frac{1}{N^2}\right)$ に改良されることを (プログラムと数学の両方で) 確かめよ．

第3章

数値微分

　この章では，関数の微分係数を数値的に計算する方法を学び，それを通して，打ち切り誤差と丸め誤差のせめぎ合いを観察し，第1章で紹介した微小パラメータ h の選び方について数値計算的に妥当な方法を学びます．

■ 3.1 数値微分法

【微分と差分】　C 言語の関数として与えられている f(x) は，どんな x に対しても値は返してくれるが，f の数学的な形は見えず，従って微積の知識ではその導関数の計算法は分からないものとします．このようなことは，実際に，観測で得られた離散データを補間した関数などでよく起こります．こんなときは，微分の定義に戻り，差分商により微分商の近似計算をするのが手っ取り早い方法です．微分の差分近似として代表的なものは，微分の定義に現れるものと同じで，

$$\text{前進差分} \quad \frac{df}{dx} \fallingdotseq \frac{f(x+h) - f(x)}{h}$$

$$\text{後退差分} \quad \frac{df}{dx} \fallingdotseq \frac{f(x) - f(x-h)}{h}$$

です．微積分では，h は正負いずれの値も取り得るので，これらは普通同じものとみなされますが，数値計算では普通は $h > 0$ なので別々に扱います．この両者の平均値をとると，もっと良い近似公式

$$\text{中心差分} \quad \frac{df}{dx} \fallingdotseq \frac{f(x+h) - f(x-h)}{2h}$$

が得られることは，Taylor 展開の練習問題として微積で習ったかもしれませんね．これらを図で説明すると次図のようになります．この図から，中心差分が他の二つより本質的に良い近似となっていることが想像されます．このように，図を描いただけで差が目に見えるときは，オーダーが異なるのが普通です．Taylor の公式の復習としてそれを確かめましょう．

3.1 数値微分法

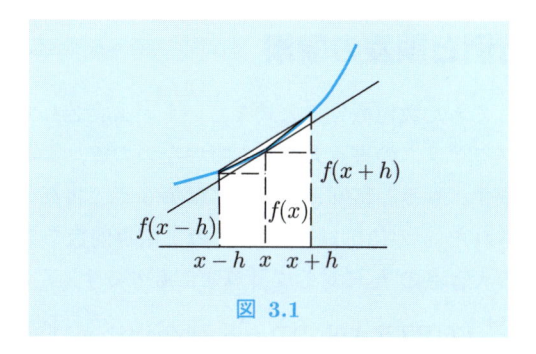

図 3.1

【差分公式の誤差解析】 $f(x \pm h)$ の Taylor 展開

$$f(x+h) = f(x) + hf'(x) + \frac{h^2}{2!}f''(x) + \frac{h^3}{3!}f'''(x) + \frac{h^4}{4!}f^{(4)}(x) + \cdots$$

$$f(x-h) = f(x) - hf'(x) + \frac{h^2}{2!}f''(x) - \frac{h^3}{3!}f'''(x) + \frac{h^4}{4!}f^{(4)}(x) + \cdots$$

から

前進差分 : $\dfrac{f(x+h) - f(x)}{h} = f'(x) + \dfrac{h}{2}f''(x) + \cdots$

後退差分 : $\dfrac{f(x) - f(x-h)}{h} = f'(x) - \dfrac{h}{2}f''(x) + \cdots$

がいずれも,打ち切り誤差 $O(h)$,つまり 1 次の近似式なのに対し,

中心差分 : $\dfrac{f(x+h) - f(x-h)}{2h} = f'(x) + \dfrac{h^2}{6}f'''(x) + \cdots$

は,打ち切り誤差 $O(h^2)$,つまり 2 次の近似式となっていることが分かります.

(1) $h > 0$ に依存する量 $g(h)$ が $O(h^k)$ であるとは,ある定数 $C > 0$ が存在して $|g(h)| \leq Ch^k$ となることでした.記号 O はラージオーダーまたはビッグオーと読まれ,ここでは $h \to 0$ のときの小ささの評価で使われていますが,情報科学ではよく $n \to \infty$ のときに $O(n^k)$ という形で計算量の増大の仕方の評価に使われます.

(2) 上の公式から一目瞭然ですが,中心差分に対してこの近似オーダーが現実に出せるためには,f は 3 回微分可能で,かつ f''' が有界でなければなりません.f が離散データで与えられた関数の場合は,そのような補間ができるときに限り,導関数の値はそこまで信頼できることになります.

■ 3.2 実行例と誤差の観察

これまで紹介してきた数値微分の公式を，いよいよ実装してみましょう．まだ一般の関数副プログラムの書き方を学んでいないので，ここでは原始的なプログラムを示します．もっと格好良い書き方は第 6 章で再掲します．次のプログラムは，入力された x の値に対し，$\sin x$ の 1 階導関数を 3 種の差分近似公式を用いて種々の大きさの h に対して計算するものです．

---**FORTRAN のコード suchibibun.f**---

```
      PROGRAM NUMDIF
      DOUBLE PRECISION DFW,BBW,DCR,F,X,H
      F(X)=DSIN(X)                    ! 文関数定義
      H=1.0D-1
      WRITE(*,*)'Give X : '
      READ(*,*)X
      DO 100 I=1,10
         DFW=(F(X+H)-F(X))/H
         DBW=(F(X)-F(X-H))/H
         DCR=(F(X+H)-F(X-H))/2/H
         WRITE(*,200)'H = ',H,'; Foward = ',DFW,
     +        '; Backwardd = ',DBW, '; Center = ',DCR
         H=H/10
 100  CONTINUE
      WRITE(*,300)'True value : ',DCOS(X)
 200  FORMAT(1H ,A4,F13.10,A11,F22.16,A14,F22.16,A11,F22.16)
 300  FORMAT(1H ,A13,F22.16)
      END
```

差分近似の行に F(X) の代わりに直接 DSIN(X) 等を書けばもっと原始的かつ初心者向きになるのですが，それでは微分する関数を取り替える度に，プログラムを何行も書き直さねばなりません．それに，具体的な関数で書かれていると，肝心な数値微分の公式がすぐには何をやっているか分かりづらくなります．そこで，上のプログラムでは，上から 3 行目に，"以後，F(X) と有ったら DSIN(X) と読め" というおまじないが書かれています．これは，**文関数**と呼ばれ，宣言文の 1 種ですが，一種の関数なので，変数 X のところには何を代入して使ってもよいというところがミソです．一つ注意しなければならないのは，文関数の名前である F にも倍精度の宣言が必要だということです．これを忘れると，コンパイラによっては計算結果が単精度に落ちてしまいます[1]．文関数

---
[1] このことからも分かるように，文関数の宣言は後で習う普通の関数に近く，C 言語のマクロとは大分異なるものです．

3.2 実行例と誤差の観察

は宣言文の最後にまとめて書く規則になっています．従って，このプログラムの実行文は4行目からです．

実はもっと徹底して，1階導関数の差分公式も，2変数の文関数を用いて

```
DFW(X,H)=(F(X+H)-F(X))/H
DBW(X,H)=(F(X)-F(X-H))/H
DCR(X,H)=(F(X+H)-F(X-H))/2/H
```

のように宣言できます．結果の打ち出しは

```
WRITE(*,*)DFW(X,H),DBW(X,H),DCR(X,H)
```

のように書きます．上のプログラムだけなら，こう書き直しても見やすくなるかどうかは微妙ですが，後に第5章で出てくるように，この1階差分の値を用いて更に何かしようというときは，こちらの書き方の方が断然見やすくなります．

なお，3行目に！で始まる語句は，序章でも注意したように，行の途中からコメント(注釈)を書くやり方です．厳密には FORTRAN 77 よりも新しい版で導入された書き方ですが，g77 を始めとする多くの FORTRAN 77 コンパイラでサポートされています．

【実行結果 1】 上のプログラムを $x=1$ に対して実行し，sin の微分を計算してみた結果は次のようになりました：

h	forward	backward	
0.100000000000000	0.497363752535389	0.581440751804131	
0.010000000000000	0.536085981011869	0.544500620737599	
0.001000000000000	0.539881480360325	0.540722951275101	
0.000100000000000	0.540260231418603	0.540344378516764	
0.000010000000000	0.540298098505686	0.540306513211424	
0.000001000000000	0.540301885119541	0.540302726617311	
0.000000100000000	0.540302264022559	0.540302347639483	
0.000000010000000	0.540302302719361	0.540302312612706	
0.000000001000000	0.540302356620472	0.540302289237307	←んッ？
0.000000000100000	0.540302229497767	0.540302333039075	

真の値：0.540302305868140

この結果は，理論通り $O(h)$ で誤差が減少しているように見えますが，最後のあたりが何か変ですね．無視してよいものでしょうか？

【実行結果 2】 同じデータに対して中心差分も見てみましょう．

h	center
0.100000000000000	0.539402252169760
0.010000000000000	0.540293300874734
0.001000000000000	0.540302215817714
0.000100000000000	0.540302304967693
0.000010000000000	0.540302305858644
0.000001000000000	0.540302305869321
0.000000100000000	0.540302305839966	← ここから崩れ始める
0.000000010000000	0.540302307755480
0.000000001000000	0.540302323823356
0.000000000100000	0.540302290213089

真の値：0.540302305868140

　最初のうちは理論通り，誤差が $O(h^2)$ で小さくなっていますが，途中から狂い始めることが，今度ははっきりと見てとれます．何故でしょうか？これがこの章の検討課題です．

　参考として，同じプログラムを C 言語で書いたもの suchibibun.c を掲げましょう．C 言語では，FORTRAN の文関数に当たるものにマクロ定義と呼ばれるものがありますが，今度は数値微分の公式も合わせて，分かりやすい普通の関数として定義してみました．ただし微分する対象の関数名はまだ f に固定です．これを一般の関数に適用できるようにする方法は第 6 章で学びます．

【打ち切り誤差と丸め誤差のせめぎ合い】　級数のところでも説明したように，実際には近似式自身もコンピュータで誤差無しには計算できず，丸め誤差の影響を受けます．すなわち，計算機が返すのは，

$$\frac{f(x+h) - f(x)}{h} \quad \text{ではなく} \quad \frac{f(x+h) - f(x) + \varepsilon}{h}$$

です．よって，打ち切り誤差と合わせると，近似式の全誤差は

$$\frac{f(x+h) - f(x)}{h} = f'(x) + O(h) + O\left(\frac{\varepsilon}{h}\right)$$

と書かれます．h を小さくすると，誤差の第 1 項は減りますが，第 2 項は逆に増えます．両者がほぼ釣り合うのは，$h = \frac{\varepsilon}{h}$，すなわち，$h = \sqrt{\varepsilon} = 10^{-8}$ のあたりです．正確には，Taylor 展開から得られた打ち切り誤差の主要項と釣り合わせて

3.2 実行例と誤差の観察

C のコード suchibibun.c

```c
#include<stdio.h>
#include<stdlib.h>
#include<math.h>
double f(double x)
{
  return sin(x);
}
double fordf(double a,double h)
{
  return (f(a+h)-f(a))/h;
}
double backdf(double a,double h)
{
  return (f(a)-f(a-h))/h;
}
double cntrdf(double a,double h)
{
  return (f(a+h)-f(a-h))/h/2;
}
int main(void)
{
  int i,n=10;
  double a,h=(double)1/10;
  printf("Derivative of sin(x); give point : ");
  scanf("%lf",&a);
  for (i=0;i<n;i++){
    printf("h = %18.15lf;frwd%18.15lf\n",h,fordf(a,h));
    printf("back%18.15lf;",backdf(a,h));
    printf("cntr%18.15lf\n",cntrdf(a,h));
    h=h/10;
  }
  printf("true value : %22.15lf\n",cos(a));
  return 0;
}
```

$$\frac{|f''(x)|}{2}h = \frac{\varepsilon}{h}$$

から計算した h が境目の値ですが，ε は統計的にしか分からないので，これはあくまで見積もりです．

とにかく，h をこれ以上小さくしても無意味なことは分かります．ただし，ここでの ε は第 1 章で説明した計算機イプシロンではなく，倍精度の桁数に関して四捨五入で変化する部分の値なので，$f(x) \fallingdotseq 1$ なら，ほぼ $\varepsilon = 10^{-16}$ となります．従って，釣り合うのは $h = \sqrt{\varepsilon} = 10^{-8}$ のあたりで，これが実際計算で前進差分を用いたときの精度の限界となります．一般には $f(x)$ の大きさに依存する，いわゆる相対誤差となることに注意しましょう．第 1 章で解説したように，h が小さいと差分商の分子で桁落ちが生じますが，項 $\frac{\varepsilon}{h}$ はその表現ともみなせます．

後退差分も全く同様です．中心差分については，

$$\frac{f(x+h)-f(x-h)}{2h} - f'(x) = O(h^2) + O\left(\frac{\varepsilon}{h}\right)$$

より，釣り合うのは，$h^2 = \frac{\varepsilon}{h}$, すなわち，$h = \sqrt[3]{\varepsilon} = 10^{-5}$ のあたりです．このときの誤差は $x \fallingdotseq 1$ として $h^2 = \varepsilon^{2/3} = 10^{-10}$ くらいになります．これも，より正確には Taylor 展開から得られる打ち切り誤差の主要項 $\frac{|f'''(x)|}{6}h^2$ と $\frac{\varepsilon}{2h}$ を釣り合わせなければならないので，h の臨界値は $f'''(x)$ の大きさに依存します．注意して欲しいのは，2 次の公式を用いると真の値への近づき方が速くなるだけでなく，期待できる精度も上がるということです．これは，数学的な打ち切り誤差だけを見ていたときには現れなかった現象です．

■ 3.3　2 階の導関数の近似

$f(x \pm h)$ の Taylor 展開の項をもう少し先の方まで書いたもの

$$f(x+h) = f(x) + hf'(x) + \frac{h^2}{2!}f''(x) + \frac{h^3}{3!}f'''(x) + \frac{h^4}{4!}f^{(4)}(x) + \cdots$$

$$f(x-h) = f(x) - hf'(x) + \frac{h^2}{2!}f''(x) - \frac{h^3}{3!}f'''(x) + \frac{h^4}{4!}f^{(4)}(x) + \cdots$$

から，目の子で

$$\frac{f(x+h)+f(x-h)-2f(x)}{h^2} = f''(x) + \frac{h^2}{12}f^{(4)}(x) + \cdots$$

が容易に求まります．今度は，一番最初に自然に見付かるのが 2 次の近似公式となっているのです．誤差評価は，

$$\frac{f(x+h)+f(x-h)-2f(x)}{h^2} = f''(x) + O(h^2) + O\left(\frac{\varepsilon}{h^2}\right)$$

において，釣り合い $h^2 = \frac{\varepsilon}{h^2}$ より，$f(x) \fallingdotseq 1$ として $h = \varepsilon^{1/4} = 10^{-4}$ 程度のときが最もよい近似値を与えます．このときの誤差は $h^2 = \varepsilon^{1/2} = 10^{-8}$ 程度となります．つまり，2 次の近似式とはいっても，丸め誤差のため，実用的には 1 次の近似式である 1 階微分の前進差分公式とほとんど同程度の精度までしか期待できません！

プログラム例は次の通りです：

3.3 2階の導関数の近似

FORTRAN のコード 2kaibibun.f

```
      PROGRAM DF2SIN
      DOUBLE PRECISION DF2,F,X,H
      F(X)=DSIN(X)
      H=1.0D-1
      WRITE(*,*)'Give X : '
      READ(*,*)X
      DO 100 I=1,10
        DF2=(F(X+H)+F(X-H)-F(X)*2)/H/H
        WRITE(*,200)'H = ',H,'; 2nd Center = ',DF2
        H=H/10
  100 CONTINUE
      WRITE(*,300)'True value : ',-DSIN(X)
  200 FORMAT(1H ,A4,F13.10,A15,F22.16)
  300 FORMAT(1H ,A13,F22.16)
      END
```

$\sin x$ の $x = 1$ における 2 階微分について，上のプログラムを実行した結果は以下のようになりました：

h	2nd center	
0.1000000000	-0.8407699926874290	
0.0100000000	-0.8414639725740081	
0.0010000000	-0.8414709147253063	
0.0001000000	-0.8414709817827770	
0.0000100000	-0.8414713370541448	←── ここから崩れ始める
0.0000010000	-0.8415490526658684	
0.0000001000	-0.8437694987151186	
0.0000000100	0.0000000000000000	
0.0000000010	0.0000000000000000	
0.0000000001	0.0000000000000000	

真の値：-0.8414709848078965

丸め誤差と打ち切り誤差の釣り合い点として上に説明した通り，$h = \varepsilon^{1/4} = 10^{-4}$ 程度で最良の近似値が得られ，そのときの誤差は $h^2 = \varepsilon^{1/2} = 10^{-8}$ 程度というのが，上の実験結果からもほぼ読み取ることができますね．なお，計算結果が途中から 0 となっているのは，桁落ちのためにアンダーフローが起こったのでしょう．興味のある人は，第 1 章の数値の内部表現表示のための FORTRAN 用参考プログラムとドッキングさせて，是非追跡してみてください．

同様の考え方で，3 階微分や 4 階微分など，高次導関数の近似式も導くことができます．分母の h の冪が大きくなるので，正確な値を求めるのはますます難しくなります．

3.4 打ち切り誤差の厳密な評価

更に正確な打ち切り誤差の評価は，剰余項付きの Taylor の定理を用いると出せます．丸め誤差の猛威を見てしまった後では，通常の倍精度程度の計算でこういうことをやるのはあまり意味が無いように感じられるかもしれませんが，多倍長での計算や，精度保証付き計算をやるようになると，こういう考察も生きてきます．

【1 階前進差分】 Lagrange 剰余付きの Taylor 展開

$$f(x+h) = f(x) + f'(x)h + \frac{f''(x+\theta h)}{2!}h^2$$

より，

$$\left|\frac{f(x+h)-f(x)}{h} - f'(x)\right| \leq \frac{M_2}{2}h \quad \text{ここに} \quad M_2 = \sup|f''(x)|$$

ここで上限をとる範囲は公式を適用する領域だけで十分です．$f(x) = x^2$ の $x=1$ における導関数にこれを適用すると，この評価が最良な (best possible, すなわち，これ以上定数因子を改良できない) ものであることが分かります．後退差分についても全く同様です．

【1 階中心差分】 同様に Lagrange 剰余を用いて

$$f(x+h) = f(x) + f'(x)h + \frac{f''(x)}{2!}h^2 + \frac{f^{(3)}(x+\theta_1 h)}{3!}h^3,$$

$$f(x-h) = f(x) - f'(x)h + \frac{f''(x)}{2!}h^2 - \frac{f^{(3)}(x-\theta_2 h)}{3!}h^3,$$

$$\therefore \left|\frac{f(x+h)-f(x-h)}{2h} - f'(x)\right|$$

$$= \frac{1}{2}\frac{|f^{(3)}(x+\theta_1 h) + f^{(3)}(x-\theta_2 h)|}{3!}h^2 \leq \frac{M_3}{6}h^2, \quad M_3 = \sup|f^{(3)}(x)|$$

この評価はちょっと安易なようにも見えますが，$f(x) = x^3$ の $x=1$ における導関数に適用してみると，これで最良となっています．

【2 階中心差分】 展開の次数を上げて同様に，

$$f(x+h) = f(x) + f'(x)h + \frac{f''(x)}{2!}h^2 + \frac{f'''(x)}{3!}h^3 + \frac{f^{(4)}(x+\theta_1 h)}{4!}h^4$$

$$f(x-h) = f(x) - f'(x)h + \frac{f''(x)}{2!}h^2 - \frac{f'''(x)}{3!}h^3 + \frac{f^{(4)}(x-\theta_2 h)}{4!}h^4$$

$$\therefore \quad \left| \frac{f(x+h) + f(x-h) - 2f(x)}{h^2} - f''(x) \right|$$

$$= \frac{|f^{(4)}(x+\theta_1 h) + f^{(4)}(x-\theta_2 h)|}{4!}h^2 \le \frac{M_4}{12}h^2$$

ここに M_4 は $|f^{(4)}(x)|$ の考えている領域における上限です．以下，導関数を評価するための定数には同様の記号を用いることにします．この評価が最良なことが $f(x) = x^4$ の $x = 1$ における 2 階微分で分かります．

🐙 このような評価を厳密に行うかどうかが，単なる数値計算と数値解析を分ける基準です．ただし，世の中では，どうせ，近似式の計算における丸め誤差が完全には分からないので，普通はこういう厳密な議論はあまりせず，最初にやったような Taylor 展開の主要項だけによる漸近的評価で済ませてしまうことが多いようです．更に，シミュレーションなどでは，それさえもさぼることがあります．

■ 3.5 高次の近似式

高次の近似式を使えば，h をあまり小さくせずに打ち切り誤差を小さくでき，丸め誤差の影響を少なくできます．つまり，高次の近似式がより精密な近似値を計算できるのは，単に公式誤差が小さいからというだけではなく，公式誤差を同じ小ささにするのに，高次の近似式の方が h が比較的大きくてよいため，丸め誤差の影響を小さくできるからなのです．

例 3.1 **1 階の 4 次の近似式の導出** 答は一つではありません．ここでは対称性を仮定して一つ求めてみます．$f_n = f^{(n)}(x)$ と置くと，

$$f(x+2h) = f_0 + 2f_1 h + \frac{4f_2}{2!}h^2 + \frac{8f_3}{3!}h^3 + \frac{16f_4}{4!}h^4 + \frac{32f_5}{5!}h^5 + \cdots$$

$$f(x+h) = f_0 + f_1 h + \frac{f_2}{2!}h^2 + \frac{f_3}{3!}h^3 + \frac{f_4}{4!}h^4 + \frac{f_5}{5!}h^5 + \cdots$$

$$f(x-h) = f_0 - f_1 h + \frac{f_2}{2!}h^2 - \frac{f_3}{3!}h^3 + \frac{f_4}{4!}h^4 - \frac{f_5}{5!}h^5 + \cdots$$

第3章 数値微分

$$f(x-2h) = f_0 - 2f_1 h + \frac{4f_2}{2!}h^2 - \frac{8f_3}{3!}h^3 + \frac{16f_4}{4!}h^4 - \frac{32f_5}{5!}h^5 + \cdots$$

ここで $a\{f(x+2h) - f(x-2h)\} + b\{f(x+h) - f(x-h)\}$ の f_0, f_2, f_3, f_4 の係数が消えるように a, b を決めます。この置き方から，偶数次 f_0, f_2, f_4 の係数は自動的に消えるので，

$$f_1 \text{ の係数} = 4a + 2b = 1, \quad f_3 \text{ の係数} = \frac{8}{3}a + \frac{1}{3}b = 0$$

とすればよく，従って

$$a = -\frac{1}{12}, \quad b = \frac{2}{3}$$

と決定されます。これから，

$$\frac{-f(x+2h) + f(x-2h) + 8f(x+h) - 8f(x-h)}{12h} = f'(x) - \frac{f^{(5)}(x)}{30}h^4 \cdots$$

という公式が得られます。

FORTRAN のコード 1kai4jibibun.f

```
      PROGRAM DFSINR
      DOUBLE PRECISION DFR,F,X,H
      F(X)=DSIN(X)
      H=1.0D-1
      WRITE(*,*)'Give X : '
      READ(*,*)X
      DO 100 I=1,10
         DFR=(-F(X+H*2)+F(X-H*2)+F(X+H)*8-F(X-H)*8)/H/12
         WRITE(*,200)'H = ',H,'; 4th Center = ',DFR
         H=H/10
  100 CONTINUE
      WRITE(*,300)'True value : ',DCOS(X)
  200 FORMAT(1H ,A4,F13.10,A15,F22.16)
  300 FORMAT(1H ,A13,F22.16)
      END
```

実行結果は次のようになりました：

h	4-th center	
0.1000000000	0.5403005070032604	
0.0100000000	0.5403023056880377	
0.0010000000	0.5403023058680271	
0.0001000000	0.5403023058684712	← ここから崩れ始める
0.0000100000	0.5403023058662507	
0.0000010000	0.5403023059328641	
0.0000001000	0.5403023058588491	
0.0000000100	0.5403023065989979	
0.0000000010	0.5403023214019714	
0.0000000001	0.5403018773127616	

真の値：0.5403023058681398

$h^4 = \dfrac{\varepsilon}{h}$ より，最適値は $h = \varepsilon^{1/5} = 10^{-3}$ なので，ほぼ理論の予想通りの結果となっていますね．ここで止めたときの誤差は $h^4 = \varepsilon^{4/5} = 10^{-12}$．何と素晴らしい値でしょう！ただし，この公式が使えるのは，5 階微分が有界な関数に限ります．

この章の課題

課題 3.1 Stirling の公式と自分で計算した $n!$ の値を比較せよ．プログラムは C でも FORTRAN でもよい（できれば両方）．$n!$ を実装するときは，答を入れる変数を倍精度浮動小数とし，なるべく大きな n まで計算できるようにせよ．[`stirling.f`]

課題 3.2 $\cos x$, $\tan x$, $\mathrm{Arcsin}\, x$, $\mathrm{Arctan}\, x$, e^x, $\log x$, x^x 等，あるいは，これらから自分で作った合成関数を一つ選び，1 階および 2 階の導関数を種々の公式を用いて計算し，誤差を観察し，数学的に予想される答と比較して論評を与えよ．

課題 3.3 2 階の導関数に対する 4 次の近似公式を探し，C または FORTRAN で実装してみよ．微小増分 h を変化させたときの実行結果の誤差を観察し解釈せよ．[ヒント: $a\{f(x+2h)+f(x-2h)\}+b\{f(x+h)+f(x-h)\}+cf(x)$ の形で未定係数法により求めよ．`2kai4ji.f`]

課題 3.4 $f'(x)$ の値を，$f(x)$, $f(x+h)$, $f(x+2h)$ を用いて $O(h^2)$ で近似する差分公式を与え，実装せよ．(このような公式は区間の端で必要となる．) [`hasibibun.f`]

第4章

数値積分

この章では，定積分の値の計算をコンピュータでやらせる方法を学びます．そのような方法を総称して**数値積分法**と呼びます．微分と違い，積分は必ずしも手計算では答が求まらないので，数値計算の有難味(ありがたみ)をもっとも良く実感できる題材の一つです．定積分の近似値といえば，まず思い浮かぶのは，微積の講義で定積分の定義に用いたRiemann(リーマン)近似和でしょう．そこでまずこれから検討してみます．

■ 4.1　Riemann 近似和

通常の Riemann 式定積分 $\int_a^b f(x)dx$ は，有界閉区間 $[a,b]$ 上で値が有界な関数 $f(x)$，すなわち

$$\exists M \text{ について } |f(x)| \leq M \quad (a \leq x \leq b)$$

となる関数 $f(x)$ に対して，区間 $[a,b]$ の分割：

$$a = x_0 < x_1 < x_2 < \cdots < x_N = b$$

と，その各微小区間 $[x_{i-1}, x_i]$ の代表点 ξ_i に対する f の値 $f(\xi_i)$ を用いて作った **Riemann 近似和**

$$\sum_{i=1}^{N} f(\xi_i) \Delta x_i \quad (\text{ここに} \quad \Delta x_i = x_i - x_{i-1}) \tag{4.1}$$

の，分割を細かくしたときの極限として定義されました．従って，極限に行く前のこの Riemann 和が，定義により定積分の近似値を与えます．ただし，数値計算では，N 等分割を採用し，代表点 ξ_i も区間の端点 x_{i-1} または x_i にとるのが普通です．

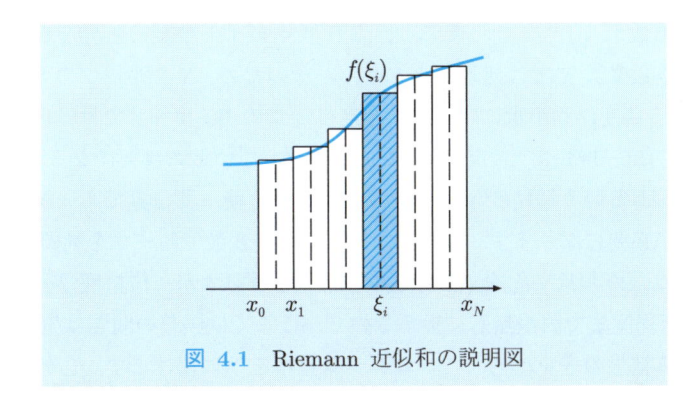

4.1 Riemann 近似和

図 4.1 Riemann 近似和の説明図

純粋数学では，f が連続または単調な関数なら，$h \to 0$ とすれば，上の近似和は $\int_a^b f(x)dx$ に近付くことが一様連続性を用いて証明されました．計算機ではどうでしょうか？実験してみましょう．

【Riemann 近似和の数値実験】 $f(x) = \dfrac{1}{1+x}$ を区間 $[0,1]$ 上で積分する実験をしてみます．プログラミング的には有限級数の和に他ならず，第 2 章で既にやったものなので，とりあえずは自分で書いてもらうとして，直ちに計算例を示しましょう．

$h = \dfrac{1}{N}$	$\sum_{i=1}^{N} f((i-1)h)h$
0.100000000000000	0.718771403175428
0.010000000000000	0.695653430481824
0.001000000000000	0.693397243059937
0.000100000000000	0.693172181184961
0.000010000000000	0.693149680566267
0.000001000000000	0.693147430560375
0.000000100000000	0.693147205575825
0.000000010000000	0.693147182933255
0.000000001000000	0.693147180363882
0.000000000100000	0.693147170362674

← ここから崩れる

真の値：$\int_0^1 \dfrac{1}{1+x}dx = \log 2 = 0.693147180559945$

この結果を自分で出力しようとすると，最後の行を得ようとするところで多分つまづくでしょう．Riemann 近似和が丸め誤差と釣り合うのは，最後の方なので，ここまでは是非計算してみたいのですが，最後の行では分割数，すなわち

近似和の項数が 10^{10} になっており，これは 4 バイト整数の限界を越えてしまうので，整数変数 N では処理できません．そのため，N やループのカウンタ変数の J を倍精度浮動小数にすると，今度は通常の DO ループでは処理できなくなります．(DO J=1,N という表現は J が整数でないとエラーになるからです.) このため，J という倍精度浮動小数のカウンタを使って自分でループさせるという工夫が必要になります．一般に，整数でない変数でループを制御するのは，丸め誤差のため非常に危険 (課題 4.6 参照) なのですが，倍精度浮動小数は整数を 15 桁程度まで誤差無しに扱えるので，ここでは誤差の問題は生じません．

上の計算結果の表を出力したプログラム見本を下に掲げます．I が 8 辺りから急に時間がかかり始め，最後まで実行するにはかなりの忍耐が必要です．

FORTRAN のコード riemann.f

```
      PROGRAM RIEMAN
      REAL*8 N,J,A,B,F,H,S,X
      F(X)=1.0D0/(X+1)
      A=0.0D0
      B=1.0D0
      N=10
      DO 200 I=1,10
         H=(B-A)/N
         S=0.0D0
         X=A
         J=1         ! ループカウンタの初期値の設定
C  BEGINNING OF LOOP
 100     S=S+F(X)*H
         X=X+H
         J=J+1
         IF (J.LE.N) GO TO 100    ! J≤Nの間ループする
C  END OF LOOP
         WRITE(*,300)H,' & ',S,' \\\\'
         N=N*10
 200  CONTINUE
 300  FORMAT(1H ,F18.15,A3,F18.15,A3)
      WRITE(*,400)'True value : ',DLOG(2.0D0)
 400  FORMAT(1H ,A13,F18.15)
      END
```

このプログラムでは，外側の I に関するループは，分割数 N を 10 から始めて，順に 10 倍ずつしてゆく十段階に対応するもので，内側の J に関するループが，現在の分割数 N，およびそれに対応する刻み幅 H=1/N に関する Riemann 近似和の計算の核心部分です．後者では，ループを自分で実現するため，条件判断の IF 文と，GO TO 文が使われています．まず IF 文ですが，一般に

```
      IF (...) ***
```

4.1 Riemann 近似和

は，(...) に書かれた条件が真のとき *** を実行してから次の行に，偽なら直接次の行に行くという約束を表す書き方です．ここで実際に *** のフィールドに書かれている指示は，行番号 100 番の行にジャンプするという，悪名高い GO TO 文です．また，条件式の中で使われている .LE. は less than or equal to の略で，不等号 ≤ のことです．昔の計算機では使える記号が極端に少なかったので，昔の FORTRAN ではこのように書きました．Fortran 90 では C 言語と同様の不等号 <= が使えます．g77 など，最近の FORTRAN 77 コンパイラでも，後者の記号で通ることが多いようです．

なお，C 言語などのように，while (...) で，条件 ... が成り立つ間ループさせることのできる WHILE 文がある言語では，GO TO 文は不要で，FORTRAN も F90 では WHILE 文が使えるようになっています．

【Riemann 近似和の公式誤差の解析】　まずは微積の講義と同様，各微小区間上で誤差を見積もると，

$$\inf_{x_{i-1} \leq x \leq x_i} f(x) h \leq \int_{x_{i-1}}^{x_i} f(x) dx \leq \sup_{x_{i-1} \leq x \leq x_i} f(x) h$$

また，近似式の対応する項 $f(\xi_i) h$ も同じ評価式を満たします．よって，両者の差をとれば，区間一つ分の誤差は高々

$$\left| f(\xi_i) h - \int_{x_{i-1}}^{x_i} f(x) dx \right| \leq \left(\sup_{x_{i-1} \leq x \leq x_i} f(x) - \inf_{x_{i-1} \leq x \leq x_i} f(x) \right) h \quad (4.2)$$

と評価されます．ここで微積よりは実用的に，f を単に連続なだけでなく，1 階微分可能と仮定してしまえば，平均値の定理により

$$f(\xi) - f(\eta) = f'(c)(\xi - \eta) \quad \text{for} \quad \forall \xi, \eta \in [x_{i-1}, x_i]$$

となるので，$|f'| \leq M_1$ とすれば，これより (4.2) は $\leq M_1 h^2$ と抑えられます．よって，区間全体で総和をとれば，誤差は具体的に，

$$\left| \sum_{i=1}^{N} f(\xi_i) h - \int_a^b f(x) dx \right| \leq M_1 h^2 \times N = M_1 (b-a) h \quad \left(h = \frac{b-a}{N} \right)$$

という量で抑えられます．つまり，Riemann 近似和は定積分に対する **1 次の近似式**となっています．これはちょうど，数値微分の前進あるいは後退差分近

似のレベルです．連続関数に対する定積分の存在定理も，被積分関数が有界な導関数を持つことを仮定してしまえば，このように収束の速さの評価付きで簡明に証明できてしまうのです．

【丸め誤差】　各項で ε の丸め誤差が生ずるものとすれば，総和をとったとき全体では $N\varepsilon = \dfrac{(b-a)\varepsilon}{h}$ の丸め誤差累積が起こることを覚悟しなければなりません．この場合も，数値微分でやった考察と同様，ε は相対誤差で 10^{-16} 程度とみなして2種の誤差の釣り合いを考えると，オーダー的に $h = \dfrac{\varepsilon}{h}$，すなわち，$h = \varepsilon^{1/2} = 10^{-8}$ ぐらいが最適で，このときの総誤差も同じ程度の大きさの値となります．上の数値実験結果はほぼこの考察と合っています．(実験結果の方が少し良くなっているのは，打ち切り誤差の剰余項に小さめの係数が掛かっているのと，$\varepsilon = 10^{-16}$ を $\varepsilon = 10^{-15}$ で置き換えたのと，丸め誤差の累積が，実際には正負の打ち消しも起こっているためなどによるのでしょう．)

4.2　台形公式

下図を見ると，f のグラフを水平線で近似するのはかなり荒っぽい話で，せめて弧を弦で近似して台形の面積の和とした方がずっと正確になりそうです．一つの部分区間 $[x_{i-1}, x_i]$ とその両端点に対応する f のグラフ上の点 $(x_{i-1}, f(x_{i-1}))$，$(x_i, f(x_i))$ を結ぶ弦で作られる (横倒しの) 台形の面積は

$$\frac{1}{2}\{f(x_{i-1}) + f(x_i)\}h$$

です．これを $i = 1, 2, \ldots, N$ につき加えると，元の区間の両端以外での値はこの和に2度ずつ現れ，

$$\left(\frac{1}{2}f(x_0) + f(x_1) + f(x_2) + \cdots + f(x_{N-1}) + \frac{1}{2}f(x_N)\right)h$$

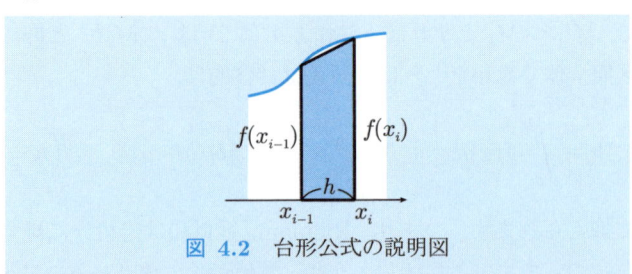

図 4.2　台形公式の説明図

4.2 台形公式

という**台形公式** (台形則, trapezoidal rule) が得られます．これも級数の和のプログラムをちょこっとひねるだけでプログラムできます．計算量は Riemann 近似和とほぼ同じであることに注意しましょう．この公式はまた，Riemann 近似和として代表点に区間の左端ばかりを用いたものと右端ばかりを用いたものの相加平均と考えることもできます．前進差分と後退差分を平均して中心差分が出てきたのとそっくりですね．

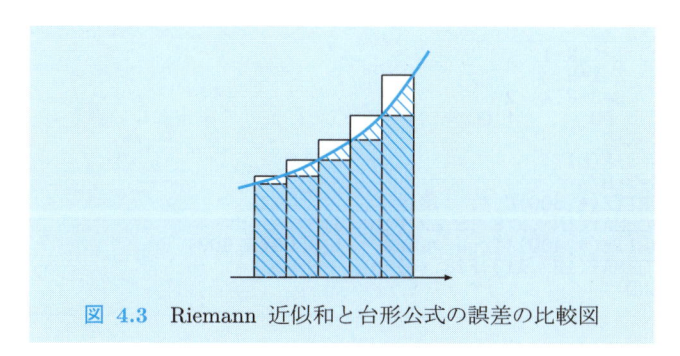

図 4.3 Riemann 近似和と台形公式の誤差の比較図

【台形公式の数値実験】 前と同じ $f(x) = \dfrac{1}{1+x}$ で実験してみます．

$h = 1/N$	近似値
0.100000000000000	0.693771403175428
0.010000000000000	0.693153430481824
0.001000000000000	0.693147243059937
0.000100000000000	0.693147181184961
0.000010000000000	0.693147180566267
0.000001000000000	0.693147180560375
0.000000100000000	0.693147180575825
0.000000010000000	0.693147180433255
0.000000001000000	0.693147180113882
0.000000000100000	0.693147170337674

←── ここから崩れる

真の値：0.693147180559945

これから台形公式が 2 次の公式であることが予想されます．それを仮定した上で，最も効率的な h は $h^2 = \dfrac{\varepsilon}{h}$ より，$h = \varepsilon^{1/3} \doteqdot 10^{-5}$ と推測されます．また，このときの総誤差は $h^2 = 10^{-10}$ 程度と推測されます．

プログラム見本は次です．ただし，簡単のため台形公式の計算部分だけを示しており，また，J, N を整数にしていますので，上の数値実験の表の最後の行は得られません．

第4章 数値積分

FORTRAN のコード daikei.f

```
      PROGRAM DAIKEI
      REAL*8 A,B,F,H,S,X
      INTEGER*4 N,I
      F(X)=1.0D0/(X+1)
      A=0.0D0
      B=1.0D0
      WRITE(*,*)'N='
      READ(*,*)N
      H=(B-A)/N
      S=F(A)
      X=A
      DO I=1,N-1
         X=X+H
         S=S+F(X)*2
      END DO         ! DO ループの終点を行番号で指定しない書き方
      X=X+H
      S=S+F(B)
      S=S*H
      WRITE(*,300)H,'; ',S
  300 FORMAT(1H ,F18.15,A2,F18.15)
      WRITE(*,400)'True value : ',DLOG(2.0D0)
  400 FORMAT(1H ,A13,F18.15)
      END
```

🐛 END DO は正式の FORTRAN 77 の書き方ではありませんが, Fortran 90 を先取りする形で, 80 年代後半から多くのコンパイラでサポートされるようになったものです. もちろん g77 でも使えます. DO 文の範囲が小さいときにはこの方が読み易いので, 本書でも積極的に使うようにします.

【台形公式の誤差解析】 微小区間を $[0, h]$ に平行移動して考えます. (公式は平行移動で不変です.) この区間分の値 $\dfrac{f(0)+f(h)}{2}h$ は 1 次関数 $f(0) + \dfrac{f(h)-f(0)}{h}x$ の正しい積分値であることに注意しましょう. よってこの区間分の誤差 E は

$$\begin{aligned} E &= \int_0^h \left\{ f(x) - \left(f(0) + \frac{f(h)-f(0)}{h}x \right) \right\} dx \\ &= \int_0^h \left\{ f(x) - f(0) - \frac{f(h)-f(0)}{h}x \right\} dx \\ &= \int_0^h \{ f'(c_1)x - f'(c_2)x \} dx = \int_0^h f''(c)(c_1-c_2)x dx. \end{aligned}$$

ここに $c_1, c_2 \in [0, h]$ は平均値の定理を適用して出てきた値です. よって $|c_1 - c_2| \leq h$ となるので, $M_2 = \sup |f''(x)|$ と置けば, 1 区間分の誤差は,

4.2 台形公式

$$|E| \leq M_2 h \int_0^h x dx = \frac{M_2}{2} h^3$$

全体での誤差はこれの区間の総数 $N = \dfrac{b-a}{h}$ 倍で，従って

$$\frac{M_2(b-a)}{2} h^2$$

で抑えられます．以上はやや粗い評価ですが，台形公式が，$f''(x)$ 有界という仮定の下で 2 次の近似公式となっていることは簡単に示せました．

> **台形公式の要点**
> 台形公式は，誤差のオーダーが $O(h^2)$ で，
> それを保証するには f'' の有界性が必要．

一般に，平均値の定理で出てくる中間点は区間の中央点に近く，c_1, c_2 についてもそうなので，$|c_1 - c_2|$ を h で抑えるのはずいぶんもったいない話なのです．もう少し丁寧な計算をすると，係数 $1/2$ は，実際，$1/12$ に改良できることが次のように分かります：

$$\begin{aligned}
&\int_0^h \left\{ f(x) - f(0) - \frac{f(h) - f(0)}{h} x \right\} dx \\
&= \int_0^h \left\{ \int_0^x f'(t) dt - \frac{x}{h} \int_0^h f'(t) dt \right\} dx = \int_0^h dx \int_0^x f'(t) dt - \frac{h}{2} \int_0^h f'(t) dt \\
&= \left[x \int_0^x f'(t) dt \right]_0^h - \int_0^h x f'(x) dx - \frac{h}{2} \int_0^h f'(t) dt \\
&= h \int_0^h f'(t) dt - \int_0^h x f'(x) dx - \frac{h}{2} \int_0^h f'(t) dt = \int_0^h \left(\frac{h}{2} - x \right) f'(x) dx \\
&= \left[\left(\frac{hx}{2} - \frac{x^2}{2} \right) f'(x) \right]_0^h - \int_0^h \left(\frac{hx}{2} - \frac{x^2}{2} \right) f''(x) dx \\
&= -\int_0^h \left(\frac{hx}{2} - \frac{x^2}{2} \right) f''(x) dx
\end{aligned}$$

ここで 2 行目から 3 行目，および 4 行目から 5 行目の移行で x につき部分積分しました．この結果，この絶対値は

$$\leq \left[\frac{hx^2}{4} - \frac{x^3}{6}\right]_0^h M_2 = \frac{M_2}{12}h^3$$

で抑えられます．この評価は最良であることが $f(x) = x^2$ に適用してみると確認できます．

■ 4.3 Simpson の公式

被積分関数のグラフを折れ線でなく放物線の弧で近似すると，もっと精度が上がります．グラフを見ていると確かにそのように見えますが，実際にはどのくらい近似度が上がるのでしょうか？

3 点 $(a, y_0), (b, y_1), (c, y_2)$ を通る放物線の方程式は，後で一般的に扱われる補間法の中でも代表的な手法である，**Lagrange** 補間多項式(ラグランジュ)の作り方の処方により

$$y = y_0 \frac{(x-b)(x-c)}{(a-b)(a-c)} + y_1 \frac{(x-a)(x-c)}{(b-a)(b-c)} + y_2 \frac{(x-a)(x-b)}{(c-a)(c-b)}$$

となります．実際，これは 2 次式で，かつ与えられた 3 点を通ることは明らかです．ここで特に $a = -h, b = 0, c = h$ ととれば

$$y = y_0 \frac{x(x-h)}{-h(-2h)} + y_1 \frac{(x+h)(x-h)}{h(-h)} + y_2 \frac{(x+h)x}{2h \cdot h}$$
$$= \frac{y_0(x^2 - hx) - 2y_1(x^2 - h^2) + y_2(x^2 + hx)}{2h^2}.$$

この 2 次式の $[-h, h]$ 上の定積分の値は，積分区間の対称性により奇数次の項の積分が消えるので，わりと簡単な計算で

$$\int_{-h}^{h} y\, dx = \frac{2y_0 h^3 + 8y_1 h^3 + 2y_2 h^3}{6h^2} = \frac{h}{3}\{y_0 + 4y_1 + y_2\}$$

と求まります．今，区間 $[a, b]$ を $2N$ 等分し，前の方から二つずつ対(つい)にして上の計算を当てはめると，$y_i = f(a + ih)$ と置けば，面積の近似値として次が得られます．

4.3 Simpson の公式

> **Simpson の公式**
> $$S = \sum_{j=0}^{N-1} \frac{h}{3}\{y_{2j} + 4y_{2j+1} + y_{2j+2}\}$$
> $$= \frac{h}{3}\{y_0 + y_{2N} + 2(y_2+y_4+\cdots+y_{2N-2}) + 4(y_1+y_3+\cdots+y_{2N-1})\}$$

この公式も，計算量は Riemann 近似和とほとんど変わらないことに注意しましょう．

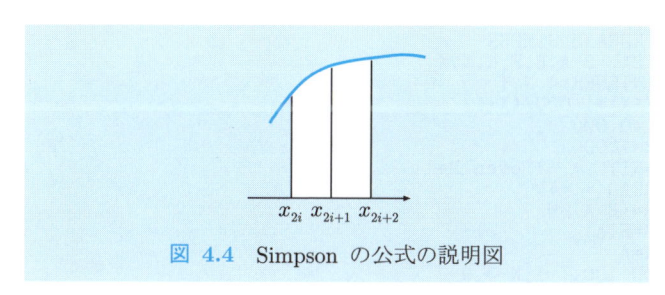

図 4.4 Simpson の公式の説明図

【**Simpson 公式の数値実験**】 $f(x) = \dfrac{1}{1+x}$ で実験を続けましょう．今までの公式と公平に比較するため，全体の分割数 (すなわち，上の説明では $2N$ となっているもの) を N とし，これは偶数と仮定しています．

$h = 1/N$	近似値	
0.100000000000000	0.693150230688930	
0.010000000000000	0.693147180872367	
0.001000000000000	0.693147180559975	
0.000100000000000	0.693147180559958	
0.000010000000000	0.693147180560013	← ここから崩れる
0.000001000000000	0.693147180560307	
0.000000100000000	0.693147180575871	
0.000000010000000	0.693147180433503	
0.000000001000000	0.693147180113916	
0.000000000100000	0.693147170337656	

真の値：0.693147180559945

これから Simpson 公式が 4 次の公式であることが予想されます．それを仮定した上で，最も効率的な h は $h^4 = \dfrac{\varepsilon}{h}$ より，$h = \varepsilon^{1/5} \doteqdot 10^{-3}$ と推測されます．このときの総誤差は $h^4 = 10^{-12}$ 程度と見積もられます．

4桁の近似計算なら、Simpson 公式を使えば 10 等分程度で済んでいます。Riemann 和だと、同じ精度を出すのに 10000 等分が必要ですから、プログラミングの時間まで考慮に入れれば、Riemann 和を計算機でやらせるより Simpson 公式による手計算の方が速いかもしれませんね。

Simpson 公式のプログラム見本を示します。ここで DO 100,I=1,N-3,2 の最後の 2 はループの制御変数 I の増分値で、このループが I=1,3,5,...,N-3 と I を 2 ずつ増やして実行されることを示しています。

FORTRAN のコード simpson.f

```
      PROGRAM SIMPSN
      REAL*8 A,B,F,H,S,X
      INTEGER*4 N,I
      F(X)=1.0D0/(X+1)
      A=0.0D0
      B=1.0D0
      WRITE(*,*)'even N='
      READ(*,*)N
      H=(B-A)/N
      S=F(A)
      X=A
      DO 100,I=1,N-3,2
         X=X+H
         S=S+F(X)*4
         X=X+H
         S=S+F(X)*2
  100 CONTINUE
      X=X+H
      S=S+F(X)*4+F(B)
      S=S*H/3
      WRITE(*,200)H,'; ',S
      WRITE(*,300)'True value : ',DLOG(2.0D0)
  200 FORMAT(1H ,F18.15,A2,F18.15)
  300 FORMAT(1H ,A13,F18.15)
      END
```

【Simpson 公式の誤差解析】 上で数値実験から予測したことを理論的に正当化しましょう。簡単のため、1区間 (正確には二つの区間の一対分) を $[-h, h]$ に平行移動して考えます。この 1 区間分に対する積分値の誤差は

$$E = \int_{-h}^{h} f(x)dx - \frac{h}{3}\{f(-h) + 4f(0) + f(h)\}$$

$$= \int_{-h}^{h} \{f(x) - f(0)\}dx - \frac{h}{3}\{f(h) + f(-h) - 2f(0)\}$$

$$= \int_{-h}^{h} \left(f(x) - f(0) - \frac{f(h) + f(-h) - 2f(0)}{h^2} \frac{x^2}{2!}\right) dx$$

4.3 Simpson の公式

$$= \int_{-h}^{h} \left\{ f(x) - f(0) - f'(0)x - \frac{f''(0)}{2}x^2 - \frac{f'''(0)}{3!}x^3 \right.$$
$$\left. + \left(f''(0) - \frac{f(h) + f(-h) - 2f(0)}{h^2} \right) \frac{x^2}{2!} \right\} dx$$

ここで，第1行から第2行に移るところでは，$2f(0)$ を第1項から引いて第2項に加え，また第3行から第4行に移るところでは，x^2 の項を加えて引いただけでなく，x の奇数冪の項の積分が対称性により消えることを用いて，わざと適当に付け加えました．よって，Taylor 展開の剰余項と2階中心差分の誤差評価を思い出すと，

$$= \int_{-h}^{h} \{ O(x^4) + O(h^2)x^2 \} dx = O(h^5)$$

故に全体での誤差はこの $N = \dfrac{b-a}{h}$ 倍で $O(h^4)$ と見積もられます．

【もう少し高級な誤差解析の手法】 台形公式のときにやったように，この計算を初等的に精密化することも可能ですが，ここでは，微積分から進んで，ちょっとばかり関数解析的なアプローチを使ってみます．区間 $[-h, h]$ における関数 f に対する Simpson 公式の出力を $\mathrm{Simp}[f] := h\{f(-h) + 4f(0) + f(h)\}$ と，写像，専門用語では汎関数(はんかんすう)，すなわち関数を引数とする関数，の記号を用いて表現しましょう．$\mathrm{Simp}[\ ]$ は次のような定積分と同様の性質を持つことが容易に確かめられます：

(1)　$\mathrm{Simp}[\lambda f + \mu g] = \lambda \mathrm{Simp}[f] + \mu \mathrm{Simp}[g]$　　（線形性）

(2)　$f(x) \geq 0$ なら $\mathrm{Simp}[f] \geq 0$　　（正値性）

よって，積分型の剰余項を持つ Taylor の定理

$$f(x) = f(0) + f'(0)x + \frac{f''(0)}{2}x^2 + \frac{f'''(0)}{3!}x^3 + \int_{0}^{x} \frac{(x-t)^3}{3!} f^{(4)}(t) dt$$

に $\mathrm{Simp}[\ ]$ および，定積分を適用すると，3次多項式の部分に対しては両者で同じ値となるので，

$$E = \mathrm{Simp}[f] - \int_{-h}^{h} f(x) dx$$
$$= \mathrm{Simp} \left[\int_{0}^{x} \frac{(x-t)^3}{3!} f^{(4)}(t) dt \right] - \int_{-h}^{h} dx \int_{0}^{x} \frac{(x-t)^3}{3!} f^{(4)}(t) dt$$

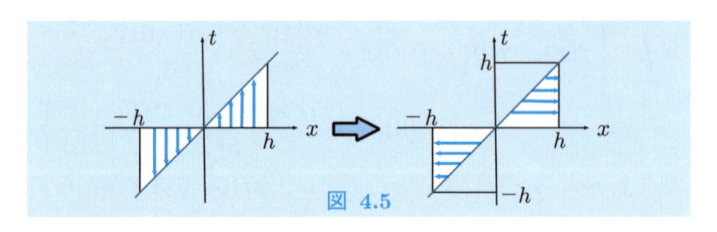

ここで，最後の辺の第 1 項は Simp の定義により

$$\mathrm{Simp}\left[\int_0^x \frac{(x-t)^3}{3!}f^{(4)}(t)dt\right]$$
$$= h\int_0^h \frac{(h-t)^3}{3!}f^{(4)}(t)dt + h\int_0^{-h} \frac{(-h-t)^3}{3!}f^{(4)}(t)dt$$
$$= h\int_0^h \frac{(h-t)^3}{3!}f^{(4)}(t)dt + h\int_{-h}^0 \frac{(h+t)^3}{3!}f^{(4)}(t)dt$$
$$= h\int_{-h}^h \frac{(h-|t|)^3}{3!}f^{(4)}(t)dt$$

また第 2 項の積分の方は，図 4.5 のように積分順序の交換をすると，

$$\int_{-h}^h dx \int_0^x \frac{(x-t)^3}{3!}f^{(4)}(t)dt$$
$$= \int_0^h f^{(4)}(t)dt \int_t^h \frac{(x-t)^3}{3!}dx + \int_{-h}^0 f^{(4)}(t)dt \int_t^{-h} \frac{(x-t)^3}{3!}dx$$
$$= \int_0^h \frac{(h-t)^4}{4!}f^{(4)}(t)dt + \int_{-h}^0 \frac{(-h-t)^4}{4!}f^{(4)}(t)dt$$
$$= \int_{-h}^h \frac{(h-|t|)^4}{4!}f^{(4)}(t)dt$$

よって，$|f^{(4)}(x)| \leq M_4$ とすれば，

$$|E| = \left|\frac{1}{4!}\int_{-h}^h \{4h(h-|t|)^3 - (h-|t|)^4\}f^{(4)}(t)dt\right|$$
$$\leq \frac{M_4}{24}\int_{-h}^h \{4h(h-|t|)^3 - (h-|t|)^4\}dt$$
$$= \frac{M_4}{24}2\int_0^h \{4h(h-t)^3 - (h-t)^4\}dt = \frac{M_4}{12}\left(h^5 - \frac{h^5}{5}\right) = \frac{M_4}{15}h^5$$

この評価は $f(x) = x^4$ に適用してみると最良であることが分かります．

4.4 無限区間における定積分

例として $\int_0^\infty e^{-x^2} dx$ を考えましょう．値を倍精度で求める場合，

$$\int_R^\infty e^{-x^2} dx \le \int_R^\infty \frac{x}{R} e^{-x^2} dx = \frac{e^{-R^2}}{2R} < 10^{-16}$$

となるような R をとれば，

$$\int_0^\infty e^{-x^2} dx = \int_0^R e^{-x^2} dx$$

だと思ってもよいでしょう．$R = 6$ のとき $\frac{e^{-R^2}}{12} = 1.932935691869641\cdots \times 10^{-17}$ となるので，ここでは，$\int_0^6 e^{-x^2} dx$ を今までの方法で計算してみましょう．

🐭 $e^{-R^2} < 10^{-16}$ で R を決める人が多いのですが，あまり根拠はありません．これは，正項の無限級数の和の近似値を求めるのに，無限和をどこで切るかの判断で，捨てる最初の項の大きさだけを見るのと同じくらいの大雑把さです．もっとも，この場合は逆に，精密に評価した方が R を小さくとれています．

【数値実験の結果】 上の考え方で $\int_0^6 e^{-x^2} dx$ を，二通りの方法で数値積分してみました．プログラムは同じなので，ここには掲げません (`normal.f` 参照).

$h = 6/N$	台形公式	Simpson 公式
0.600000000000000	0.886225925454957	0.885603411424864
0.060000000000000	0.886226925452758	0.886226925452758
0.006000000000000	0.886226925452757	0.886226925452757
0.000600000000000	0.886226925452748	0.886226925452747

真の値 $\frac{\sqrt{\pi}}{2}$: 0.886226925452758

これを見ると，台形公式は最初から驚異的に良い近似値を与えており，分割を細かくするとかえって悪くなってゆくのが分かります．今までの誤差解析が通用していません！これは，1970 年代に，高橋英俊先生と森正武先生により理論的に解明された特異な現象です．その本格的な誤差評価には関数論が必要となりますが，後で簡単な説明を加えます．

🐭 $\int_0^\infty \frac{1}{x^2+1} dx$ などは，この方法で R を求めると，とても耐え難いよう

な大きな値になってしまい，良い近似値が得られません．収束の遅い級数の和と同様，適当に変換し，より収束の速い広義積分に直して計算しなければなりません．代表的なものが**指数変換**で，$x = e^y$ と置くと，上は

$$\int_0^\infty \frac{1}{x^2+1}dx = \int_{-\infty}^\infty \frac{1}{e^y+e^{-y}}dy = 2\int_0^\infty \frac{1}{e^y+e^{-y}}dy$$

となり，これは区間 $[0, 20]$ を 40 等分した台形公式の値を 2 倍するくらいで，単精度の近似値 1.5707963 が得られます．変換関数をもっと工夫すると，更によく真の値に近づけることができます．このような変換は逆説的ですが，有限区間上の解析関数の定積分に対しても有効で，前述の高橋英俊先生と森正武先生により一般的な研究が始められたもので，**2 重指数変換 (DE 変換)** と総称されています．興味のある人は文献 [3], [4] などを見てください．

【台形公式の誤差の漸近展開】 有名な **Euler-Maclaurin** の公式を紹介しておきます．この漸近展開は後で，台形公式を Romberg 法により加速するときの根拠となるものです．$h = \dfrac{b-a}{N}$ とするとき，

$$\begin{aligned}
h\left\{\frac{1}{2}(f(a)+f(b)) + \sum_{i=1}^{N-1} f(a+ih)\right\} \\
= \int_a^b f(x)dx + \{f'(b) - f'(a)\}\frac{B_2}{2!}h^2 + \cdots \\
+ \{f^{(2n-1)}(b) - f^{(2n-1)}(a)\}\frac{B_{2n}}{(2n)!}h^{2n} + \cdots
\end{aligned} \quad (4.3)$$

ここに，B_{2n} は **Bernoulli** 数と呼ばれるもので，次のような Taylor 展開の係数として定義されます：

$$\frac{t}{e^t-1} = 1 - \frac{t}{2} + \sum_{n=1}^\infty \frac{(-1)^n B_{2n}}{(2n)!}t^{2n}. \quad (4.4)$$

B_{2n} は $e^t - 1$ の Taylor 級数と上の式の右辺の積を展開したものから導かれる漸化式

$$_{2n+1}C_2 B_2 - {}_{2n+1}C_4 B_4 + \cdots + (-1)^{n-1}{}_{2n+1}C_{2n}B_{2n} = n - \frac{1}{2} \quad (4.5)$$

により次々に求められる有理数です．始めの方の値は

4.4 無限区間における定積分

$$B_2 = \frac{1}{6}, \quad B_4 = \frac{1}{30}, \quad B_6 = \frac{1}{42}, \quad B_8 = \frac{1}{30}, \quad B_{10} = \frac{5}{66}, \quad \cdots$$

Euler 達はこの公式を級数の和を定積分で求めるという逆の方向に利用しました．この公式から，周期的な解析関数を 1 周期分定積分すると，漸近展開の中間項がすべて消え，誤差が非常に小さくなることが分かります．最初に掲げたような急減少する解析関数の無限区間 $(-\infty, \infty)$ における広義積分の場合も，この公式を $[n, n+1]$ に適用したものを加えてゆけば同じ結論が得られます．積分区間が $[0, \infty)$ の場合も偶関数なら同様ですが，そうでないときは，漸近展開項が原点だけ残ってしまうので，それを補正する必要があります．

【参考：Euler-Maclaurin の公式の証明】 展開 (4.4) は次のように一般化できます：

$$\frac{te^{tx}}{e^t - 1} = \sum_{n=0}^{\infty} \frac{(-1)^n B_n(x)}{n!} t^n. \qquad (4.6)$$

展開係数 $B_n(x)$ は x の多項式となり，**Bernoulli 多項式**と呼ばれます．これらは明らかに Bernoulli 数と $B_n(0) = B_n$ (ただし，n が奇数のときは B_1 以外 0) という関係に有り，また

$$B_0(x) = 1, \ B_1(x) = x - \frac{1}{2}, \ B_n'(x) = nB_{n-1}(x), \ \int_0^1 B_n(x)dx = 1 \ (n \geq 2)$$

となることが，定義式 (4.6) をパラメータ x につき微分や積分して係数比較することにより，容易に確かめられます．また $B_n(1) = B_n(0)$ も対称性を用いた係数比較から容易に分かります．これらを用いて部分積分により，

$$\begin{aligned}
\int_0^1 f(x)dx &= \int_0^1 f(x)B_0(x)dx = \int_0^1 f(x)B_1'(x)dx \\
&= \Big[f(x)B_1(x)\Big]_0^1 - \int_0^1 f'(x)B_1(x)dx \\
&= \frac{1}{2}\{f(1) + f(0)\} - \frac{1}{2}\int_0^1 f'(x)B_2'(x)dx = \cdots \\
&= \frac{f(1) + f(0)}{2} + \sum_{k=1}^{n} \frac{f^{(2k-1)}(0) - f^{(2k-1)}(1)}{(2k)!} B_{2k} \\
&\quad - \frac{1}{(2n+1)!}\int_0^1 f^{(2n+1)}(x)B_{2n+1}(x)dx
\end{aligned}$$

が得られます．これを，区間 $[0,1]$ の代わりに $[a+ih, a+(i+1)h]$ にアフィン変換した

$$\int_{a+ih}^{a+(i+1)h} f(x)dx = \frac{f(a+ih)+f(a+(i+1)h)}{2}h$$
$$+ \sum_{k=1}^{n} \frac{f^{(2k-1)}(a+ih) - f^{(2k-1)}(a+(i+1)h)}{(2k)!} h^{2k} B_{2k}$$
$$- \frac{h^{2n+2}}{(2n+1)!} \int_{a+ih}^{a+(i+1)h} f^{(2n+1)}(x) B_{2n+1}(x) dx$$

を $i = 0, 1, \ldots, N-1$ について足し合わせると，間の項がキャンセルして

$$\int_a^b f(x)dx = \frac{f(a)+f(b)}{2}h + \sum_{i=1}^{N-1} f(a+ih)$$
$$+ \sum_{k=1}^{n} \frac{f^{(2k-1)}(a) - f^{(2k-1)}(b)}{(2k)!} h^{2k}$$
$$+ \frac{h^{2n+2}}{(2n+1)!} \int_a^b f^{(2n+1)}(x) B_{2n+1}(x) dx$$

を得ます．これは $n \to \infty$ とすれば (4.3) を与えますが，こちらの方は途中で切ったときの剰余項を積分の形で与えているので，区間について更に加えることができ，無限区間に対する台形公式の打ち切り誤差の評価にも使えます．

■ 4.5　Legendre-Gauss の数値積分公式 ■

積分区間 $[a,b]$ を分割したときの各部分区間 $[a_i, a_{i+1}]$ で二つずつ代表点 ξ_{i1}, ξ_{i2} を選び，

$$\sum_{i=0}^{N-1} \{\lambda_{i1} f(\xi_{i1}) + \lambda_{i2} f(\xi_{i2})\} h$$

の形の公式で積分 $\int_a^b f(x)dx$ を最もよく近似するにはどうしたらよいでしょうか？ これは一つの区間だけで調べればよいので，1 次元定積分の場合には比較的簡単に最適解が具体的に求まります．結果は，

$$\lambda_{i1} = \lambda_{i2} = \frac{1}{2}, \quad \xi_{i1} = a_i + \left(\frac{1}{2} - \frac{1}{2\sqrt{3}}\right)h, \quad \xi_{i2} = a_i + \left(\frac{1}{2} + \frac{1}{2\sqrt{3}}\right)h$$

4.5 Legendre-Gauss の数値積分公式

で,このときの誤差は Simpson 公式と同じ $O(h^2)$ です.この代表点は部分区間の中点に関して左右対称な位置にあります.

このことを確認するため,始めから部分区間を $[-h/2, h/2]$ にし,$\int_{-h/2}^{h/2} f(x)dx$ と $\{\lambda f(\xi h) + \mu f(\eta h)\}h$ の差を最小とするように λ, μ, ξ, η を決めてみましょう.被積分関数 $f(x)$ を原点で Taylor 展開したときの x^4 以上の項は,h^5 以上の項を与えるだけなので,4 次の公式を求めるには,とりあえず $1, x, x^2, x^3$ に対して,数値積分公式が真の積分値を与えるようにパラメータを調節しましょう.

$f(x) = 1$ に対して,$1 = \lambda + \mu$, ……①

$f(x) = x$ に対して,$0 = \lambda\xi + \mu\eta$, ……②

$f(x) = x^2$ に対して,$\dfrac{1}{12} = \lambda\xi^2 + \mu\eta^2$, ……③

$f(x) = x^3$ に対して,$0 = \lambda\xi^3 + \mu\eta^3$ ……④

これから,まず $\lambda, \mu, \xi, \eta \neq 0$ であることが背理法により容易に分かります.よって ② $\times \xi^2 -$ ④ から $\xi^2 = \eta^2$.$\xi \neq \eta$ なので $\xi = -\eta$.よって ①, ② から $\lambda = \mu = \dfrac{1}{2}$.最後に ③ から $-\xi = \eta = \dfrac{1}{2\sqrt{3}}$.上に示した値はこれを $a_i + \dfrac{h}{2}$ だけ平行移動したものに相当します.

ちなみに,このときの数値積分公式の誤差の主要項は,f の Taylor 展開の 4 次の項 $\dfrac{f^{(4)}(0)}{4!}x^4$ に対するものとなるので,

$$\dfrac{f^{(4)}(0)}{4!}\left\{\int_{-h/2}^{h/2} x^4 dx - \dfrac{1}{2}\left(\dfrac{h^4}{(2\sqrt{3})^4} \times 2\right)h\right\} = \dfrac{f^{(4)}(0)}{4!}\left(\dfrac{2}{5}\dfrac{h^5}{2^5} - \dfrac{h^5}{9\cdot 2^4}\right)$$

$$= \dfrac{f^{(4)}(0)}{4!}\dfrac{h^5}{180}$$

区間全体では,これを足して $\dfrac{M_4(b-a)}{4320}h^4$ となります.Simpson の公式と比較すると,誤差のオーダーは同じですが,前にかかる係数がかなり小さく,十進で 3 桁ほど得をする優秀な公式であることが想像されます.計算量は $1/\sqrt{3}$ を定数で記憶しておけば,コンピュータでやる限り Simpson の公式と同レベルですが,手計算にはちょっとつらいでしょう.

最後の評価は Taylor 展開に積分型の剰余項 $\int_0^x \dfrac{(x-t)^3}{3!}f^{(4)}(t)dt$ を用いる

と厳密に証明できます．参考までに書いておきましょう．Simpson 公式の厳密な誤差評価のときと同じ変数変換を用いると，

$$E = \int_{-h/2}^{h/2} dx \int_0^x \frac{(x-t)^3}{3!} f^{(4)}(t) dt$$
$$- \frac{h}{2} \left\{ \int_0^{h/2\sqrt{3}} \frac{\left(\frac{h}{2\sqrt{3}}-t\right)^3}{3!} f^{(4)}(t) dt + \int_0^{-h/2\sqrt{3}} \frac{\left(-\frac{h}{2\sqrt{3}}-t\right)^3}{3!} f^{(4)}(t) dt \right\}$$

$$= -\int_{-h/2}^0 f^{(4)}(t) dt \int_{-h/2}^t \frac{(x-t)^3}{3!} dx + \int_0^{h/2} f^{(4)}(t) dt \int_t^{h/2} \frac{(x-t)^3}{3!} dx$$
$$- \frac{h}{2} \left\{ \int_0^{h/2\sqrt{3}} \frac{\left(\frac{h}{2\sqrt{3}}-t\right)^3}{3!} f^{(4)}(t) dt + \int_{-h/2\sqrt{3}}^0 \frac{\left(\frac{h}{2\sqrt{3}}+t\right)^3}{3!} f^{(4)}(t) dt \right\}$$

$$= \int_{-h/2}^0 \frac{\left(\frac{h}{2}+t\right)^4}{4!} f^{(4)}(t) dt + \int_0^{h/2} \frac{\left(\frac{h}{2}-t\right)^4}{4!} f^{(4)}(t) dt$$
$$- \frac{h}{2} \left\{ \int_{-h/2\sqrt{3}}^0 \frac{\left(\frac{h}{2\sqrt{3}}+t\right)^3}{3!} f^{(4)}(t) dt + \int_0^{h/2\sqrt{3}} \frac{\left(\frac{h}{2\sqrt{3}}-t\right)^3}{3!} f^{(4)}(t) dt \right\}$$

$$= \int_{-h/2}^{-h/2\sqrt{3}} \frac{\left(\frac{h}{2}+t\right)^4}{4!} f^{(4)}(t) dt + \int_{-h/2\sqrt{3}}^0 \left(\frac{\left(\frac{h}{2}+t\right)^4}{4!} - \frac{h}{2} \frac{\left(\frac{h}{2\sqrt{3}}+t\right)^3}{3!} \right) f^{(4)}(t) dt$$
$$+ \int_0^{h/2\sqrt{3}} \left(\frac{\left(\frac{h}{2}-t\right)^3}{3!} - \frac{h}{2} \frac{\left(\frac{h}{2\sqrt{3}}-t\right)^3}{3!} \right) f^{(4)}(t) dt + \int_{h/2\sqrt{3}}^{h/2} \frac{\left(\frac{h}{2}-t\right)^3}{3!} f^{(4)}(t) dt$$

よって，各項において $|f^{(4)}(t)| \leq M_4$ で置き換えると，

$$|E| \leq M_4 \left\{ \int_{-h/2}^{-h/2\sqrt{3}} \frac{\left(\frac{h}{2}+t\right)^4}{4!} dt + \int_{-h/2\sqrt{3}}^0 \left(\frac{\left(\frac{h}{2}+t\right)^4}{4!} - \frac{h}{2} \frac{\left(\frac{h}{2\sqrt{3}}+t\right)^3}{3!} \right) dt \right.$$
$$\left. + \int_0^{h/2\sqrt{3}} \left(\frac{\left(\frac{h}{2}-t\right)^4}{4!} - \frac{h}{2} \frac{\left(\frac{h}{2\sqrt{3}}-t\right)^3}{3!} \right) dt + \int_{h/2\sqrt{3}}^{h/2} \frac{\left(\frac{h}{2}-t\right)^3}{3!} dt \right\}$$

ここで，各項の被積分関数に絶対値の記号を付けなかったのは，それらがこのまま非負値となっているからです．このことさえ確かめれば，後はこの積分を具体的に計算するだけですが，その計算は結局 $f(x) = x^4$，従って $f^{(4)}(x) \equiv 4!$ のときに先に行ったときと同じ係数を与えるはずなので，改めて計算するまでもなく目的の評価が得られます．さて，第 1, 4 項の被積分関数が正なことは明らかであり，また第 2 項は簡単な変数変換で第 3 項と一致することが分かるの

で，結局第 3 項の符号だけ調べればよいのですが，$\frac{h}{2\sqrt{3}} - t = hs$ と置けば，

$$\frac{(\frac{h}{2}-t)^4}{4!} - \frac{h}{2}\frac{(\frac{h}{2\sqrt{3}}-t)^3}{3!} = \frac{h^4}{4!}\left\{\left(\frac{1}{2} - \frac{1}{2\sqrt{3}} + s\right)^4 - 2s^3\right\}$$

が $0 \leq s \leq \frac{1}{2\sqrt{3}}$ で非負であることを見ればよろしい．この多項式はこの区間で極小を一つ持ち，そこでの値はわずかだが正であることが初等的に確かめられます．実際，$g(s) = (\frac{1}{2} - \frac{1}{2\sqrt{3}} + s)^4 - 2s^3$ は考える区間の両端では置換する前の表現から容易に分かるように正値なので，この間に存在する極値が正であることを見れば十分ですが，$g'(s) = 4(\frac{1}{2} - \frac{1}{2\sqrt{3}} + s)^3 - 6s^2 = 0$ を代入すると，

$$g(s) = \left(\frac{1}{2} - \frac{1}{2\sqrt{3}} + s\right)\frac{3}{2}s^2 - 2s^3 = \frac{s^2}{2}\left(\frac{3}{2} - \frac{\sqrt{3}}{2} - s\right)$$

となり，これは $s \leq \frac{1}{2\sqrt{3}}$ のとき確かに正です．

数値計算してみると，$g(s)$ は 0.340625 付近で 0.0009255832 程度の極小値を持っており，g の正値性を数値的に確認するのはかなり微妙です．数学的考察も結構有効なことが分かるでしょう．

今までいろんな公式を紹介してきましたが，これらは皆

$$\int_a^b f(x)dx \doteqdot \sum_{i=1}^N w_i f(x_i)$$

の形をしています．この x_i を数値積分公式の**標本点**，w_i を**重み**と呼びます．1 次元の定積分のときには，標本点の個数が指定されたときにこれらの最良の選び方が知られており，Legendre-Gauss（ルジャンドル ガウス）の公式はその一つの例です．2 次元以上の重積分でも数値積分の考え方は同じですが，最良公式は未解決の難問で，実際の計算でも丸め誤差の累積に悩まされます．標本点をランダムに選ぶ Monte-Carlo（モンテ カルロ）法などというものも使われています．

この章の課題

課題 4.1 台形公式と Simpson 公式を積分結果が既知の定積分に適用して，

誤差を観察し考察を与えよ．例えば，$\int_0^1 \frac{1}{x^2+1}dx$ と $\int_0^1 \frac{1}{x^3+1}dx$ に対する結果を比較せよ．[参考プログラムは daikei.f, simpson.f]

課題 4.2 次の積分公式の意味を説明し，誤差のオーダーを答えなさい．

$$\int_a^b f(x)dx = \sum_{i=0}^{N-1} hf(a+ih+h/2)$$

ただし f は必要なだけ微分可能とする．理論と数値実験の両方で考察せよ．　[ヒント：まず図を描いてどんな値を計算しているかを見，オーダーを推測せよ．]

課題 4.3 定積分 $\int_0^\infty \frac{\cos x}{x^2+1}dx$ の値は関数論の留数定理を使うと真値が求まる有名な例である．この値を数値積分により類推せよ．[答は e と π で表せる．]

課題 4.4 定積分 $\int_0^\infty \frac{\sin x}{x^2+1}dx$ の値は既知の数では表せない．適当な工夫により近似値を計算せよ．

課題 4.5 Legendre-Gauss 公式を実装し，適当な被積分関数に対して誤差を観察し，先に予想されたことを確認してみよ．[参考プログラムは sekibun.f]

課題 4.6 次のプログラムは，"ループを 10 回回したければ，必ず整数変数で回すこと，さもないと，丸め誤差のため 10 回経っても目的の値に到達せず，1 回多くやってしまうよ" という言い伝えを確認するために作成したものである．実は，倍精度の 0.1 の内部表現は，二進法版の "四捨五入" のため，真の値より大きくなっているのだが，これらのプログラムを実行したとき，実際にはどんな値が出力されるか？　理由とともに答えよ．

```
         looptest.f
      PROGRAM LOOP
      DOUBLE PRECISION S
      S=0.0D0
  100 S=S+0.1D0
      IF (S.LT.1.0D0) GO TO 100
      WRITE(*,200) S
  200 FORMAT(1H ,F5.2)
      END
```

```
         looptest.c
#include<stdio.h>
int main (void){
  double s;
  s=(double)0;
  do {
    s=s+(double)1/10;
  } while (s<(double)1);
  printf("%5.2f\n",s);
  return 0;
}
```

第 5 章

2分法と Newton 法
－ 非線形方程式の一般解法 －

　この章では，数学では理論的に厳密な解の値が求まらないような方程式を，コンピュータで近似的に解くことを考えます．これもコンピュータの最大の魅力の一つです．そのような方法を総称して**数値解法**と呼びます．その代表的なものが 2 分法と Newton 法です．これらの使い方を学んだ後で，種々の反復公式に対する収束の加速法を学びます．

■ 5.1　2　分　法

　2 分法とは，求める解を区間で挟みながら，その区間を 2 等分し，解を含む方を残すという操作を繰り返す，反復解法の一種です．残すのは，常に両端で関数の符号が変わる方です．この方法の理論的根拠の第 1 は，連続関数に対する**中間値の定理**で，関数値の符号が変わっている区間で零点が少なくとも一つは存在することが保証されます．第 2 の根拠は，**区間縮小法**という，実数の連続性公理と同等の主張で，区間の縮小列 (すなわち，順に一つ前の部分区間となるような区間の列) は，その長さが常に一つ前の半分以下になるなら，区間列全部に共通な点が唯一つ存在するという定理により，零点の一つが捕捉されます．(従って，関数の零点が始めの区間に複数個存在する場合は，そのうちのどれが捕捉されるか，そのままでは不明です．)

例 5.1　最も有名な超越方程式の一つである

$$\cos x - x = 0$$

について実験してみましょう．グラフを描いてみると分かるように，この左辺は，区間 $\left[0, \dfrac{\pi}{2}\right]$ にただ一つの零点を持ちます．用いたプログラムは次の通りです：(C 言語版は `nibunho.c`)

FORTRAN のコード nibunho.f

```fortran
      PROGRAM BISECT
      IMPLICIT DOUBLE PRECISION (A-H,O-Z)
      F(X)=DCOS(X)-X        !文関数定義
      A=0.0D0
      B=1.57D0              !π/2 の近似値はこのくらい粗くても十分
      FA=F(A)               !使うのは符号だけ
      FB=F(B)               !同上
      IF (FA*FB.GT.0.0D0) THEN
        WRITE(*,*) 'WRONG INTERVAL'
        STOP
      END IF
      DO 100,I=1,10000      !反復回数は適当に設定
        X=(A+B)/2
        FX=F(X)
        WRITE(*,200) I,': H= ',B-X,', X= ',X,', ERROR: ',FX
        IF (B-A .LT. 0.5D-15) STOP   !誤差<0.5x10^(-15) で停止
        IF (FX*FA .LT. 0.0D0) THEN   !符号を見て次の選択を決める
          B=X
        ELSE
          A=X
        END IF
  100 CONTINUE
  200 FORMAT(1H ,I2,A5,F18.15,A5,F18.15,A9,F18.15)
      END
```

プログラムの説明をしましょう．まず，2 行目の IMPLICIT 文は，FORTRAN 77 のデフォルトである暗黙の型宣言を変更して，A から H，および O から Z までの英字で始まる変数の暗黙の型を倍精度とすることを意味します．(従って，この後でこれに反する宣言が個別の変数についてなされれば，そちらの方が優先されます．) この書き方は，デフォルトで単精度の浮動小数を一斉に倍精度にするためによく使われています．

次に 2 分法の核心部分ですが，次にどちらの区間を選ぶかの判断に IF 文が使われています．条件節中の .LT. は less than で，不等号 < のことです．また

```
      IF (...) THEN
          ***
      ELSE
          xxx
      END IF
```

の形式は，前章で出てきた 1 行だけの IF 文と異なり，条件節 (...) の中が真となったときは THEN 以下を実行し，偽のときは ELSE 以下を実行します．THEN と ELSE の後はそれぞれ指令を何行書いても良く，条件が真だったときに実行すべき指令が複数個あるが，偽のときは何もしないという場合には，ELSE

が無くて単に END IF で終わる構文もよく使われます．これらの構文は一般にブロック IF 文と呼ばれます．

【2 分法の実験結果】 途中を省略してループの最後のところに跳んでいます．

反復回数	区間幅	中点の座標	関数値
1	0.785000000000000	0.785000000000000	-0.077611730832800
2	0.392500000000000	0.392500000000000	0.531455699470272
3	0.196250000000000	0.588750000000000	0.242885481025376
4	0.098125000000000	0.686875000000000	0.086356424607338
5	0.049062500000000	0.735937500000000	0.005264252036190
6	0.024531250000000	0.760468750000000	-0.035955750807525
7	0.012265625000000	0.748203125000000	-0.015290618361843
8	0.006132812500000	0.742070312500000	-0.004999322074341
9	0.003066406250000	0.739003906250000	0.000135939987751
10	0.001533203125000	0.740537109375000	-0.002430823505879
11	0.000766601562500	0.739770507812500	-0.001147224722764
12	0.000383300781250	0.739387207031250	-0.000505588089452
13	0.000191650390625	0.739195556640625	-0.000184810478965
14	0.000095825195312	0.739099731445312	-0.000024431852339
15	0.000047912597656	0.739051818847656	0.000055754916060
16	0.000023956298828	0.739075775146484	0.000015661743944
17	0.000011978149414	0.739087753295898	-0.000004385001177
18	0.000005989074707	0.739081764221191	0.000005638384639
19	0.000002994537354	0.739084758758545	0.000000626695045
20	0.000001497268677	0.739086256027222	-0.000001879152238
21	0.000000748634338	0.739085507392883	-0.000000626228389
22	0.000000374317169	0.739085133075714	0.000000000233380
⋮	⋮	⋮	⋮
46	0.000000000000022	0.739085133215180	-0.000000000000033
47	0.000000000000011	0.739085133215169	-0.000000000000014
48	0.000000000000006	0.739085133215164	-0.000000000000005
49	0.000000000000003	0.739085133215161	-0.000000000000000
50	0.000000000000001	0.739085133215159	0.000000000000002
51	0.000000000000001	0.739085133215160	0.000000000000001
52	0.000000000000000	0.739085133215160	0.000000000000000
53	0.000000000000000	0.739085133215161	-0.000000000000000
54	0.000000000000000	0.739085133215161	-0.000000000000000
55	0.000000000000000	0.739085133215161	-0.000000000000000

この結果から，確かに方程式に代入したときの誤差が $O(2^{-n})$ で減ってゆくことが見て取れます．しかし，関数値で見た誤差が必ずしも単調減少ではないことも観察されますね．その理由は明らかです：たまたまある段階で近似値として採用した区間の中点が，真の解の非常に近くに来た場合，この区間を半分にしたときの根を含む方の区間の次の中点は先程よりも真の解から離れてしまうことが有り得るからです．この現象は近似値として区間の中点でなく，常に区間の左端あるいは右端を取ったときも同様に起こり得ます．

2 分法は高速な計算が可能なので，ほぼ収束する $n = 53$ くらいまではあっと

言う間に計算でき，関数を一度だけ使うのなら，これで十分なスピードで，かつ保証された精度が得られます．

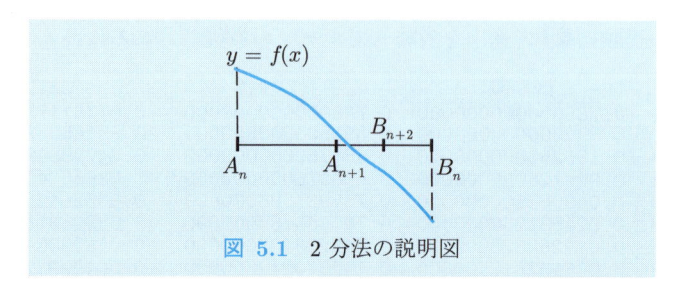

図 5.1　2 分法の説明図

🐰　上の問題に対しては"真の値"は知られていませんが，2 分法の値はまさに真の値を区間で挟む区間演算なので，最後に得られたものはこの桁までは真の値と見てよいでしょう．ただし，最後の方の挙動から，末尾の 1 は切り上げの結果ではないかと予想されます．ちなみに，フリーの数式処理ソフト Risa/Asir で 2 分法のプログラムを書いて同様に計算した値は

0.73908513321516064165531208767387340401341175890075746496568060 ⋯

となりました．Risa/Asir は，マクロ (簡易プログラム) の書き方が C 言語と非常によく似ているので，C 言語に慣れた人には使いやすいでしょう．興味のある人は，以下のようにして Risa/Asir を立ち上げ，下に掲げた Risa/Asir のプログラム nibunho.risa をロードし，実行してみましょう．ここに記す説明はコマンドライン版ですが，Windows 用はもっとやさしく使えます．

```
asir          /*Risa/Asir の起動プログラム名*/
```

これで Risa/Asir が起動したら，そのプロンプトから 2 分法の Risa/Asir 版をロードすることにより実行してみましょう．

```
load("./nibunho.risa");  /*正しいパス名で呼び出すと実行される*/
quit;         /*終了の仕方*/
```

プログラムは御覧のように，C 言語と良く似ていますが，ユーザーが使える変数は大文字で始まること，変数の型は自動判別であること，などが異なります．Risa/Asir の各行は ; か $ で終わります．前者はその行の計算結果を出力し，後者は抑制します．このプログラムは，最後の end$. 以外は，プロンプトに直

接打ち込むのと効果は変わりません．最初の 2 行で，多倍長演算の長さを十進 100 桁にしています．また Risa/Asir は数式処理ソフトなので，数式の結果を数値に変換する関数 eval が必要なところで呼ばれています．後は想像できると思います．

2 分法の Risa/Asir プログラム `nibunho.risa`

```
ctrl("bigfloat",1)$
setprec(100)$
def f(X) {
    return(eval(cos(X)-X))  /* 解くべき方程式 */
}
A=0.0;
B=1.57;
F1 = f(A);
F2 = f(B);
for(I = 0; I < 210; I++){
    C = (A + B)/2;
    F3 = f(C);
    if (F1*F3 < 0) B = C;
    else A = C;
    print([F3," at: ",C]);
}
end$.
```

5.2　Newton 法

Newton 法は，その昔，いわゆる団塊の世代が高校生の頃は高校でも教えられていたのです．今でも高校生に教えたら面白がると思うのですが．

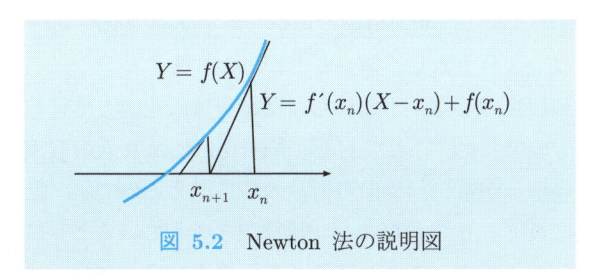

図 5.2　Newton 法の説明図

【Newton 法の原理】　図のように，第 n 近似値 x_n から第 $n+1$ 近似値 x_{n+1} を，点 $(x_n, f(x_n))$ における曲線 $Y = f(X)$ への接線

$$Y - f(x_n) = f'(x_n)(X - x_n)$$

が x 軸と交わる点として定めます：$Y = 0$ と置いたときの X を x_{n+1} として，

第5章 2分法と Newton 法 — 非線形方程式の一般解法 —

$$-f(x_n) = f'(x_n)(x_{n+1} - x_n) \quad \therefore \quad x_{n+1} = x_n - \frac{f(x_n)}{f'(x_n)}$$

【FORTRAN による実装例】 （C 版は `newton.c`）2分法と本質的に同じ方程式を解きますが，関数のグラフが上の説明図と同じ形となるよう，全体の符号を変えています．

---- **FORTRAN のコード `newton.f`** ----

```
      PROGRAM NEWTON
      IMPLICIT DOUBLE PRECISION (A-H,O-Z)
      F(X)=X-DCOS(X)
      G(X)=1+DSIN(X)          ! ここでは F'(X) は人間が計算した
      X=1.57D0                ! 近似解の初期値
      EPSLON=1.0D-15          ! 収束判定のための ε
      DO I=1,20
         DX=F(X)/G(X)
         X=X-Y
         WRITE(*,200)I,'-th Iteration: ',X,'; Error: ',DX
         IF (DABS(DX).LT.EPSLON) STOP
  100 CONTINUE
  200 FORMAT(1H ,I2,A15,F18.15,A9,F18.15)
      END
```

【Newton 法の実行結果】 上のプログラムの出力結果を示します．

反復回数	近似解	一つ前との差分
1	0.785398038969214	0.784601961030786
2	0.739536131151519	0.045861907817696
3	0.739085178105540	0.000450953045979
4	0.739085133215161	0.000000044890379
5	0.739085133215161	0.000000000000000

Newton 法の収束はおそろしく速いことが分かりますね．今までの反復公式はいずれも1次の収束でした．すなわち，反復回数に比例して正しい桁数が増えて行くようなものでした．これに対し，Newton 法は **2次の収束** をします．すなわち，正しい桁数が常に一つ前の桁数の倍に増えるのです．上の表で最後の誤差のコラムにおける 0 の並びの端が放物線を成しているように見えるのがこのことを物語っています．このため終了条件の `EPSLON` (`EPSILON` と書きたいのですが，6 文字に納めるため詰めています) は `1.0D-15` で十分なのです．

初期誤差から見ると，誤差は反復回数につき2重指数的に減少します： $O(e^{-c\,2^n})$．すなわち，正しい桁数が反復回数について指数的に増加するのです．これは級数で例えると $\displaystyle\sum_{n=1}^{\infty}\frac{1}{e^{2^n}}$ の収束の速さと同等で，e^x や $\sin x$ の Taylor

5.2 Newton 法

展開に対する $O(e^{-cn\log n})$ よりも更に速いのです。

🐰 上では関数値の大きさで誤差の大きさを代弁させていましたが、それは次のように正当化されます：$f(a) = 0$, かつ $f'(a) \neq 0$ なので、

$$f(a+h) \doteqdot f(a) + f'(a)h = f'(a)h$$

つまり、関数値 $f(a+h)$ と解の誤差 h は比例しています。

【2 次収束の理論的正当化】 真の解を a とします：$f(a) = 0$. 話を決めるため、$x_n > a$ として論じましょう。漸化式 $x_{n+1} = x_n - \dfrac{f(x_n)}{f'(x_n)}$ の両辺から a を引くと

$$x_{n+1} - a = x_n - a - \frac{f(x_n)}{f'(x_n)} = -\frac{f(x_n) - (x_n - a)f'(x_n)}{f'(x_n)}$$

ここで、分子は、$f(a) = 0$ に注意し平均値の定理を繰り返し用いると

$$\begin{aligned}
f(x_n) - (x_n - a)f'(x_n) &= f(x_n) - f(a) - (x_n - a)f'(x_n) \\
&= (x_n - a)f'(\xi_n) - (x_n - a)f'(x_n) \\
&= (x_n - a)\{f'(\xi_n) - f'(x_n)\} \\
&= (x_n - a)(\xi_n - x_n)f''(\eta_n)
\end{aligned} \tag{5.1}$$

となります。ここに $a < \xi_n < \eta_n < x_n$. 今、この過程に関わる範囲で $|f''(x)| \leq M_2$ と仮定すれば、上の量は $\leq M_2|x_n - a|^2$ で抑えられます。よって、更にこの領域で $|f'(x)| \geq m_1$ でもあると仮定すれば、

$$|x_{n+1} - a| \leq \frac{M_2}{m_1}|x_n - a|^2$$

つまり、誤差が一つ前の 2 乗で小さくなる 2 次の収束をしていることが分かりました。これは、初期誤差でいうと、

$$\begin{aligned}
&\leq \cdots \leq \left(\frac{M_2}{m_1}\right)^{1+2+4+\cdots+2^{n-1}} |x_1 - a|^{2^n} = \left(\frac{M_2}{m_1}\right)^{2^n - 1} |x_1 - a|^{2^n} \\
&\leq C\left(\frac{M_2}{m_1}|x_1 - a|\right)^{2^n} = Ce^{-\lambda 2^n}
\end{aligned}$$

ここに $\lambda = -\log\left(\dfrac{M_2}{m_1}|x_1 - a|\right), \quad C = \dfrac{m_1}{M_2},$

つまり，$O\left(\dfrac{1}{e^{\lambda 2^n}}\right)$ の形で小さくなります．

🐰 上の評価から，Newton 法は初期値 x_1 を $\dfrac{M_2}{m_1}|x_1-a|<1$ に取れば収束が保証されます．これは十分条件であって必要ではありませんが，全く条件無しでは Newton 法は収束するとは限りません．そのような例を作ってみましょう．なお，上の計算で，分子の評価に x_n の方を中心として Lagrange 剰余付きの 2 次の Taylor の定理を使うと，c を a と x_n の間のある数として

$$0 = f(a) = f(x_n) + (a-x_n)f'(x_n) + \dfrac{f''(c_n)}{2}(a-x_n)^2.$$
$$\therefore \quad |f(x_n) + (a-x_n)f'(x_n)| \leq \dfrac{M_2}{2}|x_n-a|^2$$

となり，上の評価の分母は m_1 から $2m_1$ に改良できます．上の計算の途中で平均値の定理から出てきた ξ_n は，ほぼ a と x_n の中間なので，基本的には同等の評価ですが，こちらの方が厳密です．

■ 5.3　線形反復法

Newton 法の収束はすばらしいのですが，毎回 $f'(x)$ を計算する必要があるのが難点です．実際の関数では，$f'(x)$ の計算は簡単ではないかもしれません．そこで $f'(x_n)$ を使う代わりに，一定の傾き A (例えば $A=f'(x_1)$) で代用する，次の**線形反復公式**も有用です：

$$x_{n+1} = x_n - \dfrac{f(x_n)}{A}$$

下の図を見てなつかしいと思う人も多いでしょう．これは大学入試でよく出てくる幾何学的に定義された収束列のパターンとそっくりですね．この反復法が収束するかどうかや，収束する場合の速さは，個々の例に対しては初期値のみならず，傾き A の取り方にも依存しますが，一般的には 1 次の収束です．上の反復公式の両辺から a を引き，$f(a)=0$ を適当に補うと，

$$|x_{n+1}-a| = \left|x_n - a - \dfrac{f(x_n)-f(a)}{A}\right| \leq \dfrac{|A-f'(\xi_n)|}{|A|}|x_n-a|$$

なので，A が求める解の近傍で $f'(x)$ の良い近似になっていれば，

$$\frac{|A - f'(\xi_n)|}{|A|} \leq {}^\exists \lambda < 1$$

が期待でき，そのような場合は

$$|x_{n+1} - a| \leq \lambda^n |x_1 - a|$$

と，1次の収束が保証されます．$\cos x = x$ で実行してみると，$A = f'(x_1)$ で2分法より速いことが分かります．しかし，一般には A の選び方で2分法より遅くなることもあります．収束しない場合さえあります．下右図には，反復法が収束する場合と振動する場合が示されています．

プログラム例としてサポートページに senkeihanpuku.f を与えましたが，Newton 法のそれと大差無いので，ここには掲げません．

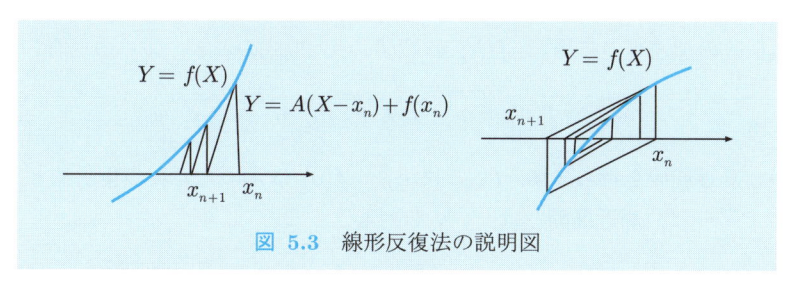

図 5.3 線形反復法の説明図

5.4 Richardson 加速法

数列の一般項がもし

$$a_n = a + c_1 \lambda_1^n + c_2 \lambda_2^n + c_3 \lambda_3^n + \cdots \quad (1 > \lambda_1 > \lambda_2 > \lambda_3 > \cdots)$$

という式で与えられていたら，その極限値 a の近似値は，大きな n に対して a_n を上の式で直接計算するより

$$a_{n+1} = a + c_1 \lambda_1^{n+1} + c_2 \lambda_2^{n+1} + c_3 \lambda_3^{n+1} + \cdots$$

と元の式の λ_1 倍との差をとって

$$t_{1,n} = \frac{a_{n+1} - \lambda_1 a_n}{1 - \lambda_1} = a + c_2 \frac{\lambda_2 - \lambda_1}{1 - \lambda_1} \lambda_2^n + c_3 \frac{\lambda_3 - \lambda_1}{1 - \lambda_1} \lambda_3^n + \cdots$$

の形にしておけば，ずっと小さな n に対して a のより良い近似値が得られる

でしょう．更に，これと

$$t_{1,n+1} = \frac{a_{n+2} - \lambda_1 a_{n+1}}{1 - \lambda_1} = a + c_2 \frac{\lambda_2 - \lambda_1}{1 - \lambda_1} \lambda_2^{n+1} + c_3 \frac{\lambda_3 - \lambda_1}{1 - \lambda_1} \lambda_3^{n+1} + \cdots$$

とから同様の差を作って，

$$t_{2,n} = \frac{t_{1,n+1} - \lambda_2 t_{1,n}}{1 - \lambda_2} = a + c_3 \frac{(\lambda_3 - \lambda_1)(\lambda_3 - \lambda_2)}{(1 - \lambda_1)(1 - \lambda_2)} \lambda_3^n + \cdots$$

とすれば，もっとよい近似になるでしょう．この操作は，上の漸近展開が有効な限り続けることができます．これが **Richardson** 加速法(リチャードソン)の原理です．

この計算には，予め $\lambda_1, \lambda_2, \lambda_3, \ldots$ が分かっている必要があります．しかし，後で出てくるように，応用上は $\lambda_k = 1/2^k$ や $\lambda_k = 1/4^k$ の場合がほとんどです．

【近似式の加速への応用】 $f(h)$ が $O(h)$ の近似式のとき，多くの場合に

$$f(h) = c_0 + c_1 h + c_2 h^2 + \cdots$$

という漸近展開を持ちます．(ここに $c_0 = f(0)$ は求めたい真の極限値となります．) 一般に，**漸近展開**とは，$\forall N$ に対し，

$$f(h) - \{c_0 + c_1 h + c_2 h^2 + \cdots + c_N h^N\} = O(h^{N+1})$$

となっていることを言うのでした．(級数は収束しなくてもよい．) このとき，$h = h_0, h_0/2, h_0/2^2, \ldots, h_0/2^N$ に対して $f(h)$ を計算して得られる数列 f_n は，Richardson 加速が適用できる典型的な例となります：

$$f\left(\frac{h_0}{2^n}\right) = c_0 + \frac{c_1 h_0}{2^n} + \frac{c_2 h_0^2}{4^n} + \frac{c_3 h_0^3}{8^n} + \cdots$$

すなわち，$\lambda_1 = \frac{1}{2}, \lambda_2 = \frac{1}{4}, \lambda_3 = \frac{1}{8}, \ldots$ で Richardson 加速の用件を満たします．従って，適当に係数を掛けて 1 次結合をとると，$c_1, c_2, \ldots, c_N$ を消去でき，

$$\text{既知の値 (計算値の 1 次結合)} = f(0) + O(h_0^{N+1})$$

という式が得られるでしょう．つまり，1 次の近似式を元に，$N+1$ 次の近似式が作れるでしょう．

5.4 Richardson 加速法

【実際のアルゴリズム–1】 以下，$f_n = f(h_0/2^{n-1})$ と置きます．

① f_1 を計算する．
② f_2 を計算する．
  (i) $t_{1,1} = \dfrac{f_2 - f_1/2}{1 - 1/2} = \dfrac{2f_2 - f_1}{2 - 1}$ を計算する．

  これが良い近似値なら停止する．

③ f_3 を計算する．
  (i) $t_{1,2} = \dfrac{2f_3 - f_2}{2 - 1}$ を計算する．
  (ii) $t_{2,1} = \dfrac{2^2 t_{1,2} - t_{1,1}}{2^2 - 1}$ を計算する．これが良い近似値なら停止する．

④ f_4 を計算する．
  (i) $t_{1,3} = \dfrac{2f_4 - f_3}{2 - 1}$ を計算する．
  (ii) $t_{2,2} = \dfrac{2^2 t_{1,3} - t_{1,2}}{2^2 - 1}$ を計算する．
  (iii) $t_{3,1} = \dfrac{2^3 t_{2,2} - t_{2,1}}{2^3 - 1}$ を計算する．これが良い近似値なら停止する．

$\vdots$ (停止条件は普通 $|t_{n,1} - t_{n-1,2}| < \varepsilon$ とする．)

```
     f_1
t_{1,1}    f_2
t_{2,1}  t_{1,2}   f_3
t_{3,1}  t_{2,2}  t_{1,3}   f_4
  ⋮
```

プログラム例 richardson.f は，前進差分をこの方法で加速したものです．ここで，DOUBLE PRECISION B(20) という宣言がプログラミングの新しい内容を含んでいます．これは，**1次元配列**と呼ばれるもので，倍精度型の変数 B(1), ..., B(20) を使用することを一度に定義するものです．20 個の同種類のデータを格納するために，もし 20 個の変数を勝手な名前で用意したら，とてもプログラムでは使えないものになりますが，このように配列の概念を使うと，I 番目のデータは B(I) で参照でき，とても便利です．ここでは，各段 n について，数列 $t_{n,1}, t_{n-1,2}, \ldots, t_{1,n}, f_n$ を同じ配列 B(I) を使いまわして上書き記録しています．(Richardson 加速の計算には，一つ前の段の数列のデータがあれば十分だからです．) この実行結果を示しておきましょう．sin(x) の $x=1$ における微分を前進差分と Richardson 加速で計算しています．

【**Romberg 積分法**】 元になった近似式が 2 次の場合

$$f(h) = c_0 + c_1 h^2 + c_2 h^4 + \cdots$$

という漸近展開を持つとすれば，$h = h_0, h_0/2, h_0/2^2, \ldots, h_0/2^N$ に対して

```
0.497363752535389
0.540725878909429  0.519044815722409
0.540306783794645  0.540411557573341  0.529728186647875
0.540302299179317  0.540302859756233  0.540330034210510  0.535029110429193
0.540302305856584  0.540302305439255  0.540302374728877  0.540309289599286
0.540302305868103  0.540302305867743  0.540302305840962  0.540302314451952
0.540302305868103  0.540302305868103  0.540302305868092  0.540302305866396
```

```
Richardson 加速法による値 :    0.540302305868103
真の値         :               0.540302305868140
反復回数       :    最後の H :  0.0015625
```

FORTRAN のコード richardson.f

```fortran
      PROGRAM KASOKU
      DOUBLE PRECISION B(20),F,DF,X,H,EPS
      F(X)=DSIN(X)
      DF(X,H)=(F(X+H)-F(X))/H
      X=1.0D0                    ! x=1.0 における sin x の微分
      EPS=0.00000000000001       ! 停止パラメータ
      IA=2                       ! h の 1 次の漸近展開のときの因子
      H=0.1D0                    ! 前進差分の初期刻み幅
      N=10                       ! 最大反復回数
      DO 100,I=1,N               ! Richardson 加速のループ
        B(I)=DF(X,H)
        M=IA                     ! 漸化式の係数の初期値
        DO J=I-1,1,-1
          B(J)=(M*B(J+1)-B(J))/(M-1)  ! この段の数列を計算
          M=M*IA                 ! 漸化式の係数を更新
        END DO
        WRITE(*,300)(B(J),J=1,I)    ! この段の数列を出力
        IF ((I>1).AND.(DABS(B(1)-B(2))).LT.EPS) GO TO 200
        H=H/2                    ! 刻み幅を更新
  100 CONTINUE
  200 WRITE(*,400)'Richardson 加速法による値 :     ',B(1)
      WRITE(*,*)' 反復回数 : ',I,' 最後の H : ',H
      WRITE(*,400)' 真の値       :                    ',DCOS(1.0D0)
  300 FORMAT(1H ,8F18.15)
  400 FORMAT(1H ,A33,F18.15)
      END
```

$$f\left(\frac{h_0}{2^n}\right) = c_0 + \frac{c_1 h_0^2}{4^n} + \frac{c_2 h_0^4}{16^n} + \frac{c_3 h_0^6}{64^n} + \cdots$$

すなわち，$\lambda_1 = \dfrac{1}{4}, \lambda_2 = \dfrac{1}{4^2}, \lambda_3 = \dfrac{1}{4^3}, \ldots$ で Richardson 加速の用件を満たします．従って，2 次の近似式を元に，同程度の手間で更に効率良く $2N+2$ 次の近似式が作れます：

$$\text{既知の値 (計算値の 1 次結合)} = f(0) + O(h_0^{2N+2})$$

台形公式にこの Richardson 加速法を適用したものが **Romberg** 積分法(ロンバーグ)です．実際の計算アルゴリズムは，1 次の近似式のときの 2^n を 4^n に変えるだけです．

5.4 Richardson 加速法

```
0.537669200014239
0.540304058238785  0.538986629126512
0.540302306939591  0.540302744764389  0.539644686945451
```

🐰 台形公式が上のような h に関する漸近展開を持つことは第 4 章で紹介した Euler-Maclaurin の公式から分かりますが，Taylor 展開だけで初等的にも示せます．いずれにしても f は必要なだけ高階微分可能でなければなりません．

【実際のアルゴリズム–2】 以下，$f_n = f(h_0/2^{n-1})$ と置きます．

① f_1 を計算する．

② f_2 を計算する．

$t_{1,1} = \dfrac{f_2 - f_1/4}{1 - 1/4} = \dfrac{4f_2 - f_1}{4 - 1}$ を計算する．

これが良い近似値なら停止する．

③ f_3 を計算する．

(i) $t_{1,2} = \dfrac{4f_3 - f_2}{4 - 1}$ を計算する．

(ii) $t_{2,1} = \dfrac{4^2 t_{1,2} - t_{1,1}}{4^2 - 1}$ を計算する．これが良い近似値なら停止する．

④ f_4 を計算する．

(i) $t_{1,3} = \dfrac{4f_4 - f_3}{4 - 1}$ を計算する．

(ii) $t_{2,2} = \dfrac{4^2 t_{1,3} - t_{1,2}}{4^2 - 1}$ を計算する．

(iii) $t_{3,1} = \dfrac{4^3 t_{2,2} - t_{2,1}}{4^3 - 1}$ を計算する．これが良い近似値なら停止する．

⋮

$$\begin{array}{cccc} f_1 & & & \\ t_{1,1} & f_2 & & \\ t_{2,1} & t_{1,2} & f_3 & \\ t_{3,1} & t_{2,2} & t_{1,3} & f_4 \\ \vdots & & & \end{array}$$

Romberg 法は最初に使ってみたときは本当に感動的です．プログラムと出力例を挙げておきましょう．次のプログラム例は，次章で解説する関数副プログラムの書き方を先取りしており，Romberg 法に必要な台形公式と，Richardson 加速の部分を独立させた塊にしています．(ただしスペースの関係で被積分関数 F(X) の部分は省略し，1 行にセミコロンで区切って複数個の指令を書く新しい記法を用いています．これは Fortran 90 で正式に採用されたものですが，

```
0.693771403175428
0.693147374665116  0.693303381792694
0.693147180620145  0.693147192747956  0.693186240009141
0.693147180559956  0.693147180560896  0.693147181322587  0.693156945994226
0.693147180559945  0.693147180559945  0.693147180559960  0.693147180607624
```

```
反復回数    : 5    最後の H  :   0.00625
真の値      :                    0.693147180559945
```

g77 でも通ります.) これを一つ前のプログラムのようにスパゲッティコード (だらだらと長く続けて書かれたプログラムの揶揄) にしてしまってもあまり意味は無いので, ここでは, 細かな解説は次章に先送りすることにして, 主プログラムにおいて `RMBERG` とか `DAIKEI` とか書かれているところで, その塊が実行されるのだと思って眺めてください.

🐇 Richardson 加速の対象となる漸近展開が h の 2 冪で減少するときに, 1 冪の加速を適用すると, 収束は遅く (従って得られる値も若干悪く) なりますが, 収束しなくなる訳ではありません. 例えば, 上のプログラムで, サブルーチン `RMBERG` の 5 行目の `IA=4` を `IA=2` に変更するとそのような実験ができます. 結果は 7 回で収束し, 近似値は 0.693147180559950 となります.

加速法は数値計算の中心的な話題の一つなので, この他にもいろいろな技法が開発されています. 詳細は巻末文献に挙げた数値解析の参考書を見てください.

この章の課題

課題 5.1 2 分法と Newton 法, および線形反復法を用いて, 超越方程式 $e^x = 2x + 1$ の $x = 0$ 以外の解を近似計算せよ. [ヒント：解の近似列が 0 に収束しないように初期値を選べ.]

課題 5.2 中心差分による 1 階微分の近似式を Richardson 加速したものを 1 階微分に対する 4 次の近似式と比較し, 優劣を論ぜよ. [`richardson.f` を 2 ヶ所修正する.]

課題 5.3 関数 $y = f(x)$ は 2 重零点を持つとする. すなわち,

$$f(a) = f'(a) = 0, \quad f''(a) \neq 0.$$

このとき a を求めるための Newton 法の収束の様子を調べよ.

```
0.693149621954274
```

FORTRAN のコード romberg.f

```fortran
      PROGRAM RBGINT
      DOUBLE PRECISION RMBERG,F,EPS,H,S,A,B
      EXTERNAL F
      EPS=0.5D-15; A=0.0D0; B=1.0D0
      H=0.1D0
      N=10
      WRITE(*,*)
     + 'Romberg 積分法による [0,1] 上の 1/(1+x) の定積分の計算'
      S=RMBERG(F,A,B,N,H,EPS)
      WRITE(*,200)'Romberg 加速法による値 :    ',S
      WRITE(*,*)' 反復回数 : ',N,' 最後の H : ',H
      WRITE(*,200)' 真の値       :                      ',DLOG(2.0D0)
  200 FORMAT(1H ,A33,F18.15)
      END
C Romberg 法のサブルーチン
      DOUBLE PRECISION FUNCTION RMBERG(F,A,B,N,H,EPS)
      IMPLICIT DOUBLE PRECISION(A-H,O-Z)
      DOUBLE PRECISION ROMB(100)
      EXTERNAL F
      IA=4
      I=1
   50 ROMB(I)=DAIKEI(F,A,B,N,H)
      M=IA
      DO 100 J=I-1,1,-1
        ROMB(J)=(M*ROMB(J+1)-ROMB(J))/(M-1)
        M=M*IA
  100 CONTINUE
      WRITE(*,200)(ROMB(J),J=1,I)
      IF ((I>1).AND.(DABS(ROMB(1)-ROMB(2))).LT.EPS) GO TO 170
      H=H/2
      N=N*2
      I=I+1
      GO TO 50
  170 RMBERG=ROMB(1)
      N=I
  200 FORMAT(1H ,8F18.15)
      END
C 台形公式のサブルーチン
      FUNCTION DAIKEI(F,A,B,N,H)
      IMPLICIT DOUBLE PRECISION(A-H,O-Z)
      EXTERNAL F
      X=A
      DAIKEI=F(X)/2
      DO 100 I=1,N-1
        X=X+H
        DAIKEI=DAIKEI+F(X)
  100 CONTINUE
      DAIKEI=(DAIKEI+F(B)/2)*H
      END
```

第6章

関数の作り方

　今まではプログラミングがあまり負担にならないよう，一つのプログラムにすべての指令を書くという初心者的なやり方を取ってきましたが，実用的なプログラミングでは，処理毎にまとめて名前を付けたプログラム単位を構成し，それらを適当に呼び出すことで全体の流れを見やすくし，また部品の再利用をし易くします．このための道具が，関数とサブルーチンという，2種の副プログラムです．この章では，まず数学科の人にも馴染みの有る関数をどうやって自分で作るかについて，簡単な例から始めます．進むに連れて，プログラミングに深入りした話題も出てきますが，最後はまた関数近似の数学的な話でしめくくります．

■ 6.1 関数の製作

　関数とは，与えられたデータをもとに何かを計算し，それを戻り値として返す副プログラムのことです．数学では，関数とは，変数にある値を与えると，それに対する関数の値を返すものなので，この概念は数学で使われるものとほぼ一致しています．ただ，プログラミングの世界では，変数という言葉は別の意味で使われるので，関数に渡すデータは**引数** (いんすう，または，ひきすう) と呼ばれます (英語ではどちらも argument で，変数の variable とは区別されています．)

　【FORTRAN による階乗関数の作成】　まずは，第2章などで度々話題に上った階乗関数を作ってみましょう．次のプログラム例を見てください．

　先頭の FUNCTION 文が，これは関数副プログラムであるということを宣言しています．それに続く KAIJO がこの関数の名前，また，前に付けられた INTEGER*4 は，その戻り値が倍長整数の型であることを意味しています．名前に続く括弧内の N がその引数を表しています．引数の名前の N は，この関数の中で実行される手続きの定義に使われるだけで，実際にこの関数を使うときは，(型さえ

6.1 関数の製作

合っていれば) そこにどんな変数や数値を書いてもよいのです．この意味で，関数の定義で使われている引数の名前は**仮引数**，実際にそれを使うときに書かれるものは**実引数**と呼ばれます．

FORTRAN のコード facsub.f

```
      INTEGER*4 FUNCTION KAIJO(N)
      INTEGER*4 I,N
      KAIJO=1
      DO I=2,N
          KAIJO=KAIJO*I
      END DO
      RETURN
      END
```

プログラムの本体でやっていることは，階乗の定義そのものなので，解説は不要でしょう．これで，KAIJO という名前の変数に $N!$ の値がセットされます．FORTRAN では，関数の戻り値は，関数と同じ名前の変数に代入してこの副プログラムを終了するだけで，自動的にこの関数を呼んだところに返されます．もちろん，この変数の型は FUNCTION 宣言した際の戻り値の型となります．なので，仮引数の型は副プログラムの中で必要に応じて宣言しなければいけませんが，変数 KAIJO は宣言済みなので，不要です．(FUNCTION 文の前の型宣言をやめて，KAIJO の型を他の変数と同時に型宣言する書き方もあります．)

引数と戻り値以外で，関数副プログラムの中で使われている変数は**局所変数**とよばれ，このプログラム単位の中だけで有効で，外からは見えません．従って，この関数内でメインと同じ名前の変数を使っても，まったく干渉しません．

上の例は副プログラムだけで本体が無いので，これだけではコンパイル・実行ができません．この関数を呼び出すメイン部分の例を示しましょう．

FORTRAN のコード fac.f

```
      PROGRAM FAC
      INTEGER*4 K, KAIJO
      WRITE(*,*) 'Calculation of factorial.'
      WRITE(*,*) 'Give N : '
      READ(*,*)N
      K=KAIJO(N)
      WRITE(*,*) 'N! = ',K
      END
```

作った関数の使い方の基本は，K=KAIJO(N) のように，関数の値を他の変数に代入するか，あるいは，計算式の中で

```
C=KAIJO(N)/KAIJO(I)/KAIJO(N-I)    ! 2項係数
```

のように，変数の一つと同じように用います．ただし，C 言語と違い

```
KAIJO(N)
```

とだけ書くとエラーになります．C 言語では，値を返すものも返さないものもすべて関数の扱いですが，FORTRAN では，値を返さないものは**サブルーチン**と呼び，関数と区別しています．サブルーチンも関数と同じように引数と局所変数は持っており，一まとまりの仕事を下請けします．FORTRAN でサブルーチン HOGE(...) を使うときは，

```
CALL HOGE(...)
```

と，いわゆる CALL 文を使います．サブルーチンコールという言い方は，FORTRAN 以外でも使われることがあります．

🐰 階乗関数の使い方として，

```
WRITE(*,*)KAIJO(N)
```

は基本的には良いのですが，もし KAIJO(N) の副プログラムの中で何かメッセージ等を出力すると，コンパイラによっては，出力ルーチンの入れ子エラーになります．この手のエラーはメッセージの意味が分かりにくく，最初のうちはどこがいけないのか，なかなか発見できないので，避けた方が無難でしょう．

　メインプログラムも副プログラムも，ともにプログラム単位と呼ばれます．END 行で終わっているのがその区切りの目印です[1]．上の二つのプログラム単位は，同じファイル内に書いて，今までと同じようにコンパイルすればよいのですが，別々のファイルに書いたときは

```
g77 fac.f facsub.f -o fac
```

のように，メインの方を先頭にして，ファイル名を二つ並べて書けばコンパイルできます．`facsub.f` の中で定義された関数を，いろんなメインプログラムから呼び出して使いたいときは，更に進めて，`facsub.f` だけを予め

```
g77 -c facsub.f
```

---

[1] 副プログラムの方には END の前に RETURN 文があります．これは昔は必須でした．今は書かなくてもよくなりましたが，無いと寂しいので，著者は書き続けています．

とコンパイルだけしておくと，この内容を機械語に置き換えた `facsub.o` というファイルが生成されるので，使いたいときに

```
g77 fac.f facsub.o -o fac
```

のように，こちらを書いてコンパイルすれば，`facsub.f` のコンパイル時間が節約できます．この手法を**分割コンパイル**と呼びます．序章でもちょっと解説しましたが，g77 はまず `fac.f` を機械語に翻訳し，ついでそれを `facsub.o` の中の関数やライブラリの関数とリンクして最終的に実行可能ファイルを作ります．`facsub.f` を予めコンパイルするときに，オプションの -c を忘れると，これだけでリンク作業まで行い，実行可能ファイルを作ろうとして，"メインが無いよ" というエラーで止まります．

階乗の関数は，実行してみると，ずいぶん小さな N の値でオーバーフローしてしまいます．どこから狂ったのか，注意してみないと最初は気づかないのですが，N が増えたのに階乗の値が減少したりするので，そのうちおかしいなと気づきます．倍長整数をやめて倍精度浮動小数にすると，もうちょっと先まで正しく計算できますが，それでも知れたものです．n が大きいときに $n!$ の値を見積もる Stirling の公式というものを第 2 章で紹介しましたが，これは更に次のような漸化式に強化されます．

$$(n-1)! = \sqrt{\frac{2\pi}{n}}\, n^n e^{-n} \exp\left\{ \frac{1}{12n} - \frac{1}{360n^3} + \frac{1}{1260n^5} - \frac{1}{1680n^7} \right. \\ \left. + \cdots + \frac{(-1)^{k-1}B_{2k}}{2k(2k-1)n^{2k-1}} + \cdots \right\} \quad (6.1)$$

ここに，B_{2k} は第 4 章で紹介した Bernoulli 数です．(公式の証明は，前述の拙著 [1] のⅡなどを参照してください．ただし [1] では B_{2k} を B_k と記しています．) この公式を用いて $n!$ の近似値をずっと大きな n に対してまで答えられるものを作りましょう．

3 次の漸近展開を用いた (N-1)! の近似関数

```
      DOUBLE PRECISION FUNCTION STRLG3(N)
      DOUBLE PRECISION PI,E
      PARAMETER(PI=3.1415926535897932D0,E=2.7182818284590452D0)
      STRLG3=DSQRT(PI*2/N)
     +      *DEXP(N*(DLOG(N)-1)+1.0D0/12/N-1.0D0/360/N/N/N)
      RETURN
      END
```

【PARAMETER 文】　ここで，PARAMETER 文は，定数の定義に用いるもので，ここでは π と e の値を定数として定義しています．

> ──── PARAMETER 文に注意！ ────
> たとい，`IMPLICIT DOUBLE PRECISION(A-H,O-Z)` と宣言しても，
> `DOUBLE PRECISION PI` と宣言しても，g77 のコンパイラは
> `PARAMETER(PI=3.14159265358979323846)` を単精度に解釈してしまい，
> その結果 7 桁の精度しか得られない！
> 必ず `PARAMETER(PI=3.14159265358979323846D0)` と書こう．

補足として，`PARAMETER(PI=3.14159265358979323846D0)` だけでは，D0 は効かず，PI は単精度浮動小数扱いとなって，F22.15 で出力してみると 7 桁しか合わず，また `DSQRT` などの倍精度用の関数に入れると型の不一致のエラーになります．これは g77 と g95 (の FORTRAN77 互換モード) でともに生じるので，FORTRAN77 の仕様としてこれだけでは倍精度にはならないということなのでしょうね．

`IMPLICIT` 文による倍精度宣言だと，逆に P で始まる単精度変数はすべて宣言が必要となります．これは，`IMPLICIT` 文の代わりに

```
DOUBLE PRECISION PI
```

と宣言すれば避けられます．これだと一見 PI が変数宣言のように見えますが，ちゃんと代入の許されない定数になります．ただし，この宣言は PARAMETER 文の前に書かねばなりません．逆にすると，2 重定義のエラーになります．

なお，PARAMETER をやめ，PI を変数として扱うという方法もありますが，
★ メモリーを一つ余計に使う．
★ 実行中に値を変えられる恐れがある．
など，パラメータとは微妙な違いがあります．

ちなみに新しい C 言語では，型が不明のマクロ定義は避け，代わりに `const double PI= ...` とすることが推奨されています．ただし gcc では，`#define PI 3.14159265358979323846` でもちゃんと倍精度になるようです．(C 言語では関数名に型による差が無いので，引数が単精度，倍精度のどちらでもエラーにはなりませんが，PI の値を sin(x) に代入してみると確かに倍精度の関数値が出ます．)

従って，g77 コンパイラの PARAMETER 文に対する扱いは C 言語のマクロの扱いとは異なるようです．昔の記憶では，g77 では，倍精度の変数に X=1.0 という代入をすると単精度しかえられなかったはずですが，今回実験してみると，X=1.0D0 と同じ結果になりました．gcc でも大丈夫なようで，x=(double)1 のような書き方はしなくても済むようです．しかし，X=0.1 という代入では現在のところでも g77 では単精度にしかならないようです．しっかり X=0.1D0 と書かないと，期待した精度が得られません．一般に，コンパイラの規格として定まっていないような事項については，使用するコンパイラにどのように解釈されても大丈夫なような安全な書き方を心がけておいた方が賢明でしょう．

なお，Fortran 90 の仕様では，C 言語と同様，定数に型宣言ができるので，ソースを Fortran 90 仕様で書けば，この種の問題は確実に回避できます．

【ガンマ関数】　上のプログラムは，N の型を倍精度の浮動小数に変更しても何か値を返しますね，これは何でしょう？ Euler は階乗関数を整数から実数に補間するため，**ガンマ関数**

$$\varGamma(s) = \int_0^\infty e^{-x} x^{s-1} dx$$

というものを考えました．$s = n$ が自然数のとき，$\varGamma(n) = (n-1)!$ となることは，部分積分で容易に示せます．なのでこれは，その実数 $s > 0$ への拡張 (補間) です．漸化式 (6.1) は，実は $\varGamma(x)$ の近似式なのです．ただし，x が小さいときには，この漸化式はあまり有効ではないので，実用的な関数にするには，x が小さいとき $\varGamma(x)$ の関数等式

$$\varGamma(x+1) = x\varGamma(x)$$

を用いて，

$$\varGamma(x) = \frac{\varGamma(x+k)}{x(x+1)\cdots(x+k-1)} \tag{6.2}$$

のように変形します．これを先のプログラムと組み合わせると，単精度なら $0 < x < 1$ に対しても，$k = 10$ 程度で十分な精度が得られます．プログラム見本は stirling3.f です．参照するときは次節の参照渡しの解説も見てください．

　　上の級数 (6.1) は漸近展開であって収束はしないので，項をたくさん取

りすぎると，途中から近似が悪くなります．(6.2) も k を大きく取りすぎると，誤差が累積します．(6.1) に具体的に書かれた項をすべて用い，上の工夫と合わせた strlg5.f は，ほぼ十進 14 桁の精度を出していますが，種々の誤差の影響で，これ以上はなかなか大変です．ガンマ関数は大切な関数なので，他にもいろいろ数値計算法が知られています．

【C 言語による階乗関数の作成】　次に，C 言語では，計算した値は関数の戻り値として return 文で返します．上の階乗のプログラムをそのまま C に翻訳すると，下左のようになります．情報科学の専門家にこういうプログラムを見せると笑われます．彼らは下右のように書くのが普通です．これは，階乗を数学的帰納法で計算するもので，このように自分自身を呼び出すことを**再帰呼び出し**と言います．FORTRAN 77 にはこのような書き方はありません．再帰で書くときは，どこかで呼び出しがとまるように，例えば下右の例のように 1 の階乗は 1 と答えるように，しておかないと暴走してしまうので注意しましょう．

C のコード facsub.c
```
long kaijo(int n){
    int i;
    long k;
    k=1;
    for (i=2;i<=n;i++) k*=i;
    return k;
}
```

C のコード kaijorec.c
```
long kaijo(int n){
    if (n>1) return n*kaijo(n-1);
    return 1;
}
```

これらのプログラムは，例えば次のような main 関数から呼び出して使います．別々のファイルでコンパイルされても，関数 kaijo の型が分かるように，お決まりのインクルード文に続けてこの関数の型宣言を書いています．この宣言は，facsub.c の内容を同一のファイルに，しかも main 関数の上に書くときに限って省略できます．

C のコード fac.c
```
#include<stdio.h>
long kaijo(int);
int main(void){
  long k,n;
  printf("Calculation of factorial.\n");
  printf("Give n : ");
  scanf("%ld",&n);
  k=kaijo(n);
  printf("n! = %d\n",k);
  return 0;
}
```

6.1 関数の製作

🐌 2種類の kaijo 関数を百万回繰り返し呼び出して計算時間を計ると，実は左方の単純なプログラムの方が速かったりします[2]．

【Taylor 展開を用いた関数の製作】 第2章で計算法を練習した，Taylor 展開の和を用いると，いろいろな数学関数の近似値を与える関数を作ることができます．数学的には真の関数ではありませんが，コンピュータを用いた数値計算はどうせ近似値しか扱えないので，それで関数を実現したことになります．FORTRAN に標準で付いている**組込み関数**や C のコンパイラに付いている**ライブラリ関数**も，皆このような意味での初等関数の近似関数です．(ただし，単純な Taylor 展開ではなく，もっといろいろ高速化の工夫がなされています．)

例 6.1 まず，$\sin x$ の Taylor 展開を答える関数を作ってみましょう．先に作ったプログラムを関数に書き直すだけですが，第何項まで加えるかも指定できるよう，2変数の関数 MYSIN(X,N) としましょう．X に 20 を入れられても良いように，周期性を考慮しておきます．

―― **FORTRAN のコード mysin.f** ――
```
      DOUBLE PRECISION FUNCTION MYSIN(X,N)
      DOUBLE PRECISION X,Y,T,PI2
      PARAMETER (PI2=6.283185307179586476920D0)    ! 2π
      Y=DMOD(X,PI2)
      MYSIN=Y                         ! 答の変数の初期設定
      T=Y                             ! 一般項の初期設定
      DO 100 I=1,N-1
         T=-T*Y*Y/(I+I)/(I+I+1)       ! 一般項を更新した後
         MYSIN=MYSIN+T;               ! それを和に加える
100   CONTINUE
      RETURN
      END
```

この関数は Y=MYSIN(X,N) のように2変数関数として他のプログラムから呼び出して使うことができます．上のプログラムも，関数だけで本体部分が無いので，これだけではコンパイル・実行ができません．階乗関数の例に倣い，自分で適当なメイン部分を書いて使い方を練習してみてください．(なお，本章の後の方で出てくるおもしろい実験プログラム見本 singraph.f 参照．)

参考までに，mysin の C 言語版も載せておきます．

---

[2] 何が起こっているのか調べるには，-S オプションを付けてコンパイルすると出力される**アセンブラ**(機械語の記号表示)のコードを見る方法があります．

C のコード mysin.c

```c
#include<stdio.h>
#include<stdlib.h>
#include<math.h>
double mysin(double x,int N) {
  int i;
  double s,t;
  x=fmod(x,2*M_PI);              /* 周期性より x を小さくする */
  s=(double)x;                   /* 答の変数の初期設定 */
  t=(double)x;                   /* 一般項の初期設定 */
  for (i=1;i<N;i++) {
      t=-t*x*x/(i+i+2)/(i+i+3); /* 一般項を更新した後 */
      s=s+t;                     /* それを和に加える */
  }
  printf("Calculated value: %22.15lf\n",s);
  printf("Value of library function: %22.15lf\n",sin(x));
  return s;
}
```

【反復法による関数の製作】 反復法による方程式の解法を，パラメータ付きの方程式に適用すると，既存の関数の逆関数などの新しい関数が作成できます．特に，Newton 法は収束が速いので，効率の良いライブラリ関数を作るのに適しています．実際に使われている標準ライブラリの平方根もこのようにして実装されています．

例 6.2 (sqrt(x) の最も速い実装) $y^2 - x = 0$ を Newton 法で y につき解くと，

$$x_{n+1} = x_n - \frac{x_n^2 - x}{2x_n} = \frac{x_n}{2} + \frac{x}{2x_n}$$

という漸化式が得られます．これだけでも十分速い (倍精度の算出に 4〜5 回程度の反復で済む) のですが，実用ライブラリでは，更に次のような工夫をしています：一番時間がかかる割り算を避けて，掛け算だけでやるのです．そのため，まず $\frac{1}{y^2} - x = 0$ を Newton 法で解くと，

$$x_{n+1} = x_n - \frac{1/x_n^2 - x}{-2/x_n^3} = x_n + \frac{x_n}{2} - \frac{x_n^3 x}{2} = x_n \left(\frac{3}{2} - \frac{x_n^2 x}{2} \right)$$

こうして得られた $\frac{1}{\sqrt{x}}$ に x を掛けて $\sqrt{x}$ を求めます．このような工夫による計算時間の改良は，関数を 1 回使っただけでは分からない程度です．しかし，数値積分などで何万回も呼ぶと差が明らかに出てきます．

🐰 2 GHz の CPU は，1 クロックでできる基本的な処理を 1 秒間に $2\,\mathrm{G} = 2 \times 2^{30}$ 回実行できるという意味です．主な浮動小数演算の**クロック数**，すなわち，各演算を実行するのにこの基本時間の何倍の時間が必要かという値は，ちょっと前の Pentium II という CPU のデータでは，

load, store (1),　　加減乗算 (3),　　除算 (19)

となっていました．最近の CPU では，説明書に書かれている浮動小数点演算のクロック数は，加減算も乗除算も 1 となっていることが多いのですが，これはパイプラインをうまく利用したときの平均的数値で，実計算時間には今でも上と同じような差があるようです．従って割り算を避けることは今でも意味が有ります．

■ 6.2　FORTRAN と C の関数のまとめ

ここで FORTRAN における関数や副プログラムの書き方の基本を特に C と比較しながらまとめておきましょう．

【FORTRAN のプログラムの組み立て】　FORTRAN では，各プログラム単位は END で終わります．

```
PROGRAM MAINYO
......
END

FUNCTION KANSU(HIKISU,...)
......
RETURN
END

SUBROUTINE SUB(HIKISU,...)
......
RETURN
END
```

副プログラム (関数やサブルーチン) はいくつでも書けますが，メインは各実行ファイル，あるいは更に，リンクされるグループ全体で，一つだけでなければなりません．副プログラムはメインからだけでなく，お互いにコールし合ってもよいのですが，再帰的になってはいけません．副プログラムの終了時の RETURN 文は，最近は省略するのが普通です．

【関数の型合わせ】　C 言語でも，全体の構造はほぼ同じです．main も込めて

すべて関数の扱いですが，関数をいくつかのファイルにまとめて書いた場合も，main 関数は一つでなければなりません．ただし自分自身を呼び出す再帰呼び出しや，更には，それぞれの関数が対応できるように書かれていれば，関数呼び出しが入れ子になるような相互呼び出しも可能です．注意しなければならないことは，引用する関数の実体が，それを使う位置よりも後に，あるいは別のファイルに書かれているときは，使う前にその関数の型宣言が必要という点です．多くのファイルで同じ関数群を使うときは，この型宣言だけを集めた**ヘッダファイル**というものを用意し，それを各ファイルの先頭でインクルードするのが普通です．システムのライブラリ関数をインクルードするときは

```
#include<stdio.h>    /* 標準入出力 (standard io) 関数を定義 */
#include<stdlib.h>   /* 標準ライブラリ (standard lib) 関数を定義 */
#include<math.h>     /* 数学ライブラリ関数を定義 */
```

などと書きましたね．自分で作ったヘッダファイル hoge.h をインクルードするときは

```
#include "hoge.h"
```

のように書きます．このファイルがコンパイルを実行している所とは別のディレクトリに有る場合は，もちろんパスも込めて書かねばなりません．このような配慮は，FORTRAN では不要です．関数毎に別のファイルに書かれていても構いません．つまり，仮引数と実引数の型の一致や，戻り値とそれを使う場所での型の整合性は，コンパイラにはチェックされません．特に，引数の個数が合っていないと，実行時にスタック (後述の説明参照) が戻り切らず，暴走したりします．その代わり完全な分割コンパイル対応で，従って，C のようにファイルの中だけで通用する大域変数などというものもありません．変数値はすべて引数で渡すのが原則ですが，後の章で解説されるように，共通変数を COMMON 文で宣言し，初期値を BLOCK 文で設定することは可能です．

　C 言語では初等関数は，単精度も倍精度も同じ名前ですが，FORTRAN では倍精度の sin や exp は DSIN や DEXP など別の名前を持っています．FORTRAN で標準的に用意される関数，いわゆる**組込み関数**の一覧は，付録の §B.1 を参照してください．

【値渡しと参照渡し】　ここで FORTRAN と C の関数呼び出しにおける特徴的な違いについてお話ししましょう．少しコンピュータに踏み込んだ内容にな

6.2 FORTRAN と C の関数のまとめ

りますが，理解しておいた方が良いと思います．

前節で $\sin x$ の Taylor 展開を用いて作った関数において，C のプログラムでは，引数をそのまま mod 2π で置き換えてしまったのに，FORTRAN では別の局所変数を用意して，それに代入したものを用いていました．これはなぜでしょう？ その答は次のような標語で表されます．

値渡しと参照渡し

引数を渡すときの C と FORTRAN の最大の違い：
☆ C では引数は**値渡し**だが，
☆ FORTRAN では**参照渡し**．

これはどういう意味かというと，C 言語では，関数副プログラムを呼んだとき，実引数の値が**スタック**という特殊な構造をした共用のメモリ参照用領域にセットされ，その値だけが呼ばれた関数に渡されるのに対し，FORTRAN では，スタックに，実引数のアドレスがセットされて呼ばれた関数副プログラムに渡されるということです．

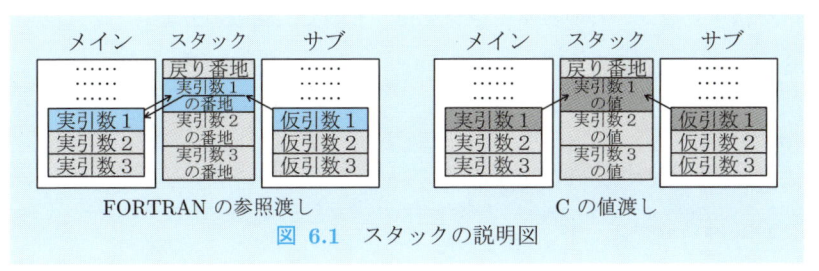

図 6.1 スタックの説明図

その結果，C では main から実引数 y を与えて z=f(y) を呼んだとき，main に戻ると，変数 z の値が計算値に変わるのは当然ですが，関数 f(x) の中で仮引数の x に何を代入していても，スタック上の y の値が変わるだけで，main における実引数 y の値は何も変わりません．(そもそも，関数からは main の y の本体は見えていません．) これに対し，FORTRAN では，関数 F(X) を主プログラムの中で Z=F(Y) として呼んだとき，関数の中で X に最後に代入された値が主プログラムの実引数 Y にセットされて戻ります．これは，FORTRAN では，関数が呼ばれている間，関数の仮引数 X と主プログラムの実引数 Y が同じアドレスを指しているので，前者における値の変更は同時に後者における値の変更をもたらすからです．

コンピュータが好きな人は，次のプログラム例を実行して比較してみてください．FORTRAN の方は M=5 として K=KAIJO(M) を使うと，K=120 となると同時に，M の値は 1 に変わってしまいますが，C の方は，同様に m=5 として k=kaijo(m) を実行しても，k=120 となるだけで m=5 のままであることを確認してください．

危険な階乗の **FORTRAN** のコード

```
      INTEGER*4 FUNCTION KAIJO(N)
      INTEGER*4 I,N
      KAIJO=N
 100  N=N-1
      KAIJO=KAIJO*N
      IF (N>1) GO TO 100
      RETURN
      END
```

対応する **C** のコード

```
long kaijo(int n){
  long k;
  k=n;
  do {
    n--;      /* n=n-1と同じ */
    k*=n;     /* k=k*nと同じ */
  } while (n>1);
  return k;
}
```

この節で述べたことは，Fortran 90 では相当に変わっています．付録 A の紹介を見てください．

🐰 C 言語でも，参照渡しに似たことはできます．それは，メモリー上のアドレスを指す変数，いわゆる**ポインタ**を使うもので，関数の方を

```
int hoge(int *n){
    ...
    *n=2;
    ...
```

のように書いておき，呼び出す側で

```
    k=hoge(&m);
```

とすると，m の値が 2 に変わります．一見 FORTRAN の引数と同じですが，これは FORTRAN のように本当の参照渡しではありません．C 言語では，変数 m のアドレスを値として渡しており，本質的には値渡しのままです．従って特に，関数 hoge の中で，その値が変更できてしまい，例えば

```
    *(n+1)=3;
```

と書いてあると，呼び出し側で変数 m の隣のアドレスにある値が 3 に変更されてしまい，とても危険です．

■ 6.3 関数のグラフの描き方

せっかく作った関数の様子を見るには，そのグラフを描いてみるのが一番手っ

6.3 関数のグラフの描き方

取り早いでしょう．一般に，関数 $y = f(x)$ の $a \leq x \leq b$ の範囲のグラフをコンピュータで描かせるには，適当な長さ（メッシュ）の折れ線で近似したものを描きます．その手順は次の通りです：

(1) 描画枠と折れ線近似の刻み幅 $h = (b - a)/N$ を決める．
(2) 描画点を $(a, f(a))$ に移動する．
(3) そこから点 $(a + h, f(a + h))$ に線分を引く．
(4) 以下同様に，
直前の点 $(a + kh, f(a + kh))$ から次の点 $(a + (k+1)h, f(a + (k+1)h))$ まで線分を引くという操作を N 回繰り返し，点 $(b, f(b))$ に到ったときにやめる．

【実際の描画手段】 実際に関数のグラフを描く主な方法としては，次のようなものがあります：

(1) Maxima や Risa/Asir で関数のプログラムを書き，これらの描画ルーチンを適用する．
(2) 変数の適当な値の列に対する関数値の表を作成し，それを gnuplot に与えて描画してもらう．
(3) Xlib の関数を呼び出して自分で上の描画手順を実行する．

コンピュータでグラフィックのプログラミングをやるには，本題に入る前に描画ウインドウの準備など，数学とは無関係なことがたくさん必要となります．そういうことを自分でやりたくない人は，(1) のような出来合いの描画ソフトを利用するのがもっとも簡単です．が，せっかく FORTRAN や C で書いたプログラムをそのまま使えないという欠点があります．(2) の方法は，データの受け渡し方法さえ覚えれば，かなり標準的な解決法となります．アカデミックな目的なら，最終結果の可視化にはこれで十分です．これについては，後の第 7 章で解説しましょう．ここでは (3) の方法の基礎を解説しておきます．

最近のコンピュータでは，ほとんどのアプリケーションはグラフィックスを用いていますが，これは，UNIX では X11 という共通の仕組みで実現されています．Linux や FreeBSD など，フリーの PC UNIX もこの仲間です．これに対し，Windows ではこれとは別の仕組みが用いられています．これらの仕組みに乗って，グラフィカルなアプリケーションを自分で開発するときは，X11

ではXlib, WindowsではWIN32APIという開発用ライブラリが使われます．実際には，これらをなまで使うのはまれで，間接的にこれらを引用する便利な開発ツールやライブラリがいろいろ存在しますが，ここではXlibを直接使う描画法を用います．ただし，Xlibの描画関数はC言語で呼び出すように作られているので，FORTRANから直接呼び出すことはできません．その解決法を以下に述べます．

【FORTRANからXlibを呼ぶ】 関数や副プログラムへのデータの渡し方が分かると，C言語で書いた関数をFORTRANで使うということもできるようになります．その一般的なからくりはこの後で興味のある人向けに解説しますが，その例として，Xlibの描画用関数も，その呼び出し規則をFORTRAN用に翻訳した中間的な関数群をC言語で用意することにより，FORTRANでそれをCALL（コール）して，(言わばFORTRANコンパイラをFORTRANのサブルーチンであるかのように騙して)描画関数を使うことができます．これにより，FORTRANでも直接リアルタイムで(すなわち計算する傍から)描画することが可能となります．このような目的で著者が開発したのが xgrf.c です．これを使うには，まず，Cコンパイラで

```
gcc -c xgrf.c
```

により，予め xgrf.o を作っておきます．これをFORTRANのメインプログラムにリンクさせます．そのようなプログラムの見本として singraph.f をコンパイルしてみましょう．

```
g77 singraph.f xgrf.o -lX11 -L/usr/X11R6/lib -o singraph
```

このプログラムは，N=1,2,...,10に対して§6.1で作った関数MYSIN(X,N)を呼び，そのグラフを描くものです(Taylor展開の部分和のグラフの重ね描き)．これは，$\sin x$のTaylor展開の部分和である多項式が，$\sin x$に$\boldsymbol{R}$上広義一様収束してゆく様をビジュアルに見せるもので，実際には$\sin x$自身のグラフは描いていないのに，窓の中央から次第にサインカーブが見えて来て，微積分における教育的効果は絶大です．xgrf.o はC言語で書かれ，コンパイルされたものですが，引数の受け渡し規則が合っているため，FORTRANのコンパイラは騙されてこれに含まれる描画関数をリンクしてしまいます．xgrf.o は実際にはXlibのライブラリ libX11.a を呼び，そちらに描画の仕事をさせているだけで

す．このライブラリの標準的な置き場所 /usr/X11R6/lib は一般のユーザーには不要なパスなので，デフォルトの環境では，-L/usr/X11R6/lib というオプションでその場所を教える必要があります．C のソースファイル xgrf.c の中身は数値計算からはずれるので，ここでは解説しませんが，是非上のプログラム例を実行してみてください．その有用性が実感できると思います．

FORTRAN のコード syngraph.f

```fortran
      PROGRAM SINGRF
      IMPLICIT DOUBLE PRECISION (A-H,O-Z)
      DOUBLE PRECISION MYSIN    !暗黙の型宣言違反なので宣言が必要
      PARAMETER (IXMIN=0,IYMIN=0,IXMAX=800,IYMAX=600)
      PARAMETER (PI=3.1415926535897932D0)
      PARAMETER (XMAX=8.0,XMIN=-8.0,YMAX=6.0,YMIN=-6.0)
C  ワールド座標とスクリーン座標の変換をする文関数
      IGX(X)=IXMIN+(X-XMIN)/(XMAX-XMIN)*(IXMAX-IXMIN)
      IGY(Y)=IYMIN+(Y-YMIN)/(YMAX-YMIN)*(IYMAX-IYMIN)
      CALL INIT(0,0,800,600)   !窓を開く xgrf.c のサブルーチンを呼ぶ
      CALL LINE(IGX(XMIN),IGY(0.0),IGX(XMAX),IGY(0.0)) !座標軸を描く
      DO 10 I=0,10
         X=XMIN                !初期点の x 座標
         Y=MYSIN(X,I)          !初期点の y 座標
         H=(XMAX-XMIN)/100     !描画区間の 1/100 を折れ線のメッシュとする
         CALL MOVE(IGX(X),IGY(Y))  !描画点を初期点に移動させる
         CALL LCOLOR(I+3)      !線分描画色を番号 I+3 の色に設定
         DO 20 J=1,100
            X=X+H                       !次の点の x 座標
            Y=MYSIN(X,I)                !同 y 座標
            CALL LINETO(IGX(X),IGY(Y))  !直前の点からこの点に線分を引く
 20      CONTINUE
 10   CONTINUE
      WRITE(*,*)'Enter 0 to quit'    !実は何が入力されても終る
      READ(*,*)N
      CALL CLOSEX()
      END
```

Windows の場合は Cygwin でコンパイルする訳ですが，X11 のエミュレータまでインストールしてあれば，それを立ち上げることで上記とほぼ同様に行きます．何らかの事情で X11 が立ち上がらない場合は，WIN32API の描画関数を呼ぶことでも，かなりのことが同様にできます．このためのファイルは xgrfw.c という名前でサポートページに提供されています．これを gcc -c xgrfw.c でコンパイルして xgrfw.o を作ったら，

```
g77 singraph.f xgrfw.o -luser32 -lgdi32 -o singraph
```

により実行可能ファイル singraph.exe を作り，singraph を実行します．

CALL 文で呼ばれている描画関数は，その名前とコメントからどういうものか想像できると思います[3]．xgrf.c で使える描画指令や色番号の一覧は付録の §B.2 を見てください．この描画法は以後の章でも，微分方程式の解やフラクタル図形を図示するのにしばしば使われます．

【参考：FORTRAN と C のリンク】 FORTRAN による直接描画は非常に印象的なので，どうやって実現しているのか知りたいと思う人も居るでしょう．少しおたくっぽい話ですが，ここで解説しておきます．

FORTRAN で書いたプログラムをコンパイルすると，例えば

```
CALL LINETO(IX,IY)
```

というサブルーチンコールは，lineto_ という副プログラム名に翻訳されます．(名前の最後に _ が付いてしまうことに注意してください．) 従って，C 言語で lineto_ という関数を作っておけば，リンクすることができます．ここで更に注意しなければならないことは，FORTRAN では引数の渡し方は，参照渡しになっているので，C で書く関数の方も

```
void lineto_(int *ix,int *iy){
```

のように，引数にポインタを用いた書き方をする必要があるということです．これで二つのプログラムはリンク可能となります．xgrf.c の FORTRAN 用描画ライブラリは実際このようにして作られています．

この他にも，FORTRAN では書けないが，FORTRAN でも使いたいシステムコール (OS が提供する機能の直接利用) 関連の指令を，C で書いておき FORTRAN からサブルーチンコールして使うことができます．例えば：

☆ 時刻呼び出し
☆ CPU の切り捨て・切り上げ指定 (第 13 章参照)
☆ キーボードでキー押し下げの即時反映
☆ 環境変数の値の取得

などです．あまりこういうことをやると FORTRAN らしく無くなりますので，ほどほどにしておきましょう．実用的には，高速な FORTRAN のライブラリを作るのに，サブルーチンをアセンブラで書いてリンクすることも，呼び出し

---

[3] 実は 80 年代にパソコンでよく使われた BASIC 言語に付属していた描画指令に合わせています．

規則さえ合わせれば同じ要領で可能となります．

このような異種言語間のリンクは，他の言語についても同様です．言語によっては，スタックに積むときに引数の並び方を逆転するものも有るので注意が必要です．コンパイラによっても違いがあります．著者はパスカル言語への Xlib 描画関数ライブラリの移植のときにそのような経験をしました．

■ 6.4 関数を引数にもつ関数

数学科の学生なら，一般項が $a(i)$ で与えられた級数の $i=1$ から N までの和は，さすがに $\sum_{i=1}^{n} a(i)$ とは書けなくても，せめて Sum(a,1,N) くらいでやって欲しいと思うでしょう．こういう感覚はプログラミングに染まりすぎると忘れてしまうのですが，それは正しい感性だと思います．

第2章の最初に示した級数の和の抽象的プログラム見本は，どんな一般項にも対応でき，一見汎用に見えますが，実は A(I) とか a(i) という関数名が固定されているので，上のようにはなっていません．関数のところが名前も込めて任意にでききるように，一般項の関数名を引数にして級数の和を返す関数ができないでしょうか？以下にその解決法を紹介します．

【FORTRAN の場合】 外部宣言した関数を使います：

―― FORTRAN のコード series.f ――
```
      DOUBLE PRECISION FUNCTION SUM(A,J,K)
      EXTERNAL A                ! これが外部宣言
      SUM=0.0D0
      DO 100 I=J,K
         SUM=SUM+A(I)
  100 CONTINUE
      RETURN
      END
```

こうして作った関数は SUM(F,1,20) のように使います．ここで実引数 F は，通常の関数として定義されていなければならず，文関数はだめです．これを使う側でも，実引数にする関数名に対して EXTERNAL 文による宣言が要ります．ただし，自分で作った関数でなく DSIN など FORTRAN に標準で備わっている関数のときは，EXTERNAL の代わりに INTRINSIC と宣言することになっています．第3章で学んだ2階中心差分を汎用関数に対する関数副プログラムに書き直したものと，その使い方を例として掲げます．他の例として，第5章末

に掲げた Romberg 積分法の FORTRAN プログラム例 romberg.f は，この時点でもうすべて理解できるはずです．

────── **FORTRAN のコード 2ndder.f** ──────
```fortran
      PROGRAM DF2SIN
      DOUBLE PRECISION DF2,X,H
      INTRINSIC DSIN          ! DSIN に対しては EXTERNAL でなくこちら
      H=1.0D-1
      WRITE(*,*)'Give X : '
      READ(*,*)X
      DO 100 I=1,10
         WRITE(*,200)'H = ',H,'; 2nd Center = ',DF2(DSIN,X,H)
         H=H/10
  100 CONTINUE
      WRITE(*,300)'True value : ',-DSIN(X)
  200 FORMAT(1H ,A4,F13.10,A15,F22.16)
  300 FORMAT(1H ,A13,F22.16)
      END
C
      DOUBLE PRECISION FUNCTION DF2(F,X,H)
      DOUBLE PRECISION X,H,F
      EXTERNAL F
      DF2=(F(X+H)+F(X-H)-F(X)*2)/H/H
      RETURN
      END
```

【C 言語の場合】 関数ポインタというものを使うと，それができます：

────── **C のコード series.c** ──────
```c
#include<stdio.h>
#include<stdlib.h>
double sum(double (*a)(int i),int j,int k)
{
    int i;
    double s;

    s=(double)0;
    for (i=j;i<=k;i++)
    {
        s=s+a(i);
    }
    return s;
}
```

これは sum(f,1,20) のように使えますが，次のような限界があります：ここでの実引数 f は通常の関数として定義されていなければなりません．すなわち，マクロの関数などではいけません．直接数式を書くこともできません．数式処理系のソフト，例えば Maxima では，既に § 2.3 で紹介したように，sum(1.0/i^2,i,1,100) と書けば $\sum_{i=1}^{100} \dfrac{1}{i^2}$ を計算してくれるのですが，自分で

6.4 関数を引数にもつ関数

そこまでやるには,数式の意味を解析する関数を用意しなければならないので,まあこのくらいで良しとしましょう.

C のコード sekibun.c

```c
/* 台形公式のサブルーチン */
double daikei(double (*f)(double x),double a,double b,int N){
    double x,s,h;
    int i;
    h=(b-a)/N;
    x=a;
    s=f(x)/2;
    for (i=1;i<=N-1;i++){
        x=x+h;
        s=s+f(x);
    }
    s=(s+f(b)/2)*h;
    return s;
}
/* Simpson 公式のサブルーチン */
double simpson(double (*f)(double x),double a,double b,int N){
    double x,s,h;
    int i;
    h=(b-a)/N;
    x=a;
    s=f(x);
    for (i=1;i<=N-2;i+=2){
        x=x+h;
        s=s+f(x)*4;
        x=x+h;
        s=s+f(x)*2;
    }
    x=x+h;
    s=s+f(x)*4;
    s=(s+f(b))*h/3;
    return s;
}
/* Legendre-Gauss 公式のサブルーチン */
double gauss(double (*f)(double x),double a,double b,int N){
    const double GP=((double)1.732050807568877)/3;
    double s,x,h,gx1,gx2,f1,f2;
    int i;
    h=(b-a)/N;
    gx1=h*(1-GP)/2;
    gx2=h*(1+GP)/2;
    s=(double)0;
    x=a;
    for (i=1;i<=N;i++){
        f1=f(x+gx1);
        f2=f(x+gx2);
        s=s+f1+f2;
        x=x+h;
    }
    s=s*h/2;
    return s;
}
```

サポートページの見本プログラム `suchibibun2.c` は，1階の種々の差分公式を関数ポインタで書き直したものです．他の例として，C 言語による汎用の数値積分用関数のプログラム `sekibun.c` を挙げておきます（上掲リスト）．これらの関数を使うときは，例えば台形公式なら，$\int_0^1 \sin x \, dx$ を計算するには，`daikei(sin,0,1,20)` のように，分割数まで指定します．

■ 6.5 関数の近似

格子点（独立変数の飛び飛びの値）だけで与えられた離散データを解析するために，格子点ではそれらの値をとり，かつ微積の演算が適用できるような簡単な関数を求めること（**補間**）がしばしば必要になります．特に多項式の場合は**補間多項式**と呼ばれ，数値計算でも基礎的な技術の一つです．他方，既知の関数で与えられていても，その計算が困難な場合は，やはり多項式などの簡単な関数で近似して計算します．特に多項式の場合は**多項式近似**と呼ばれ，これも数値計算の基礎的な技術の一つです．この章ではこれらに対して入門的な解説をします．

【Lagrange 補間】 与えられた点で与えられた値を取る次数最低の多項式は一意に定まります．これは未定係数法を用いて初等的に求めることもできますが，線形代数学の基底の概念を使うと直ちに簡明な公式が得られます．すなわち

$$f(x_0) = y_0, \quad f(x_1) = y_1, \quad \ldots, \quad f(x_n) = y_n$$

となるような n 次多項式は，

$$f(x) = \sum_{k=0}^{n} \frac{\prod_{i \neq k}(x - x_i)}{\prod_{i \neq k}(x_k - x_i)} y_k \tag{6.3}$$

で与えられます．ここで，分母・分子は k と異なるすべての i についての積を表します．各 k について項

$$\varphi_k(x) = \frac{\prod_{i \neq k}(x - x_i)}{\prod_{i \neq k}(x_k - x_i)}$$

は x の n 次の多項式となっているので，全体としても $f(x)$ は n 次です．また，$\varphi_k(x)$ は $x = x_k$ のとき 1，$i \neq k$ なる x_i では値 0 をとることが明らか

6.5 関数の近似

なので，これらの1次結合として $f(x)$ が指定された点で指定の値をとることが直ちに分かります．$\varphi_k(x), k=0,1,\ldots,n$ は n 次以下の多項式全体が作る $n+1$ 次元の線形空間の基底となります．(6.3) は **Lagrange 補間多項式**と呼ばれます．第 4 章で Simpson の公式を導いたときに使った近似放物線の方程式は，この $n=2$ の場合に相当します．

補間多項式には，この他に指定された点で関数値と導関数の値を一致させる Hermite 補間や，必ずしも，指定した点を通らず，別の尺度で最良なものを探す spline 近似などがあります．データが近似多項式の自由度よりも多い場合の回帰曲線の理論もこれらの別の形とみなせるでしょう．

【Padé 近似】 既知の関数の多項式近似の基礎は，言うまでもなく Taylor 展開で，この計算法は既に第 2 章でやりましたが，これを使って基本的な関数のライブラリを作るときは，更にいろんな高速化が図られます．また，記憶する定数をなるべく少なくする工夫もされます．例えば，

$$\sin x = x - \frac{x^3}{3!} + \frac{x^5}{5!} - \frac{x^7}{7!} + \frac{x^9}{9!} \tag{6.4}$$

は，$|x| \leq \frac{\pi}{4}$ でほぼ単精度の近似値を与えるので，周期性などの関数等式を利用し，cos とペアにして使えば，単精度のライブラリにできます．更に，多項式計算の常套手段である書き直し

```
x2=x*x
sin(x)=x*(1-(1-(1-(1-x2/72)*x2/42)*x2/20)*x2/6)
```

を使えば，掛け算の回数が減らせます．この特徴有る形を見て連分数を思い出した人もいるでしょう．連分数も実際に数値計算の手段として使われますが，ここでは直接有理関数で表し直すことを考えましょう．(6.4) を

$$= x \frac{1 + a_2 x^2 + a_4 x^4}{1 + b_2 x^2 + b_4 x^4}$$

と置き，分母を払って未定係数法を用いて，

$$\left(1 - \frac{x^2}{3!} + \frac{x^4}{5!} - \frac{x^6}{7!} + \frac{x^8}{9!}\right)(1 + b_2 x^2 + b_4 x^4) = 1 + a_2 x^2 + a_4 x^4 \bmod O(x^{10})$$

と置けば，4 個の 1 次方程式が得られ，それを解いて係数が

$$x \frac{\frac{551}{166320} x^4 - \frac{53}{396} x^2 + 1}{\frac{5}{11088} x^4 + \frac{13}{396} x^2 + 1}$$

と求まります．この方法は一般化でき，$f(x)$ の $m+n$ 次の Taylor 展開から m 次および n 次の多項式を同様の方法で取り出し，近似分数 $P_m(x)/Q_n(x)$ を作ることができます．これを **Padé** 近似と呼びます．

実際にプログラミングをするときは，係数の分数は有効桁数ぎりぎりの浮動小数にして記憶すれば，短くて済みます．最後の割り算がいやだと言う場合は，似たような工夫で，分数の代わりに平方完成を用いて，元の Taylor 展開の多項式を

$$\frac{x}{362880}\{(x^4 - 36x^2 + 864)^2 + 1728(x^2 - 222)\}$$

のように変形すれば，ほぼ同じくらいの記憶場所と演算回数に減らせます．

この章の課題

課題 6.1 関数 $y = \operatorname{Arctan} x$ を次の 3 種の方法で実装し，速度を比較せよ．
(1) 適当な Taylor 級数を用いる．
(2) 数値積分 $\displaystyle\int_0^x \frac{dx}{1+x^2}$ を用いる．
(3) 超越方程式 $x = \tan y$ を解く．

課題 6.2 関数 $y = \dfrac{\sin x}{x}$ は $0 \le x \le \pi$ で単調減少し，区間 $[0,1]$ の値を 1 度ずつ取る (下図参照)．定義域を区間 $[0,1]$ とするこの関数の逆関数で，なるべく高速なものを作れ．特に，$x = 1$ 付近での理論上の精度限界を押さえ，それを近似的に達成するプログラミングを工夫せよ．

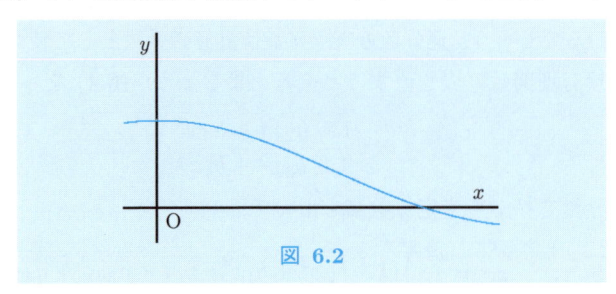

図 6.2

課題 6.3 ガンマ関数を積分による定義式に台形公式を適用する方法で実現し，近似の精度と計算速度を調べよ．積分は収束が速くなるよう適当に変換せよ．

第7章

行列の計算 (1)
− 2次元配列と消去法 −

　世の中の数値計算のほとんどは行列の計算です．それも，線形代数で扱うような小さなものではなく，1万次を越えるようなものが取り扱われます．このような巨大行列は，微分方程式の離散化により生ずるものがほとんどです．この章では，入門として，コンピュータによる行列の取り扱いの基礎を学びます．

■ 7.1 行列と2次元配列

　単なる線形代数の復習はいやでしょうから，学習の動機付けをするため，まず最初に，巨大行列がどのようにして現れるかを例で見ておきましょう．

例 7.1　Sturm-Liouville 型 2 階線形常微分方程式の斉次 Dirichlet 境界値問題

$$\begin{cases} -\dfrac{d^2 u}{dx^2} + q(x)u = f & \text{on } [a,b], \\ u(a) = u(b) = 0 \end{cases}$$

を考えます．このような方程式がどのように生ずるかは後に第10章で出てくるでしょう．区間 $[a,b]$ を N 等分し，

$$h = \frac{b-a}{N}, \quad x_i = a + hi, \quad i = 0, 1, 2, \ldots, N$$

と置き，分点での値に

$$u_i = u(x_i), \quad q_i = q(x_i), \quad f_i = f(x_i)$$

という記号を用いましょう．各点 x_i における2階微分を2階の中心差分で置き換えると，

$$\begin{cases} -\dfrac{u_{i-1} + u_{i+1} - 2u_i}{h^2} + q_i u_i = f_i, & i = 1, 2, \ldots, N-1, \\ u_0 = u_N = 0 \end{cases}$$

という離散化方程式が得られます．これは添え字 i について連立させると，未知数 u_i に関する次のような連立 1 次方程式となります．(この検証はそう難しくはありませんが，後でまたやるので，端の添え字でのチェックが面倒な人はとりあえず信じてください．)

$$\begin{pmatrix} \frac{2}{h^2}+q_1 & -\frac{1}{h^2} & 0 & \cdots & & 0 \\ -\frac{1}{h^2} & \frac{2}{h^2}+q_2 & -\frac{1}{h^2} & \ddots & & \vdots \\ 0 & \ddots & \ddots & \ddots & & 0 \\ \vdots & \ddots & & -\frac{1}{h^2} & \frac{2}{h^2}+q_{N-2} & -\frac{1}{h^2} \\ 0 & \cdots & & 0 & -\frac{1}{h^2} & \frac{2}{h^2}+q_{N-1} \end{pmatrix} \begin{pmatrix} u_1 \\ u_2 \\ \vdots \\ u_{N-2} \\ u_{N-1} \end{pmatrix} = \begin{pmatrix} f_1 \\ f_2 \\ \vdots \\ f_{N-2} \\ f_{N-1} \end{pmatrix}$$

離散化が元の微分方程式の問題を精密に表現できるためには，分割数 N をどんどん大きくする必要がありそうだというのは，容易に想像できるでしょう．こうして，実際の空間が 1 次元でも，線形代数の演習では絶対に出て来ないような巨大行列があっさり生じます．

【行列のデータ構造】　ベクトルは 1 次元配列です．1 次元配列は既に第 4 章で使いましたが，簡単ですね．これに対して，行列は 2 次元配列です．2 次元配列はプログラミングの実習でも，なかなか出て来ないでしょう．情報科学科の 3 年生くらいになっても，ここで初めて学ぶ人もいるかもしれないので，まず 2 次元配列の取り扱い方から説明します．

　2 次元配列とは，要するにデータが二つの添え字により整頓されて並んでいるものです．FORTRAN では

```
      DOUBLE PRECISION A(5,5), X(5), Y(5)
```

と宣言すると，1 次元配列 X(I), I=1,...,5, Y(J), J=1,...,5, および 2 次元配列 A(I,J), I,J=1,...,5 が使えるようになります．これは次のように宣言しても同じです：

```
      IMPLICIT DOUBLE PRECISION (A-H,O-Z)
      DIMENSION A(5,5), X(5), Y(5)
```

C では

```
  double a[5][5], x[5], y[5];
```

と宣言します．これで，1 次元配列 x[i], i=0,...,4, y[j], j=0,...,4, およ

び2次元配列 a[i][j], i,j=0,...,4 が使えるようになります．FORTRAN と C では添え字が動く範囲が微妙にずれていますね．ただし，FORTRAN の方は自由に変えられます：

配列の添え字の範囲

C では 0 からサイズ -1 までの範囲に固定となる．
FORTRAN ではデフォールトは 1 からサイズまでの範囲だが，例えば
```
A(-1:1,0:4)
```
と宣言すれば，同じ寸法で範囲を $-1 \leq i \leq 1, 0 \leq j \leq 4$ にずらせる．

【行列のプログラミング】 上で学んだ配列の概念を使って行列演算のプログラミングをしてみましょう．上で宣言した行列とベクトルの掛け算 Y=AX，すなわち，

$$\begin{pmatrix} y_1 \\ y_2 \\ y_3 \\ y_4 \\ y_5 \end{pmatrix} = \begin{pmatrix} a_{11} & a_{12} & a_{13} & a_{14} & a_{15} \\ a_{21} & a_{22} & a_{23} & a_{24} & a_{25} \\ a_{31} & a_{32} & a_{33} & a_{34} & a_{35} \\ a_{41} & a_{42} & a_{43} & a_{44} & a_{45} \\ a_{51} & a_{52} & a_{53} & a_{54} & a_{55} \end{pmatrix} \begin{pmatrix} x_1 \\ x_2 \\ x_3 \\ x_4 \\ x_5 \end{pmatrix}$$

は，FORTRAN では

```
      DO 200  I=1,5          ! 外側のループで各成分につき計算する意
         Y(I)=0
         DO 100  J=1,5        ! 内側のループは級数の和を求める要領で
            Y(I)=Y(I)+A(I,J)*X(J)
 100     CONTINUE
 200  CONTINUE
```

と書けば実現できます．ループでやっていることを数学的表記と比べながら理解しましょう．実は，答のベクトル成分の個数だけ，有限級数の和 (内積) を計算しているにすぎません．

行列と行列の掛け算も上の操作を更に，後の行列の列について一番外側のループとして繰り返せば，簡単に書けます．行列の和やスカラー倍は説明するまでもないですね．これで行列の環としての演算はすべて実装できます．ややこしいのは，逆行列の計算と行列式の計算です．以下，これらについて少しずつ解決してゆきましょう．

■ 7.2 連立1次方程式を解く消去法

まず，実用的な課題として連立1次方程式を解いてみましょう．連立1次方

程式

$$\begin{cases} a_{11}x_1 + a_{12}x_2 + \cdots + a_{1n}x_n = b_1, \\ a_{21}x_1 + a_{22}x_2 + \cdots + a_{2n}x_n = b_2, \\ \quad\quad\quad\quad\quad\vdots \\ a_{n1}x_1 + a_{n2}x_2 + \cdots + a_{nn}x_n = b_n \end{cases}$$

は，行列表現で

$$\begin{pmatrix} a_{11} & \cdots & a_{1n} \\ \vdots & & \vdots \\ a_{n1} & \cdots & a_{nn} \end{pmatrix} n \begin{pmatrix} x_1 \\ x_2 \\ \vdots \\ x_n \end{pmatrix} = \begin{pmatrix} b_1 \\ b_2 \\ \vdots \\ b_n \end{pmatrix} \tag{7.1}$$

となります．どちらでも同じなので，以下後者の書き方でやりましょう．要は，行基本変形で

$$\begin{pmatrix} a'_{11} & a'_{12} & \cdots & a'_{1n} \\ 0 & a'_{22} & & a'_{2n} \\ \vdots & \ddots & \ddots & \vdots \\ 0 & \cdots & 0 & a'_{nn} \end{pmatrix} \begin{pmatrix} x_1 \\ x_2 \\ \vdots \\ x_n \end{pmatrix} = \begin{pmatrix} b'_1 \\ b'_2 \\ \vdots \\ b'_n \end{pmatrix} \tag{7.2}$$

の形 (上三角型) に帰着し，下の方から順に解を求めて行けばよい．この解法を (Gauss の) 消去法と言います．更に，

☆ (7.1) を (7.2) に帰着させる計算を**前進消去**と呼びます．

☆ (7.2) から $x_n, \ldots, x_2, x_1$ を求める計算を**後退代入**と呼びます．

【ピボット (枢軸) 選択】　純粋数学なら (7.1) で $a_{11} \neq 0$ でありさえすれば，各 $i = 2, \ldots, n$ に対し，(7.1) の第 1 行の $\dfrac{a_{i1}}{a_{11}}$ 倍を第 i 行から引けば，第 1 列の残りの成分を 0 にできます：

$$\left(\begin{array}{cccc|c} a_{11} & a_{12} & \cdots & a_{1n} & b_1 \\ a_{21} & a_{22} & \cdots & a_{2n} & b_2 \\ \vdots & \vdots & \ddots & \vdots & \vdots \\ a_{n1} & a_{n2} & \cdots & a_{nn} & b_n \end{array}\right) \implies \left(\begin{array}{cccc|c} a_{11} & a_{12} & \cdots & a_{1n} & b_1 \\ 0 & a'_{22} & \cdots & a'_{2n} & b'_2 \\ \vdots & \vdots & \ddots & \vdots & \vdots \\ 0 & a'_{n2} & \cdots & a'_{nn} & b'_n \end{array}\right)$$

すなわち，行の入れ替えが必要となるのは，$a_{11} = 0$ のときだけです．しかし，数値計算では，たとい $a_{11} \neq 0$ であっても，$a_{i1}, i = 1, \ldots, n$ の中から絶対値最大のものを探し出し，その行を第 1 行と入れ換えてから，上の計算をするようにします．その理由は，**桁落ち**の起こる可能性をなるべく排除するためです．

7.2 連立1次方程式を解く消去法

このことを例で説明しましょう．

例 7.2 次のような単精度の実行列は，そのまま行基本変形すると

$$\begin{pmatrix} 1.000000 & 1.000000 & -2.000000 & | & 1.000000 \\ 1.000001 & 1.000000 & -1.000000 & | & 1.000000 \\ 2.000000 & 1.000000 & -1.000000 & | & 0.000000 \end{pmatrix}$$

$$\Longrightarrow \begin{pmatrix} 1.000000 & 1.000000 & -2.000000 & | & 1.000000 \\ 0 & -0.000001 & 1.000002 & | & -0.000001 \\ 0 & -1.000000 & 3.000000 & | & -2.000000 \end{pmatrix}$$

2行目で桁落ちが起きているので，以後の精度が1桁になってしまいます．これを行の入れ換えをしてからやると，

$$\begin{pmatrix} 2.000000 & 1.000000 & -1.000000 & | & 0.000000 \\ 1.000001 & 1.000000 & -1.000000 & | & 1.000000 \\ 1.000000 & 1.000000 & -2.000000 & | & 1.000000 \end{pmatrix}$$

$$\Longrightarrow \begin{pmatrix} 2.000000 & 1.000000 & -1.000000 & | & 0.000000 \\ 0 & 0.4999995 & -0.4999995 & | & 1.000000 \\ 0 & 0.500000 & -1.500000 & | & 1.000000 \end{pmatrix}$$

$$\Longrightarrow \begin{pmatrix} 2.000000 & 1.000000 & -1.000000 & | & 0.000000 \\ 0 & 0.500000 & -1.500000 & | & 1.000000 \\ 0 & 0.4999995 & -0.4999995 & | & 1.000000 \end{pmatrix}$$

$$\Longrightarrow \begin{pmatrix} 2.000000 & 1.000000 & -1.000000 & | & 0.000000 \\ 0 & 0.500000 & -1.500000 & | & 1.000000 \\ 0 & 0 & 0.9999990 & | & 0.000001 \end{pmatrix}$$

相変わらず x_3 の値で桁落ちが生じており，有効数字1桁になりますが，今度はそれが x_2 や x_1 の有効桁数に影響しないので，固定小数点の立場から見て3変数一組での精度が保証されています．（例えば，ベクトルの長さなどは精度が落ちないで計算できます．）

【消去法のプログラム】 実際にプログラムを書いてみましょう．下に書かれた数式による表現と比べながら理解しましょう．

$$\begin{pmatrix} a_{11} & a_{12} & \cdots & a_{1n} & | & b_1 \\ a_{21} & a_{22} & \cdots & a_{2n} & | & b_2 \\ \vdots & \vdots & \ddots & \vdots & | & \vdots \\ a_{n1} & a_{n2} & \cdots & a_{nn} & | & b_n \end{pmatrix} \Longrightarrow \begin{pmatrix} a'_{11} & a'_{12} & \cdots & a'_{1n} & | & b'_1 \\ 0 & a'_{22} & \cdots & a'_{2n} & | & b'_2 \\ \vdots & \ddots & \ddots & \vdots & | & \vdots \\ 0 & \cdots & 0 & a'_{nn} & | & b'_n \end{pmatrix}$$

🐰 このプログラムではピボットに選んだ行の先頭成分はそのままにしていますが，これで行全体と右辺を割り算してから他の行を消去してもよろしい．この場合は上三角行列の対角成分がすべて 1 に帰着されます．同時に右辺のベクトルの成分も割らねばならないので，後退代入まで考えた全体としての割り算の回数が減るわけではありません．

―― 消去法の **FORTRAN** プログラム gauss.f ――

```
      SUBROUTINE SOLVE(A,B,X,N)
      DOUBLE PRECISION A(N,N),B(N),X(N),FACTOR
C 前進消去
      DO 200 I=1,N
        IMAX=I
        DO K=I+1,N                              ! ピボット選択
          IF (DABS(A(IMAX,I)).LT.DABS(A(K,I))) IMAX=K
        END DO
        IF (IMAX.GT.I) CALL SWAP(A,B,I,IMAX,N)  ! 行交換
        DO 100 J=I+1,N
          FACTOR=A(J,I)/A(I,I)
          DO K=I+1,N
            A(J,K)=A(J,K)-A(I,K)*FACTOR
          END DO
          B(J)=B(J)-B(I)*FACTOR
  100   CONTINUE                  ! A(J,I)=0, J>I はやる必要無し
  200 CONTINUE
C 後退代入
      DO 300 I=N,1,-1
        X(I)=B(I)
        DO J=I+1,N
          X(I)=X(I)-X(J)*A(I,J)
        END DO
        X(I)=X(I)/A(I,I)
  300 CONTINUE
      END
```

ここで SWAP は指定した 2 行を交換するサブルーチンです．ただし，ここでは，必要な成分，すなわち，I 列以降と右辺のベクトルに対して交換を実施しています．二つのものを交換する操作を繰り返すだけの単純なものですが，二つの引き出しの中身の入れ換えと同様，取り出したものを一旦置く場所 DUMMY が必要です：

―― SWAP のサブルーチン ――

```
      SUBROUTINE SWAP(A,F,I,J,N)
      IMPLICIT DOUBLE PRECISION (A-H,O-Z)
      DIMENSION A(N,N),F(N)
      DO K=I,N
        DUMMY=A(I,K);  A(I,K)=A(J,K);  A(J,K)=DUMMY
      END DO
      DUMMY=F(I);  F(I)=F(J);  F(J)=DUMMY
      END
```

7.2 連立1次方程式を解く消去法

上のプログラムでは，サブルーチンの引数の配列のサイズが変数の N になっています．これはびっくりしなければいけないことなのですが，気づかずに抵抗無く読んでしまった人も多いでしょう．これは次節で解説する整合配列と呼ばれる FORTRAN 独特の概念です．

【消去法の計算量の見積もり】 各基本演算の回数を数えます．

■ **前進消去**は $O(N^3)$．その内訳は，
☆ 比較 $(N-1)+(N-2)+\cdots+1 = \dfrac{N(N-1)}{2}$ （ピボットの選択のため）
☆ 行の入れ替え．何度起こるか分からないが，第 i 列の処理中に起これば i 個の行成分の入れ替えが必要となるので，メモリーのロード・セーブがペアで $3i$ 回必要となり，最悪すべての列で起こったとしても，$3\{N+(N-1)+\cdots+2\} = \dfrac{3(N+2)(N-1)}{2}$
☆ 除算 $(N-1)+(N-2)+\cdots+1 = \dfrac{N(N-1)}{2}$ （各列において，各行で FACTOR $:= a_{ji}/a_{ii}$ を計算するため）
☆ 乗算 $\{(N-1)^2+(N-2)^2+\cdots+1\}+\{(N-1)+(N-2)+\cdots+1\}$
$= \dfrac{N(N-1)(2N-1)}{6} + \dfrac{N(N-1)}{2}$
（前の項が $a_{ik} *$ FACTOR の分で，後の項が $b_i *$ FACTOR の分）

■ **後退代入**は $O(N^2)$．その内訳は，
☆ 乗算 $(N-1)+(N-2)+\cdots+1 = \dfrac{N(N-1)}{2}$
☆ 除算 N

この他に差の計算もありますが，乗算とほぼ同じです．以上により，前進消去の方が**律速**(速度に対する影響を支配する) であり，全体で $O(N^3)$ の計算量となっていることが分かります．

よくある勘違い 同じ方法で $O(N^3)$ で A の逆行列 C が求まります．だから，一々方程式を解かなくても，まず逆行列を求めておき，右辺が与えられる毎に，方程式の解は $X = CB$ で計算すればよいではないかと思った人は居ませんか？

■ **行列とベクトルの積の計算量**は
☆ 乗算 $N \times N = N^2$
☆ 和 $N \times (N-1)$

で，全体として $O(N^2)$ となります．下の FORTRAN プログラムを見ながら確認しましょう．

```
      DO 100 I=1,N
         Y(I)=0
         DO 100 J=1,N
            Y(I)=Y(I)+A(I,J)*X(J)
 100  CONTINUE
```

従って，同じ係数行列で右辺だけを取り替えた方程式を何度も解くときは，先に逆行列を求めて置いた方が確かに速そうに見えますね．しかし，実用でよく現れる行列は，非零成分が主対角線の近くだけに存在する**帯状行列** (band matrix) であることが多いのです．すなわち，

$$\exists b \text{ について} \quad A(I,J) = 0 \text{ for } |I-J| > b.$$

この b は**バンド幅**と呼ばれ，普通は N に依存しない定数です (空間の次元に依存します)．この場合，前進消去・後退代入ともに計算量は $O(N)$ に減少しますが，逆行列は帯状行列になりません．**密行列** (full matrix) といい，非零成分が行列全体に広がってしまうのが普通です．下の 3 重対角型の例を見てこのことを味わってください．前進消去をやったところまでは，非零成分が帯の中に納まっています．こういう場合は，逆行列を掛ける方が計算量が大きくなるのです！

$$\begin{pmatrix} a_{11} & a_{12} & 0 & \cdots & 0 \\ a_{21} & a_{22} & a_{23} & \ddots & \vdots \\ 0 & \ddots & \ddots & \ddots & 0 \\ \vdots & \ddots & \ddots & \ddots & a_{n-1,n} \\ 0 & \cdots & 0 & a_{n,n-1} & a_{nn} \end{pmatrix} \begin{array}{|c} b_1 \\ b_2 \\ \vdots \\ \vdots \\ b_n \end{array} \implies \begin{pmatrix} a_{11} & a_{12} & 0 & \cdots & 0 \\ 0 & a'_{22} & a_{23} & \ddots & \vdots \\ 0 & \ddots & \ddots & \ddots & 0 \\ \vdots & \ddots & \ddots & \ddots & a_{n-1,n} \\ 0 & \cdots & 0 & 0 & a'_{nn} \end{pmatrix} \begin{array}{|c} b_1 \\ b'_2 \\ \vdots \\ \vdots \\ b'_n \end{array}$$

帯状行列は正方配列ではなく長方形の配列 `A(N,-B:B)` に格納するのが普通です．B はバンド幅で，対称行列なら，`A(N,0:B)` だけでよろしい．その代わり行列演算のプログラミングは少しややこしくなります．

【LU 分解 (LR 分解)】 行の入れ替えが無いとき，前進消去は行列に左から下三角型行列 L を掛けることで達成されます．L は実行された基本変形に対応する基本行列すべての積で，基本行列がいずれも下三角型なので，その積である L も下三角型となるのでした (線形代数の教科書 [2] など参照)．このとき，

消去結果の $LA = R$ は上三角型となるので，

$$A = L^{-1}R \quad \text{従って} \quad A^{-1} = R^{-1}L$$

と表されます．これを A の LU 分解，または LR 分解と呼びます．(前者は lower-upper, 後者は left-right の略なのでしょうね．) このとき，
☆ 前進消去は右辺のベクトル $\boldsymbol{b}$ に L を掛ける操作に相当，
☆ 後退代入はその結果 $L\boldsymbol{b}$ に R^{-1} を掛ける操作に相当．

ここで A が帯状行列なら，L, R はそれぞれ帯状の下，および上三角型行列となるので，この場合は A^{-1} でなく，L, R を記憶して使えば，$O(N)$ で方程式が解けます．しかし，三角型帯状行列も逆行列をとると，同じ三角型の密行列となってしまうので，R^{-1} を記憶してしまうと，積の計算量は $O(N^2)$ になってしまいます．R を記憶し，後退代入で $R^{-1}\boldsymbol{b}$ を計算するのがコツです．

行列の型とその逆行列の型

- ◯ 上三角型行列の逆行列は，上三角型
- ◯ 下三角型行列の逆行列は，下三角型
- ◯ 対角型行列の逆行列は，対角型
- ✕ 帯状行列の逆行列は，帯状行列
- ✕ 上三角型帯状行列の逆行列は，上三角型帯状行列
- ✕ 下三角型帯状行列の逆行列は，下三角型帯状行列

7.3 実践例とデータの取り方

最初に挙げた 2 階常微分方程式の境界値問題

$$-u'' + q(x)u = f(x), \qquad u(0) = u(1) = 0$$

の数値解を求めてみましょう．予め用意する関数は $q(x), f(x)$ の二つです．これらは，別の関数にしておき，方程式の記述やそれを解く部分は，これらが変更されても書き直さずに済むようにします．

プログラミングのこつ

☆ プログラムはなるべく汎用的に書く．
　変化する可能性のあるものは，一箇所だけ変えればよいように書く．
☆ 解が解析的に求まる例で動作を確認する．

例 **7.3** $q(x) = 0$, $f = 1$ のとき，解析的な解は $u = \dfrac{1}{2}x(1-x)$, $f = -2 + 12x - 12x^2$ のとき，解析的な解は $u = x^2(1-x)^2$, (これらの既知関数は，両端で零になるような解の関数の方を先に選び，微分作用素を施して右辺の関数を求めたものです.) 下のリストでは，スペース節約のため使用するサブルーチンのうち先に既に掲げた gauss.f 中の SOLVE は省略しており，サブルーチンの区切りのコメント行も省略，また一行に複数個の指令をセミコロンで区切って書く方式を用いていますが，サポートページのプログラム例 bdryvp.f はそのまま動くようにしてあります.

---- **FORTRAN** のコード bdryvp.f ----

```
      PROGRAM BDRYVP
      PARAMETER (N=99)
      DOUBLE PRECISION A(N,N),F(N),X(N),H
      H=1.0D0/(N+1)
      CALL SETMAT(A,H,N)
      CALL SETVEC(F,H,N)
      CALL SOLVE(A,F,X,N)
      WRITE(*,'(F22.15)')0.0D0
      DO I=1,N; WRITE(*,'(F22.15)')X(I); END DO
      WRITE(*,'(F22.15)')0.0D0
      END
      SUBROUTINE SETMAT(A,H,N)   ! 微分方程式の離散化行列を作る
      IMPLICIT DOUBLE PRECISION (A-H,O-Z)
      DIMENSION A(N,N)
      DO 100 I=1,N
         DO 100 J=1,N
            A(I,J)=0.0D0
  100 CONTINUE
      X=H
      A(1,1)=2/H/H+Q(X)
      X=X+H
      DO I=2,N
         A(I,I)=2/H/H+Q(X); A(I-1,I)=-1/H/H; A(I,I-1)=-1/H/H
         X=X+H
      END DO
      END
      SUBROUTINE SETVEC(F,H,N)   ! 右辺の既知関数の離散化
      DOUBLE PRECISION F(N),H,X
      X=H
      DO I=1,N; F(I)=G(X); X=X+H; END DO
      END
      DOUBLE PRECISION FUNCTION G(X)   ! 右辺の関数の定義
      DOUBLE PRECISION X
      G=-2*(2-12*X+12*X**2)
      END
      DOUBLE PRECISION FUNCTION Q(X)   ! 係数の関数の定義
      DOUBLE PRECISION X
      Q=0.0D0
      END
```

7.3 実践例とデータの取り方

この計算結果は標準出力に出ます．解の数値の羅列を見てもよく分からないという場合は，結果の**可視化**をします．実行時に**リダイレクト**により，出力結果をファイルに落とし，**gnuplot** というフリーの描画ツールを用いてそれを読み込み，グラフに描くというのが，安上がりの標準的手順です．コンパイルから始まる一連の流れは次の通りです：

```
$ g77 bdryvp.f -o bdryvp
$ ./bdryvp > bdryvp.dat
$ gnuplot
$ gnuplot > plot "bvryvp.dat" with linespoints
$ gnuplot > quit
```

2 行目の > がリダイレクトで，画面 (標準出力装置) に送られるデータの方向を変えてファイル bdryvp.dat に送るようにするという指令です．なお，4 行目以降の > は gnuplot の標準的なプロンプトの記号を写したもので，リダイレクトとは何の関係もありません．

🐚 プログラム例 bdryvpxg.f は，同じ計算の結果を第 6 章で解説したグラフィックライブラリ xgrf.c をリンクして直接ディスプレイに描画しています．あまり精巧な描画ではありませんが，結果をリアルタイムで可視化するのは，それなりのメリットがあります．

【計算結果のファイルへの書き込み方】 ここで，データをファイルに書き込むための主な方法をまとめておきましょう．

☆ **リダイレクト** 最も簡単なのは上述のリダイレクトです．プログラムを書き直さずに済むので，便利ですが，入力場面もあると，そのプロンプトメッセージまでファイルにリダイレクトされてしまい，画面には現れなくなるので，どこで何を入力すればプログラムが先に進むのかをしっかり記憶してから実行する必要があります．

☆ **tee** そんなときは，出力先を分岐させ，リダイレクト先のファイルと同時にコンソールにも出るようにする tee というツールが非常に便利です．ただし，バッファリングと言って，一定量が出力バッファ(出力データを貯めておく場所) に溜るまで画面にも出なくなることがあるので，バッファの書き出しをする工夫をしないと，ハングアップしたのと間違う恐れがあります．

```
./bdryvp | tee bdryvp.dat
```

☆ **ファイル出力** コンソールへの出力の代わりに必要なデータをファイルに書

き込むようにプログラム自身を作るという手もあります．特に，出力データが大量な場合は，画面のメッセージがそれで流されてしまうので，ファイルに書き込むようにしないと，エラーなどのメッセージも見えなくなってしまいます．更に，ファイルには後で処理するためのデータだけを書き込みたいということもあるでしょう．このようなときは，ファイルへの書き込み指令をソースに書き込みます．

ここで，ファイル操作に必要な最低限の指令である，ファイルを開き，ファイルに書き込み，ファイルを閉じる，3種類の指令をまとめておきましょう．

☆ FORTRAN でのファイルの開き方：今まで入出力の**装置番号**をデフォールトの * にしていましたが，ここでは 2 を指定し，hoge.dat を開いてそれに割り当てます．普通のファイルへの入出力は，逐次アクセス (sequential access)，すなわち，ファイルの頭から順番に読み書きする方式，を指定します．標準入出力のときと同様，FORMAT 文は出力のフォーマットを記述するだけで，実行文ではありません．その行番号は実際の出力指令である WRITE 文で引用されています．

```
      OPEN(2,FILE='hoge.dat',ACCESS='SEQUENTIAL')
      ....
      WRITE(2,200) (X(I),I=1,N)
      ...
      CLOSE(2)
 200  FORMAT(1H ,4F18.15)
```

☆ C でのファイルの開き方：

```
FILE *file;                        /*ファイル構造体へのポインタ*/
file = fopen("hoge.dat","w");      /*hoge.dat を出力モードで開く*/
...
fprintf(file,"%22.15lf ",X[i]);    /*倍精度固定小数として出力*/
...
fclose(file);                      /*ファイルを閉じる*/
```

🐁 本番前にプログラムがちゃんと動いているかどうか見たいだけのときは，出力をファイルに書き込まずに画面に出したいという場合もあるでしょう．高級テクニックとして，C 言語では，main 関数に引数を書いておくことで，起動時に与えたパラメータの値により，出力先をファイルにするか，stdout (標準出力，画面) にするかを選択するようにできます．FORTRAN77 にはそのような機能はありませんが，プログラム中でユーザーに問い合わせることにより，どちらにするか選択させることはできますね．C 言語の場合は更に，ファイル

の先頭に出力先をマクロ定義しておき，この一行を変更するだけで，デバッグ中は stdout に，完成版はファイルに出力されるようにすることも可能です．

7.4 行列プログラミングの注意事項

ここで，もう少しコンピュータに立ち入って，行列のプログラムを書く際に注意すべき事項をまとめておきます．

【行列のメモリーイメージ】 2次元配列と言えども，コンピュータのメモリー内部では，そのデータはリニアに，すなわち1次元化されて並んでいます．しかし，FORTRAN と C ではデータの並び方，正確にいうと，1次元化の仕方に重大な差が生じます．次の例で体得してください．

メモリー内でのデータの並び方

FORTRAN で

```
      DOUBLE PRECISION A(3,5)
```

と宣言したときは

A(1,1) A(2,1) A(3,1) A(1,2) A(2,2) A(3,2) A(1,3) A(2,3) ... A(3,5)

他方，C で

```
    double A[3][5];
```

と宣言したときは

A[0][0] A[0][1] ... A[0][4] A[1][0] A[1][1] ... A[1][4] A[2][0] ... A[2][4]

並び方の違いは普通は気にしなくてよいのですが，巨大行列ではアクセススピードに関係してくるので注意する必要があります．(本章末の課題 7.1 参照．) また，大きめに取った2次元配列の一部だけを使うときは，この違いに注意しないと，意図したところと異なる成分を取り出してしまうので，特に注意が必要です．これについてはすぐ後で詳しく解説します．

【配列に関する注意のまとめ】 配列と普通の変数とで，また FORTRAN と C で異なる点がいろいろ有るので，注意が必要です．

(1) **初期化** C では配列を宣言すると全要素に 0 がセットされますが，FORTRAN は原則として必ず自分でクリアする (すなわち 0 などの初期値をセットする) 必要があります．初期値は配列のための領域がメモリー上に確保されたとき，そこにたまたま書き込まれていたデータとなるので，たまたま 0 ということもありますが，0 だと思ってプログラムを書くと，やる度に違った結果

を返すものができてしまいます！

(2) **サブルーチンとの値のやりとり** 配列名を関数の引数にすると，C言語でも配列がコピーされるのではなく，配列の先頭のアドレスが渡されます．従って，呼ばれた関数 (サブルーチン) の中で引数の行列の基本変形などをすると，main 関数など，呼び出した側でその行列の内容が壊されてしまいます．サブルーチンの方で，配列を一旦コピーしてから，コピーの方を変形するように書けば安全ですが，使い方によっては不必要に時間をとるプログラムになってしまうので，普通はそうはせず，逆に main の方で，もとの値が必要な場合には，サブルーチンを呼ぶ前にバックアップを取っておくようにします[1]．

(3) **寸法の違い** メインとサブで配列の寸法が合っていないと悲劇が起こります．

```
main で
INTEGER A(3,4)      を宣言し，0 に初期化した後
CALL SUB(A)         をする
sub で
INTEGER A(2,2)      を宣言し
A(1,1)=11; A(2,1)=21; A(1,2)=12; A(2,2)=22 とセットする
```

という一連の操作を実行したとき，メインに戻ったときの A の中身はどうなっているでしょうか？ プログラム例 arraycall.f, arraycall.c で実験してみましょう．

FORTRAN では，

```
A(1,1)=11  A(1,2)=12  A(1,3)=0  A(1,4)=0
A(2,1)=21  A(2,2)=22  A(2,3)=0  A(2,4)=0
A(3,1)=0   A(3,2)=0   A(3,3)=0  A(3,4)=0
```

となってくれることが期待されますが，arraycall.f を実際に動かしてみると

```
A(1,1)=11  A(1,2)=22  A(1,3)=0  A(1,4)=0
A(2,1)=21  A(2,2)=0   A(2,3)=0  A(2,4)=0
A(3,1)=12  A(3,2)=0   A(3,3)=0  A(3,4)=0
```

となります．何故だか分かりますか？ 先に注意した，

(i) 2次元配列と言えども，メモリーには1次元的に並んでいること，

(ii) サブルーチンへの参照渡しは先頭のアドレスだけであること．

の2点をよく考えると，こうなることが理解できます：

メインでの並び方：

```
    A(1,1)  A(2,1)  A(3,1)  A(1,2)  A(2,2)  A(3,2)  A(1,3) ...
```

---

[1] なので，他人が使うための関数プログラムを作るときは，それを呼んだときに引数のどれが破壊されるかを説明文にきちんと書いておかねばなりません．

7.4 行列プログラミングの注意事項

サブでの並び方：

```
A(1,1) A(2,1) A(1,2) A(2,2)
```

同じことを C でやったらどうなるでしょうか？ もう分かると思いますが，予想を立ててから `arraycall.c` で実験してみましょう．

今まで述べたことを，いよいよ実用的なプログラムで実装してみましょう．消去法による連立 1 次方程式の解法の部分は，行列を引数とする副プログラムで書いておくのが汎用的ですが，そうすると，メインとサブでの行列のサイズ合わせが問題になります．

【配列のサイズを合わせる工夫】 サブルーチンを呼んだとき，奇妙なことが起こらないように，メインとサブで配列の形を合わせるための工夫を考えます．

FORTRAN の場合： 整合配列というものが使えます．

```
      SUBROUTINE SUB(A,B,N)
      DOUBLE PRECISION A(N,N), B(N)
      ......
```

これは，サブルーチンの引数になっている配列に限り，変数の寸法を引数のパラメータ N で宣言することができるというものです．この他に，例えば，`A(1,1)` など，先頭のアドレスを渡すだけで，サイズを良い加減にして書いておき，使うときにサブではメインと同じになるようにパラメータを渡して自分で都合のよいように使うというものです．これは，**偽寸法配列**と呼ばれますが，コンパイラによっては通らないことも有ります．また，2 次元配列では第 1 添え字の限界が特定できないと要素のアクセスができないので，1 次元の配列として宣言しておき，`A(I,J)` を `A(M*(I-1)+J)` で参照するというものです．

🐛 特定のサブルーチン内だけで使用する作業領域用配列のサイズは，定数で宣言しなければなりません．すると，複雑な処理では，やはりサイズの異なる配列が混ざってしまいます．この制約に対する実用的対処法には次のようなものがあります：

☆ LAPACK[2]や大型計算機のライブラリでは，作業領域用配列もメインで宣言し，各サブルーチンに引数で渡すことで，サイズの問題をクリアすると

---

[2] Linear Algebra Package. 最も有名な汎用行列計算のフリーライブラリです．詳細は第 12 章参照．

同時に，計算全体での使用メモリーの節約をはかっています．便利ですが，引数がやたらと多くなり，読みにくいプログラムになります．

☆ 共通仕様の PARAMETER 文で全体のサイズを統一することもできます．しかし，FORTRAN では，C のように大域変数・定数の定義が無いので，各サブルーチンの中で宣言が必要となり，直す箇所が検索しやすいという程度の効果しかありません．C のように #include 宣言が無いので，分割コンパイルの場合は更に面倒になります．(この点は Fortran 90 では大幅に改良されました．)

C の場合： 配列のサイズを大域定数にするのが簡単です．次のような記述をファイルの先頭に書いてしまいます：

```
const int N=1000; または
#define N 1000
```

多人数の共同作業などで分割コンパイルを利用する場合は，これを hoge.h などのヘッダファイルに書いておき，各開発者のソースファイルで #include "hoge.h" によりインクルードすることで整合性が保てます．

他の方法として，FORTRAN の偽寸法配列と同様，1 次元配列を自分で 2 次元に使うというのがあります．main 関数の方で

```
double A[1000000];       /* A[M][N] の代わり */
```

としておき，呼ばれる関数の側では

```
void sub(double *A, int M, int N){
    int i,j;
    A[N*i+j];    /*  A[i][j] をアクセス */
}
```

とします．この場合は，malloc と組み合わせ，サブルーチンの中では，実際に必要なサイズが分かった段階で 1 次元の配列を確保すると，更に効果的です：

```
double *B;  /*確保予定のメモリーの先頭アドレスの記入場所を用意*/
B=(double *)malloc(sizeof(double)*M*N); /*必要なときに実行*/
....
free(B)            /*使い終わった作業領域のメモリーを開放*/
```

malloc 関数は，確保すべきメモリーのサイズを引数として呼びます．上は double のサイズを M*N 個分確保しています．malloc の戻り値は確保されたメモリーの先頭アドレスで，B にその値が代入されています．この B のように

7.4 行列プログラミングの注意事項

アドレスを保持する変数を一般に**ポインタ**と呼びます．冒頭の double *B という宣言は，double 型の変数のアドレスを指すポインタという意味です．これと，例えば int 型のポインタとの差は，B+1 が指すメモリのアドレスが，前者では double 一つ分の長さだけ先になるのに対し，後者では int 一つ分になるという点です．一般に malloc が返すアドレスはデフォールトで 1 バイト単位 (char 型) のものとなるので，(double *) という**型変換**で double 型のポインタに変換しています．使い終わった作業領域は free 関数で開放しないと**メモリーリーク**，すなわち，OS が回収できなくてコンピュータを再起動するまで誰にも使えないメモリー領域が生ずる恐れがあります．

【参考：C 言語による FORTRAN 整合配列の実現法】 C 言語でも FORTRAN の整合配列に似たものを作ることができます．これには，2 重ポインタ (ポインタへのポインタ) を使います．これは，上で説明した 1 次元の配列の動的なメモリー確保を 2 重化するものです．変数 M, N で指定されたサイズ M × N の行列 A をプログラム単位の途中で作るには，まずプログラム単位の先頭で

```
double **A;
```

と宣言しておき，行列 A が実際に必要になったときに

```
A=(double **)malloc(sizeof(double *)*M);
for (i=0;i<M;i++) A[i]=(double *)malloc(sizeof(double)*N);
```

でメモリーを確保します．上の操作で何が起こるかを解説しましょう：
(1) 最初の 2 重ポインタ A の宣言では，ポインタの長さ (通常 unsigned long) 一つ分だけのメモリー が確保されるだけです．
(2) 最初の malloc で double 型のポインタ M 個分の配列が確保されます．(実際には，unsigned long 型変数 M 個分のメモリーが確保されます．) これは，double 型のポインタを要素とする 1 次元の配列と同一視されます．すなわち，各 A[i] は double 型のポインタとなるのです．
(3) 次の malloc で上で確保された各ポインタに，その実際の内容である double 型の変数 N 個分ずつのメモリーが割り当てられます．この各々はサイズ N の double 型の 1 次元配列 A[i][N] と同一視されます．従って，A[i][j] と記して，A[i] の第 j 要素を表すことができるのです．

以上により，結局 2 次元配列と同等な参照の仕方を許すもの A[i][j] が，変数 N のサイズで後付けで定義できました．

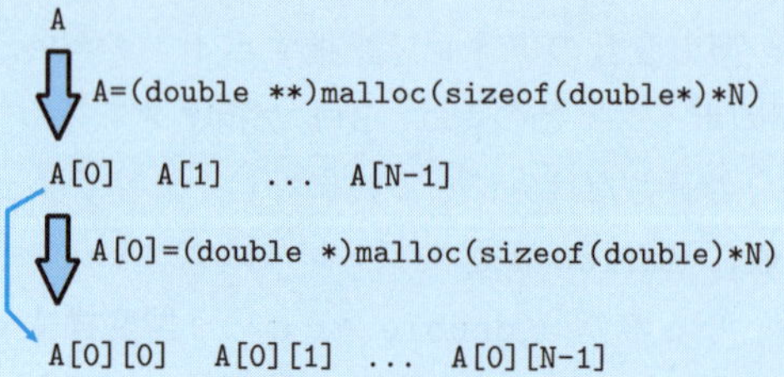

```
          A
          ↓  A=(double **)malloc(sizeof(double*)*N)
       A[0]   A[1]  ...  A[N-1]
          ↓  A[0]=(double *)malloc(sizeof(double)*N)
       A[0][0]  A[0][1]  ...  A[0][N-1]
```

図 7.1

ただの 2 次元配列との相違点：

(1) ポインタの配列 A[i] に unsigned long 変数 N 個分のメモリーを余計に必要としています．(2 次元配列 A[M][N] の場合は，先に述べた 1 次元配列を自分で使うと同様，要素 A[i][j] のアクセスの度にアドレス N*i+j が計算されますが，機械語で処理されるので高速です．)

(2) A[i+1] は A[i] の隣に連続して取られるとは限らないので，列操作でのアクセスが 2 次元配列の場合より更に遅くなる可能性があります．例えば，C 言語では，memmove を使うと高速な 2 次元配列コピーが可能です (本章末の課題 7.1 参照) が，真の 2 次元配列でないと，通用しないかもしれません．

7.5　行列式と逆行列の計算

　逆行列の計算はもちろん，行列式の計算も，決定形の連立 1 次方程式の解法プログラムを少し変更すればできるので，ついでに作っておくと後で何かと便利です．(det-inv.f 参照.)

【行列式の計算】　上三角型にして，すべての主対角成分の積を返す関数とすればよろしい．ただし今度は，ピボット選択で行交換したら，符号を変えるのを忘れないようにしましょう．(^^;

【逆行列】　連立 1 次方程式のときの右辺のベクトル $B(N)$ を行列 $B(N, N)$ に変え，それに初期値として単位行列を設定しておきます．各行基本変形を A と同時に B の行に対しても適用します．この場合は，A が上三角型になった後で，後退代入の代わりに，A の対角線から上の成分を消去する操作を続けて

行い，B にも適用します．最後に B の各行を A の対応する対角成分で割ると B に A^{-1} が (そして A に単位行列が) セットされて終了します．

$$
\begin{pmatrix}
a_{11} & a_{12} & \cdots & a_{1n} & 1 & 0 & \cdots & 0 \\
a_{21} & a_{22} & \cdots & a_{2n} & 0 & 1 & \ddots & \vdots \\
\vdots & \vdots & \ddots & \vdots & \vdots & \ddots & \ddots & 0 \\
a_{n1} & a_{n2} & \cdots & a_{nn} & 0 & \cdots & 0 & 1
\end{pmatrix}
$$

$$
\Longrightarrow
\begin{pmatrix}
a'_{11} & a'_{12} & \cdots & a'_{1n} & b'_{11} & b'_{12} & \cdots & b'_{1n} \\
0 & a'_{22} & \ddots & \vdots & b'_{21} & b'_{22} & \cdots & b'_{2n} \\
\vdots & \ddots & \ddots & \vdots & \vdots & \vdots & \ddots & \vdots \\
0 & \cdots & 0 & a'_{nn} & b'_{n1} & b'_{n2} & \cdots & b'_{nn}
\end{pmatrix}
$$

$$
\Longrightarrow
\begin{pmatrix}
1 & 0 & \cdots & 0 & b_{11} & b_{12} & \cdots & b_{1n} \\
0 & 1 & \ddots & \vdots & b_{21} & b_{22} & \cdots & b_{2n} \\
\vdots & \ddots & \ddots & 0 & \vdots & \vdots & \ddots & \vdots \\
0 & \cdots & 0 & 1 & b_{n1} & b_{n2} & \cdots & b_{nn}
\end{pmatrix}
$$

この章の課題

課題 7.1 サポートページにあるプログラム見本 `array2d.f`, `array2d.c`, `array2sub.f`, `array2sub.c` をコンパイルし，実行してみよ．これより，2 次元配列を扱う際にどんなことを注意しなければならないか調べよ．また，2 次元配列をコピーするプログラムを実行し，添え字のループを書く順序により実行速度に差があることを確かめよ．

課題 7.2 FORTRAN プログラム `gauss.f` の例に倣い，連立 1 次方程式を消去法で解く C のプログラム `gauss.c` を書いてみよ．

課題 7.3 上のプログラムを変更して，与えられた正方行列の行列式を消去法で計算する C のプログラムを書いてみよ．プログラミングに自信のある人は逆行列にも挑戦せよ．[`det-inv.c`]

課題 7.4 `bdryvp.f`, `bdryvpxg.f` を実行し，gnuplot も使って常微分方程式の境界値問題の数値解を味わえ．しかる後，q, f を真の解が求まるような別の関数に変えて実行し，結果を感想とともに示せ．(特に，$q = 0$ で例 7.3 に挙げた二つの関数を右辺とした場合に誤差の振る舞いがどう異なるかを分割数を変えて調べてみよ．)

第8章

微分方程式の解法
− 初期値問題 −

この章では，常微分方程式の初期値問題の数値解法の基礎を解説します．

■ 8.1 初期値問題と Euler-Cauchy 法

【Euler-Cauchy 法】 1階常微分方程式の**初期値問題**とは，

$$\begin{cases} \dfrac{dx}{dt} = f(t,x), \quad t_0 \leq t \leq t_{\max}, \\ x(t_0) = c \end{cases}$$

の形のものを言います．1行目が方程式で，2行目が**初期条件**です．この問題を解くとは，初期条件を満たすような方程式の解を求めることを言います．これを数値的に解く最も基本的な方法が，**Euler-Cauchy の折れ線法**と呼ばれます．区間 $[t_0, t_{\max}]$ を N 等分して時間ステップのサイズ（刻み幅）$h = \dfrac{t_{\max} - t_0}{N}$ を設定し，方程式に含まれる微分を前進差分近似 $\dfrac{x(t+h) - x(t)}{h} = f(t, x(t))$ で置き換え，得られた方程式を次の時間ステップにおける解の値に関して解くと

$$x(t+h) = x(t) + hf(t, x(t))$$

という反復公式が得られます．これを初期時刻から繰り返し適用すると，

$$\begin{aligned} & x_0 = c, \\ & x_1 = x_0 + hf(t_0, x_0), \\ & \cdots\cdots \\ & x_{n+1} = x_n + hf(t_0 + nh, x_n) \end{aligned}$$

のように，初期値問題の数値解を容易に求めることができます．

図 8.1　$t_0 = 0$ の場合

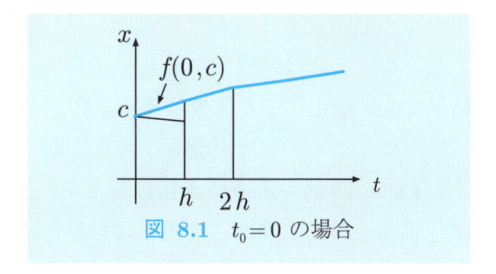

【連立常微分方程式の場合】　1 階連立常微分方程式

$$\begin{cases} \dfrac{dx}{dt} = f(t,x,y), \ \ \dfrac{dy}{dt} = g(t,x,y), \quad t_0 \leq t \leq t_{\max}, \\ x(t_0) = a, \ \ y(t_0) = b \end{cases}$$

は，それぞれの導関数を上と同じように前進差分近似で置き換え，次のように離散化します：

$x_0 = a, \ \ y_0 = b$
$x_1 = x_0 + hf(t_0, x_0, y_0), \ \ y_1 = y_0 + hg(t_0, x_0, y_0)$
……
$x_{n+1} = x_n + hf(t_0 + nh, x_n, y_n), \ \ y_{n+1} = y_n + hg(t_0 + nh, x_n, y_n).$

【Newton の運動方程式】　応用上現れる微分方程式のほとんどは 2 階です．それは Newton の運動の第 2 法則を表しているものが断然多いからです．以下の話に興味を繋ぐため，ここで Newton の運動の法則を復習しておきましょう．

Newton は惑星の運動に関して Kepler が経験的に得た 3 法則を理論的に導くため，微分積分法に基づいた Newton 力学を創出しました．まず Newton はそれまで Aristoteles が間違った経験則の上に立てていた運動の法則を廃し，次のような新しい原理を立てました．

Newton の運動の 3 法則
第 1 法則 (慣性の法則)　物体は外部から力を受けない限り等速度運動を続ける．
第 2 法則 (運動の法則)　物体の速度変化 (加速度) は外部から受ける力に比例する．
第 3 法則 (作用・反作用の法則)　物体は他の物体から受ける力と同じ大きさで反対方向の力を相手の物体に与える．

Aristoteles は，物体が等速度運動を維持するためには，常に力を与えなければならないと考えましたが，これは摩擦による速度減衰のような本質的でない現象に惑わされた結果です．静止状態と等速度運動状態が等価なことは，すでに Galilei(ガリレイ) が認識していました．二つ目が最も重要な法則です．比例関係はベクトルの意味で，すなわち，方向も込めて成り立ちます．比例定数 m は物体に固有の量で，(慣性) 質量と呼ばれます．するとこの法則は，

$$\text{質量} \times \text{加速度} = \text{力} \quad \text{すなわち} \quad m\frac{d^2\boldsymbol{x}}{dt^2} = \boldsymbol{f} \tag{8.1}$$

と書かれます．これが **Newton の運動方程式**です．

🐰 Newton の運動の法則は地上から宇宙まであまねく成り立つすばらしいものですが，速度があまり大きくなると相対性理論で補正する必要が出てきます．

【運動方程式の例：振り子の運動】 長さ l の振り子を振動させたときの振り子の振れの角を θ，質量 m の振り子の 錘(おもり) が移動する周長を x とすれば，$x = l\theta$ であり，重力の加速度を g とすれば，錘に働く外力は，鉛直下向きに mg です．錘は紐で固定されているので，接線方向にしか動けず，重力を紐の延長方向と接線方向に分解したとき，後者の成分 $-mg\sin\theta$ だけが運動に寄与します．よって運動方程式は

$$m\frac{d^2x}{dt^2} = -mg\sin\theta \tag{8.2}$$

🐰 厳密に言うと，(8.2) の左辺の m は慣性質量で，右辺の m は重力質量と

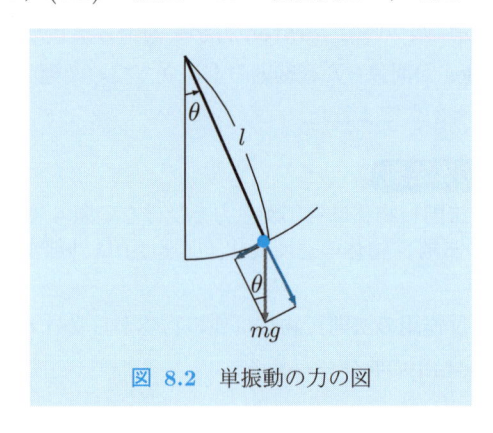

図 8.2 単振動の力の図

呼ばれる，別々の概念です．両者は等しいと Galilei 以来信じられています．

θ が微小のとき，$\sin\theta$ を θ で近似し $l\theta$ を x に変え，$g/l = k$ と置けば，**単振動の方程式**

$$\frac{d^2x}{dt^2} = -kx \tag{8.3}$$

が得られました．これは一般に，直線上を単位質点が原点からの距離に比例した復元力を受けて運動するときの状態を記述するものです．

(8.3) を 1 階化すると

$$\frac{dx}{dt} = p, \qquad \frac{dp}{dt} = -kx \tag{8.4}$$

という連立方程式になります．一般に，2 階単独常微分方程式の初期値問題は

$$\begin{cases} \dfrac{d^2x}{dt^2} = f\left(t, x, \dfrac{dx}{dt}\right), & t_0 \leq t \leq t_{\max}, \\ x(t_0) = a, \quad x'(t_0) = b \end{cases}$$

の形をしています．方程式が Newton の運動方程式から得られた場合は，初期位置と初期速度を指定して，その後の運動を決定せよ，という問題です．方程式に含まれる 2 階の微分をそのまま差分近似で置き換えても離散化問題が得られますが，普通はそうはせず，一旦，1 階連立常微分方程式

$$\begin{cases} \dfrac{dx}{dt} = y, \quad \dfrac{dy}{dt} = f(t, x, y), \quad t_0 \leq t \leq t_{\max}, \\ x(t_0) = a, \quad y(t_0) = b \end{cases}$$

に直してから前節の方法で離散化を施します．

■ 8.2 Euler-Cauchy 法の実装と誤差評価

では実際に Euler-Cauchy 法を実装してみましょう．単独方程式の場合，解法の核心部分はたったこれだけです：

FORTRAN による 1 階単独方程式の Euler-Cauchy 法の核心部分

```
      H=(TMAX-TMIN)/N      ! 時間の分割数を設定
      T=TMIN               ! T を初期時刻に設定
      X=C                  ! X を初期値に設定
      DO 100 I=1, N
          X=X+F(T,X)*H     ! 次の時刻の X を現在の傾きから計算
          T=T+H            ! 時刻を進める
  100 CONTINUE
```

これを FORTRAN で実装したのがプログラム例 euler.f です．これは，結果を直接描画するため，xgrf.o をリンクして使います．gnuplot で後から描画するときは，ループ中の X の計算値をファイルに書き出します (第 6 章参照)．

連立方程式の場合もちょっと変わるだけです：

FORTRAN による 1 階連立方程式の Euler-Cauchy 法の核心部分

```
      H=(TMAX-TMIN)/N      ! 時間の分割数を設定
      T=TMIN               ! T を初期時刻に設定
      X=A                  ! X を初期値に設定
      Y=B                  ! Y を初期値に設定
      DO 100 I=1, N
         XS=X+H*F(T,X,Y)   ! 次の時刻の X を計算し保存
         Y=Y+H*G(T,X,Y)    ! 次の時刻の Y を計算
         X=XS              ! 次の時刻の X を保存値から戻す
         T=T+H
 100  CONTINUE
```

連立方程式のプログラム例は euler2d.f を参照してください．連立方程式の場合に大切なことは，ダミー変数 XS を使うのを忘れないようにすることです．もしこれを使わず，

```
      X=X+H*F(T,X,Y)
      Y=Y+H*G(T,X,Y)
```

と書くと，Euler-Cauchy の折れ線法の正しい実装ではなくなってしまいます．ちょうど Jacobi 法を間違えて実装すると Gauss-Seidel 法になってしまったときの感じです．では，この場合も間違えると何か良いことがあるでしょうか？ どうなるか単振動の連立化方程式で観察してみましょう．(プログラム例は euler2dx.f．) $h = 0.1$, $x(0) = 1.0$, $y(0) = 0.0$ の場合に，200 ステップ分までを順に，正しい実装と誤った実装について描画すると

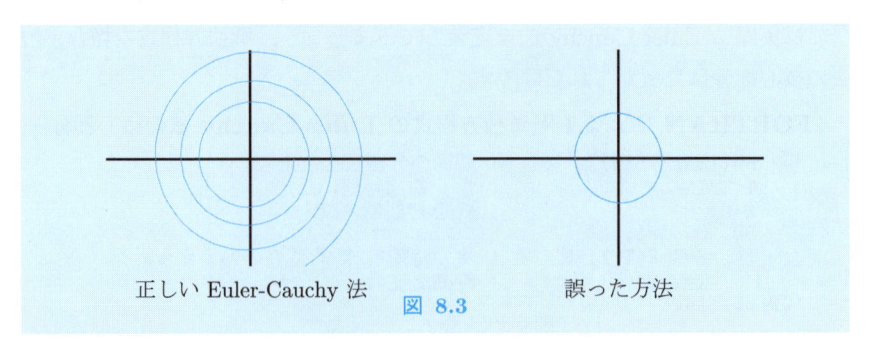

正しい Euler-Cauchy 法　　図 8.3　　誤った方法

8.2 Euler-Cauchy 法の実装と誤差評価

どうも話がうますぎると,後者の軌道を $x(0) = 3, y(0) = 0$ に拡大して,$h = 0.8, h = 0.9, h = 1.0$ でそれぞれ 100 ステップやってみると,次のような図が得られます:

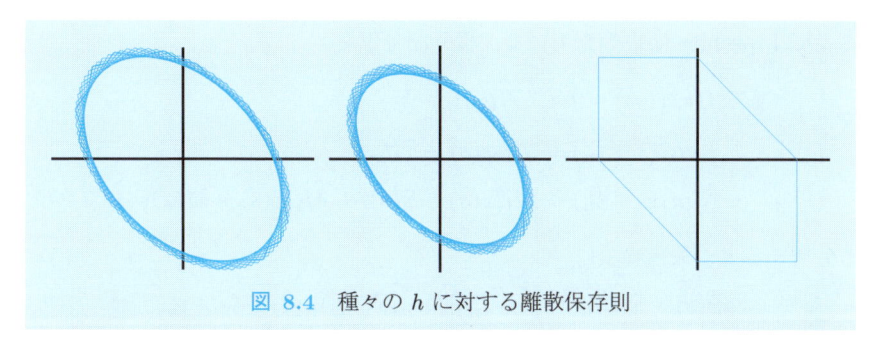

図 8.4 種々の h に対する離散保存則

一周当たりの誤差のサイズは正しい実装と同じ程度ですが,軌道を発散させないような不思議な保存性を持っていることが見て取れます.この原因は後で突き止めましょう.

【**Euler-Cauchy 法の誤差評価**】 微分方程式の右辺の関数に対し,**有界性** $|f(t,x)| \leq M_0$,および,**Lipschitz 条件**
<ruby>リプシッツ</ruby>

$$|f(t,x) - f(s,y)| \leq m_1|t-s| + M_1|x-y|$$

を仮定し,1 ステップ当たりの近似解と真の解との差を見ます.真の解 $x(t)$ は,$t_n \leq t \leq t_{n+1}$ において積分方程式

$$x(t) = x(t_n) + \int_{t_n}^{t} f(s, x(s))ds$$

を満たしています.近似解 $\tilde{x}(t)$ は離散的な格子点でしか計算されていませんが,その中間 $t_n \leq t \leq t_{n+1}$ においては,実際の折れ線による描画法に合わせて線形補間とみなせば,

$$\tilde{x}(t) = \tilde{x}(t_n) + (t-t_n)f(t_n, \tilde{x}(t_n)) = \tilde{x}(t_n) + \int_{t_n}^{t} f(t_n, \tilde{x}(t_n))ds$$

を満たしています.よって真の解との差は,$t_n \leq t \leq t_{n+1}$ において

$$|x(t) - \widetilde{x}(t)| \leq |x(t_n) - \widetilde{x}(t_n)| + \Big| \int_{t_n}^{t} f(s, x(s)) ds - \int_{t_n}^{t} f(t_n, \widetilde{x}(t_n)) ds \Big|$$

$$\leq |x(t_n) - \widetilde{x}(t_n)| + \int_{t_n}^{t} |f(s, x(s)) - f(t_n, \widetilde{x}(t_n))| ds$$

ここで Lipschitz 条件等を用いて，積分記号下を

$$|f(s, x(s)) - f(t_n, \widetilde{x}(t_n))|$$
$$\leq m_1(s - t_n) + M_1|x(s) - \widetilde{x}(t_n)|$$
$$\leq m_1(s - t_n) + M_1|x(s) - \widetilde{x}(s)| + M_1|\widetilde{x}(s) - \widetilde{x}(t_n)|$$

と分解すると，最後の項に

$$|\widetilde{x}(s) - \widetilde{x}(t_n)| = (s - t_n)|f(t_n, \widetilde{x}(t_n))| \leq M_0(s - t_n)$$

を用いて，結局

$$|f(s, x(s)) - f(t_n, \widetilde{x}(t_n))| \leq (m_1 + M_0 M_1)(s - t_n) + M_1|x(s) - \widetilde{x}(s)|$$

よって，最終的に

$$|x(t) - \widetilde{x}(t)| \leq |x(t_n) - \widetilde{x}(t_n)| + \frac{m_1 + M_0 M_1}{2}(t - t_n)^2 + M_1 \int_{t_n}^{t} |x(s) - \widetilde{x}(s)| ds$$

が得られました．ここで，常微分方程式論でよく使われる次の不等式を用います (証明は後でやります).

> **Gronwall の不等式**
>
> $\varphi(t) \geq 0$ が $\varphi(t) \leq A + B \int_{a}^{t} \varphi(s) ds$ を満たせば，$\varphi(t) \leq A e^{B(t-a)}$

これを用いると，

$$|x(t) - \widetilde{x}(t)| \leq \left(|x(t_n) - \widetilde{x}(t_n)| + \frac{m_1 + M_0 M_1}{2} h^2 \right) e^{M_1(t - t_n)}$$

よって $t = t_{n+1}$ と置けば

$$|x(t_{n+1}) - \widetilde{x}(t_{n+1})| \leq \left(|x(t_n) - \widetilde{x}(t_n)| + \frac{m_1 + M_0 M_1}{2} h^2 \right) e^{M_1 h} \qquad (8.5)$$

という1段分に対する誤差の伝播公式が得られました．これを $n = 1, \ldots, N-1$

8.2 Euler-Cauchy 法の実装と誤差評価

について反復適用します。あるいは，

$$|x(t_N) - \widetilde{x}(t_N)| \leq e^{M_1 h}\left(|x(t_{N-1}) - \widetilde{x}(t_{N-1})| + \frac{m_1 + M_0 M_1}{2}h^2\right)$$

$$e^{M_1 h}|x(t_{N-1}) - \widetilde{x}(t_{N-1})| \leq e^{2M_1 h}\left(|x(t_{N-2}) - \widetilde{x}(t_{N-2})| + \frac{m_1 + M_0 M_1}{2}h^2\right)$$

$$\cdots\cdots\cdots$$

$$e^{(N-1)M_1 h}|x(t_1) - \widetilde{x}(t_1)| \leq e^{NM_1 h}\left(|x(t_0) - \widetilde{x}(t_0)| + \frac{m_1 + M_0 M_1}{2}h^2\right)$$

を総和して，有限等比級数の和の公式を用いれば，

$$|x(t_N) - \widetilde{x}(t_N)| \leq e^{NM_1 h}|x(t_0) - \widetilde{x}(t_0)| + \frac{e^{NM_1 h}-1}{e^{M_1 h}-1}e^{M_1 h}\frac{m_1 + M_0 M_1}{2}h^2$$

ここで，$Nh = t_{\max} - t_0 =: T$ は h によらぬ定数，また $e^{M_1 h} - 1 \geq M_1 h$ より，

$$|x(t_N) - \widetilde{x}(t_N)| \leq e^{M_1 T}|x(t_0) - \widetilde{x}(t_0)| + \frac{m_1 + M_0 M_1}{2M_1}e^{M_1(T+h)}h$$

が得られ，1 次の近似であることが確定しました．一般に (8.5) のような局所誤差評価式からこのような累積誤差評価式を導く計算はしばしば現れるので，公式にしておくと便利です．

離散型の Gronwall 不等式

$x_n \geq 0$ が $n = 1, 2, \ldots, N$ に対し $x_n \leq e^{Mh}(x_{n-1} + Ch^k)$ を満たせば，
$x_n \leq e^{Mnh}\left(x_0 + \dfrac{C}{M}e^{Mh}h^{k-1}\right)$ が $n = 1, 2, \ldots, N$ に対して成り立つ．

普通は，初期値には誤差は無いものとし，右辺の第 1 項を省きます．初期値に誤差が有るとするときは，各段の計算にも丸め誤差を入れるのが妥当で，この場合は (8.5) 式の大括弧内の最後に $+\varepsilon$ を追加し，以下の式もそのように修正すると，上の評価は

$$|x(t_N) - \widetilde{x}(t_N)| \leq e^{M_1 T}|x(t_0) - \widetilde{x}(t_0)| + \frac{e^{M_1(T+h)}}{M_1}\left(\frac{m_1 + M_0 M_1}{2}h + \frac{\varepsilon}{h}\right)$$

に変わります．

【**Gronwall の不等式の証明**】 最も分かりやすい方法で示しましょう．

$$\varphi(t) \leq A + B \int_a^t \varphi(s)ds$$

の積分の中の $\varphi(s)$ に，この右辺を再帰的に代入すると

$$\varphi(t) \leq A + B \int_a^t ds \Big\{ A + B \int_a^s \varphi(s_2)ds_2 \Big\}$$
$$= A + AB(t-a) + B^2 \int_a^t ds \int_a^s \varphi(s_2)ds_2$$

もう一度代入すると，

$$\leq A + AB(t-a) + B^2 \int_a^t ds \int_a^s ds_2 \Big\{ A + B \int_a^{s_2} \varphi(s_3)ds_3 \Big\}$$
$$\leq A + AB(t-a) + A\frac{B^2(t-a)^2}{2} + B^3 \int_a^t ds \int_a^s ds_2 \int_a^{s_2} \varphi(s_3)ds_3$$

これから帰納法で

$$\leq A \sum_{n=0}^N \frac{B^n(t-a)^n}{n!} + B^{N+1} \int_a^t ds \int_a^s ds_2 \int_a^{s_2} ds_3 \cdots \int_a^{s_N} \varphi(s_{N+1})ds_{N+1}$$

が示せます．ここで，$\varphi(t) \leq M$ という置き換えをすれば，最後の項は $N+1$ 回の不定積分が遂行でき，

$$B^{N+1} \int_a^t ds \int_a^s ds_2 \int_a^{s_2} ds_3 \cdots \int_a^{s_N} \varphi(s_{N+1})ds_{N+1} \leq MB^{N+1} \frac{(t-a)^{N+1}}{(N+1)!}$$

と抑えられるので，$N \to \infty$ のとき 0 に収束し，従って，

$$\varphi(x) \leq A \sum_{n=0}^\infty \frac{B^n(t-a)^n}{n!} = Ae^{B(t-a)}$$

と，求める評価が得られました．

8.3 Runge-Kutta 法

Euler 法は，右辺が未知関数 x を含まないとき，すなわち，単なる定積分のときに，Riemann 近似和に対応し，はなはだ近似度が悪いのです．これを台形公式に相当するものに改良したのが，次の公式です：

【2 次の Runge-Kutta 法】　時間 1 ステップ分の解の更新は次のようにします：

8.3 Runge-Kutta 法

$$u_n = hf(t_n, x_n),$$
$$v_n = hf(t_{n+1}, x_n + u_n),$$
$$x_{n+1} = x_n + \frac{1}{2}(u_n + v_n)$$

時刻 t_n における傾きで予測した到達点での値と，この到達点での傾きで進み直したものとの二つの値を平均すると覚えておくとよいでしょう (図 8.5)．実装例は rungekutta2.f にあります．その核心部分 (1 ステップ分) は次の通りです：

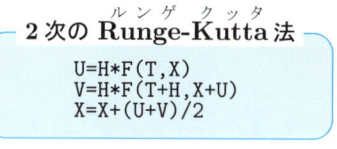

```
2 次の Runge-Kutta 法
    U=H*F(T,X)
    V=H*F(T+H,X+U)
    X=X+(U+V)/2
```

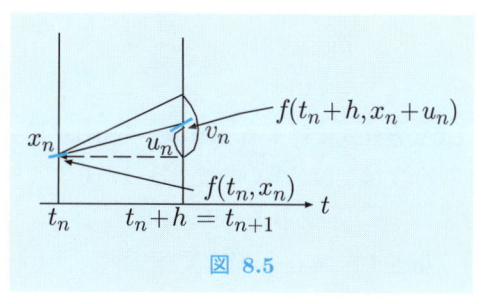

図 8.5

【4 次の Runge-Kutta 法】 定積分の Simpson 公式に相当するもので，普通に Runge-Kutta 法と呼べばこれを指します．x_n から x_{n+1} の更新アルゴリズムは次の通りです：

$$u_n = hf(t_n, x_n),$$
$$v_n = hf(t_n + h/2, x_n + u_n/2),$$
$$w_n = hf(t_n + h/2, x_n + v_n/2),$$
$$z_n = hf(t_n + h, x_n + w_n),$$
$$x_{n+1} = x_n + u_n/6 + v_n/3 + w_n/3 + z_n/6$$

実装するときは，u_n, v_n, w_n, z_n は共通の臨時変数を使えばよいので，

```
                 4 次の Runge-Kutta 法
    U=H*F(T,X)
    XS=X+U/6
    U=H*F(T+H2,X+U/2)    !右辺の U は u，左辺の U は v に相当
    XS=XS+U/3
    U=H*F(T+H2,X+U/2)    !右辺の U は v，左辺の U は w に相当
    XS=XS+U/3
    U=H*F(T+H,X+U)       !右辺の U は w，左辺の U は z に相当
    X=XS+U/6
```

となります．ここで H2=H/2 は，解の更新ループに入る前にセットしておくものとします．これは少しでも計算を速くするためのけちな手法です．実装例はrungekutta4.f です．

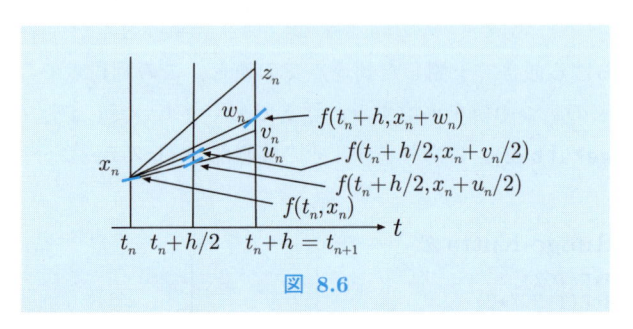

図 8.6

【連立方程式に対する Runge-Kutta 公式】　原理は単独の場合と同じですが，今度は変数が多いので，うっかりダミー変数をけちったりすると間違えます．コンピュータのメモリーも増えたので，素直に公式通り書くのがよいでしょう．$t_0 \leq t \leq t_{\max}$ において

$$\begin{cases} \dfrac{dx}{dt} = f(t,x,y), & \dfrac{dy}{dt} = g(t,x,y), \\ x(t_0) = a, & y(t_0) = b \end{cases}$$

を解くときの 4 次の Runge-Kutta 公式は，

$$\begin{aligned}
u_{1n} &= hf(t_n, x_n, y_n), \\
u_{2n} &= hg(t_n, x_n, y_n), \\
v_{1n} &= hf(t_n + h/2, x_n + u_{1n}/2, y_n + u_{2n}/2), \\
v_{2n} &= hg(t_n + h/2, x_n + u_{1n}/2, y_n + u_{2n}/2), \\
w_{1n} &= hf(t_n + h/2, x_n + v_{1n}/2, y_n + v_{2n}/2), \\
w_{2n} &= hg(t_n + h/2, x_n + v_{1n}/2, y_n + v_{2n}/2), \\
z_{1n} &= hf(t_n + h, x_n + w_{1n}, y_n + w_{2n}), \\
z_{2n} &= hg(t_n + h, x_n + w_{1n}, y_n + w_{2n}), \\
x_{n+1} &= x_n + u_{1n}/6 + v_{1n}/3 + w_{1n}/3 + z_{1n}/6, \\
y_{n+1} &= y_n + u_{2n}/6 + v_{2n}/3 + w_{2n}/3 + z_{2n}/6
\end{aligned}$$

左の例では上の式のまま，右の例では，一応メモリーの節約を試み，ダミー変数は U1,U2,V1,XS,YS の 5 個に減らしてみましたが，コードが長くなっているのであまりメリットは感じられません：

8.3 Runge-Kutta 法

```
U1=H*F(T,X,Y)
U2=H*G(T,X,Y)
V1=H*F(T+H2,X+U1/2,Y+U2/2)
V2=H*G(T+H2,X+U1/2,Y+U2/2)
W1=H*F(T+H2,X+V1/2,Y+V2/2)
W2=H*G(T+H2,X+V1/2,Y+V2/2)
Z1=H*F(T+H,X+W1,Y+W2)
Z2=H*G(T+H,X+W1,Y+W2)
X=X+U1/6+V1/3+W1/3+Z1/6
Y=Y+U2/6+V2/3+W2/3+Z2/6
```

```
U1=H*F(T,X,Y)
U2=H*G(T,X,Y)
XS=X+U1/6
YS=Y+U2/6
V1=H*F(T+H2,X+U1/2,Y+U2/2)
U2=H*G(T+H2,X+U1/2,Y+U2/2)
XS=XS+V1/3
YS=YS+U2/3
U1=H*F(T+H2,X+V1/2,Y+U2/2)
U2=H*G(T+H2,X+V1/2,Y+U2/2)
XS=XS+U1/3
YS=YS+U2/3
V1=H*F(T+H,X+U1,Y+U2)
U2=H*G(T+H,X+V1,Y+U2)
X=XS+V1/6
Y=YS+U2/6
```

【**Runge-Kutta 法の近似のオーダー**】 Runge-Kutta 法の打ち切り誤差の評価は非常に面倒で，書かれている書物はほとんどありません．よく書かれているのはオーダーだけの評価ですが，それも 4 次の公式の場合は大変です．ここでは 2 次の公式に対して，オーダー評価を示すにとどめます．そのため，f, f_t, f_x はみな Lipschitz 連続と仮定します．(f の Lipschitz 連続性は後の二つの Lipschitz 連続性から平均値定理により自動的に出てきます．)

真の解を再び $x(t)$ で表します．第 n ステップの近似解 x_n について $x(t_n) - x_n = O(h^3)$ が分かっているとき，2 次の Runge-Kutta 法のアルゴリズムで x_n から定まる x_{n+1} と $x(t_{n+1}) = x(t_n) + \int_{t_n}^{t_{n+1}} f(s, x(s))ds$ との差が $O(h^3)$ となることを言えば，帰納法により各ステップの誤差が $O(h^3)$ であることが言え，全体の誤差はこの $N = O(1/h)$ 倍で $O(h^2)$ となるでしょう．2 変数関数の Taylor 展開式より，

$$u_n = hf(t_n, x_n),$$
$$v_n = hf(t_n + h, x_n + u_n)$$
$$= hf(t_n, x_n) + h^2 f_t(t_n, x_n) + h u_n f_x(t_n, x_n) + O(h^3)$$
$$= hf(t_n, x_n) + h^2 f_t(t_n, x_n) + h^2 f(t_n, x_n) f_x(t_n, x_n) + O(h^3)$$
$$\therefore x_{n+1} = x_n + \frac{1}{2}(u_n + v_n)$$
$$= x_n + hf(t_n, x_n) + \frac{h^2}{2} f_t(t_n, x_n) + \frac{h^2}{2} f(t_n, x_n) f_x(t_n, x_n) + O(h^3).$$

他方，真の解の方は，

$$x(s) - x(t_n) = (s - t_n)x'(t_n) + O((s - t_n)^2)$$
$$= (s - t_n)f(t_n, x(t_n)) + O((s - t_n)^2),$$
$$f(s, x(s)) = f(t_n, x(t_n)) + (s - t_n)f_t(t_n, x(t_n))$$
$$+ (x(s) - x(t_n))f_x(t_n, x(t_n)) + O((s - t_n)^2)$$
$$= f(t_n, x(t_n)) + (s - t_n)f_t(t_n, x(t_n))$$
$$+ (s - t_n)f(t_n, x(t_n))f_x(t_n, x(t_n)) + O((s - t_n)^2)$$

を満たすので，最後の式を t_n から $t_{n+1} = t_n + h$ まで積分して，

$$x(t_{n+1}) = x(t_n) + hf(t_n, x(t_n)) + \frac{h^2}{2}f_t(t_n, x(t_n))$$
$$+ \frac{h^2}{2}f(t_n, x(t_n))f_x(t_n, x(t_n)) + O(h^3)$$

これを先に求めた x_{n+1} の表現と比較すると，右辺の近似式部分は同じ形で，ただ x_n が $x(t_n)$ に変わっているだけであることが分かります．この二つは仮定により $O(h^3)$ の差しかありません．f, f_t, f_x に対する Lipschitz 連続性の仮定により，この二つの置き換えは $O(h^3)$ の差しか生じないので，これより $x(t_{n+1}) - x_{n+1} = O(h^3)$ を得ます．

ただし，厳密に言うと，単に $O(h^3)$ というだけでは，ステップを進める度に定数がどんどん大きくなって，最終的に $O(h^2)$ に納まるかどうか不明になってしまいます．そこで正確にいうと，Lipschitz 連続性の仮定により (ステップの位置にはよらない) ある定数 $M, M' > 0$ が存在して，

$$|x(t_{n+1}) - x_{n+1}| \leq (1 + Mh)(|x(t_n) - x_n| + M'h^3)$$

となっていることまで上の近似式から見ておきます．ここで $(1 + Mh)$ を e^{Mh} に置き換えてもほとんど同じことなので，先に Euler-Cauchy の折れ線法の誤差評価のときに導いた離散型の Gronwall の不等式から，任意のステップ $n \leq N$ について

$$|x(t_n) - x_n| \leq e^{Mnh}\left(|x(t_0) - x_0| + \frac{M'}{M}e^{Mh}h^2\right)$$

が得られます．ここで一般に，

8.3 Runge-Kutta 法

$$e^{Mnh} \leq e^{MNh} = e^{M(b-a)}$$

および $h < 1$ なら $e^{Mh} < e^M$ に注意すると，確かに誤差が $O(h^2)$ であることが結論されます．どうせここまで丁寧にやるのなら，もうちょっとだけ頑張って，Taylor 展開の剰余項をきっちり $M_3(s-t_n)^3$ 等で抑えておくと，オーダーだけでなく量的な誤差評価も得られます．勇気のある人はやってみてください．そのような評価は，最後の章で述べる精度保証付き計算などでは必要となります．

4 次の Runge-Kutta 公式に対しても同様にして 1 段の誤差が $O(h^5)$，従って全体としての誤差が $O(h^4)$ であることが理論的に示せます．これは大変な計算なので，参考にとどめておきます．

【参考：4 次の **Runge-Kutta** 公式の近似のオーダー】 $x_n - \tilde{x}_n = O(h^5)$ のとき，先のアルゴリズムで第 n 近似値 x_n から定まる x_{n+1} と真の解 $x(t_{n+1}) = x(t_n) + \int_{t_n}^{t_{n+1}} f(s, x(s))ds$ との差が $(1+Mh)|x_n - x(t_n)| + Mh^5$ の形で抑えられることを言えば良い．以下，表記を短くするため，$f(t_n, x_n)$ を f, $f_t(t_n, x_n)$ を f_t 等々と略記する．

$u_n = hf(t_n, x_n) = hf,$

$v_n = hf(t_n + h/2, x_n + u_n/2)$

$= hf + \dfrac{h^2}{2}f_t + \dfrac{hu_n}{2}f_x + \dfrac{h^3}{2!\cdot 4}f_{tt} + \dfrac{2h^2 u_n}{2!\cdot 4}f_{tx} + \dfrac{hu_n^2}{2!\cdot 4}f_{xx}$

$\quad + \dfrac{h^4}{3!\cdot 8}f_{ttt} + \dfrac{3h^3 u_n}{3!\cdot 8}f_{ttx} + \dfrac{3h^2 u_n^2}{3!\cdot 8}f_{txx} + \dfrac{hu_n^3}{3!\cdot 8}f_{xxx} + O(h^5)$

$= hf + \dfrac{h^2}{2}(f_t + ff_x) + \dfrac{h^3}{2!\cdot 4}(f_{tt} + 2ff_{tx} + f^2 f_{xx})$

$\quad + \dfrac{h^4}{3!\cdot 8}(f_{ttt} + 3ff_{ttx} + 3f^2 f_{txx} + f^3 f_{xxx}) + O(h^5),$

$w_n = hf(t_n + h/2, x_n + v_n/2)$

$= hf + \dfrac{h^2}{2}f_t + \dfrac{hv_n}{2}f_x + \dfrac{h^3}{2!\cdot 4}f_{tt} + \dfrac{2h^2 v_n}{2!\cdot 4}f_{tx} + \dfrac{hv_n^2}{2!\cdot 4}f_{xx}$

$\quad + \dfrac{h^4}{3!\cdot 8}f_{ttt} + \dfrac{3h^3 v_n}{3!\cdot 8}f_{ttx} + \dfrac{3h^2 v_n^2}{3!\cdot 8}f_{txx} + \dfrac{hv_n^3}{3!\cdot 8}f_{xxx} + O(h^5)$

$= hf + \dfrac{h^2}{2}f_t + \dfrac{h}{2}f_x\left\{hf + \dfrac{h^2}{2}(f_t + ff_x) + \dfrac{h^3}{2!\cdot 4}(f_{tt} + 2ff_{tx} + f^2 f_{xx})\right\}$

$\quad + \dfrac{h^3}{2!\cdot 4}f_{tt} + \dfrac{2h^2}{2!\cdot 4}f_{tx}\left\{hf + \dfrac{h^2}{2}(f_t + ff_x)\right\} + \dfrac{h}{2!\cdot 4}f_{xx}\left\{hf + \dfrac{h^2}{2}(f_t + ff_x)\right\}^2$

$\quad + \dfrac{h^4}{3!\cdot 8}f_{ttt} + \dfrac{3h^4}{3!\cdot 8}ff_{ttx} + \dfrac{3h^4}{3!\cdot 8}f^2 f_{txx} + \dfrac{h^4}{3!\cdot 8}f^3 f_{xxx} + O(h^5)$

$$= hf + \frac{h^2}{2}(f_t + ff_x) + \frac{h^3}{2! \cdot 4}(2f_t f_x + 2ff_x^2 + f_{tt} + 2ff_{tx} + f^2 f_{xx})$$
$$+ \frac{h^4}{3! \cdot 8}\{f^3 f_{xxx} + 9f^2 f_x f_{xx} + 3f^2 f_{txx} + 6ff_t f_{xx} + 12ff_x f_{tx} + 3ff_{ttx}$$
$$+ 6f_t f_{tx} + 3f_{tt} f_x + f_{ttt}\} + O(h^5)$$

$$z_n = hf(t_n + h, x_n + w_n)$$
$$= hf(t_n, x_n) + h^2 f_t + hw_n f_x + \frac{h^3}{2!}f_{tt} + \frac{2h^2 w_n}{2!}f_{tx} + \frac{hw_n^2}{2!}f_{xx}$$
$$+ \frac{h^4}{3!}f_{ttt} + \frac{3h^3 w_n}{3!}f_{ttx} + \frac{3h^2 w_n^2}{3!}f_{txx} + \frac{hw_n^3}{3!}f_{xxx} + O(h^5)$$
$$= hf + h^2 f_t + hf_x\Big\{hf + \frac{h^2}{2}(f_t + ff_x)$$
$$+ \frac{h^3}{2! \cdot 4}(2(f_t f_x + ff_x^2) + f_{tt} + 2ff_{tx} + f^2 f_{xx})\Big\}$$
$$+ \frac{h^3}{2!}f_{tt} + \frac{2h^2}{2!}f_{tx}\Big\{hf + \frac{h^2}{2}(f_t + ff_x)\Big\} + \frac{h}{2!}f_{xx}\Big\{hf + \frac{h^2}{2}(f_t + ff_x)\Big\}^2$$
$$+ \frac{h^4}{3!}f_{ttt} + \frac{3h^4}{3!}ff_{ttx} + \frac{3h^2}{3!}f^2 f_{txx} + \frac{h^2}{3!}f^3 f_{xxx} + O(h^5)$$
$$= hf + h^2(f_t + ff_x) + \frac{h^3}{2}(f_t f_x + ff_x^2 + f_{tt} + 2ff_{tx} + f^2 f_{xx})$$
$$+ \frac{h^4}{4!}(4f^3 f_{xxx} + 15f^2 f_x f_{xx} + 12f^2 f_{txx} + 12ff_t f_{xx} + 6ff_t^3 + 18ff_x f_{tx}$$
$$+ 12ff_{ttx} + 6f_t f_x^2 + 12f_t f_{tx} + 3f_{tt} f_x + 4f_{ttt}) + O(h^5)$$

以上を総合すると，
$$x_{n+1} - x_n = \frac{u_n}{6} + \frac{v_n}{3} + \frac{w_n}{3} + \frac{z_n}{6}$$
$$= \frac{1}{6}hf$$
$$+ \frac{1}{3}\Big\{hf + \frac{h^2}{2}(f_t + ff_x) + \frac{h^3}{2! \cdot 4}(f_{tt} + 2ff_{tx} + f^2 f_{xx})$$
$$+ \frac{h^4}{3! \cdot 8}(f_{ttt} + 3ff_{ttx} + 3f^2 f_{txx} + f^3 f_{xxx})\Big\}$$
$$+ \frac{1}{3}\Big\{hf + \frac{h^2}{2}(f_t + ff_x) + \frac{h^3}{2! \cdot 4}(2f_t f_x + 2ff_x^2 + f_{tt} + 2ff_{tx} + f^2 f_{xx})$$
$$+ \frac{h^4}{3! \cdot 8}\{f^3 f_{xxx} + 9f^2 f_x f_{xx} + 3f^2 f_{txx} + 6ff_t f_{xx} + 12ff_x f_{tx} + 3ff_{ttx}$$
$$+ 6f_t f_{tx} + 3f_{tt} f_x + f_{ttt}\}\Big\}$$

$$+ \frac{1}{6}\Big\{hf + h^2(f_t + ff_x) + \frac{h^3}{2}(f_tf_x + ff_x^2 + f_{tt} + 2ff_{tx} + f^2f_{xx})$$
$$+ \frac{h^4}{3!}\{4f^3f_{xxx} + 15f^2f_xf_{xx} + 12f^2f_{txx} + 12ff_tf_{xx} + 6ff_t^3 + 18ff_xf_{tx}$$
$$+ 12ff_{ttx} + 6f_tf_x^2 + 12f_tf_{tx} + 3f_{tt}f_x + 4f_{ttt}\}\Big\} + O(h^5)$$
$$= hf + \frac{h^2}{2}(f_t + ff_x)$$
$$+ \frac{h^3}{3!}\{f_{tt} + f_tf_x + ff_x^2 + 2ff_{tx} + f^2f_{xx}\}$$
$$+ \frac{h^4}{4!}[f_{ttt} + 3ff_{ttx} + 3f_tf_{tx} + 5ff_xf_{tx} + 3f^2f_{txx} + 3ff_tf_{xx} + 4f^2f_xf_{xx}$$
$$+ f^3f_{xxx} + f_{tt}f_x + f_tf_x^2 + ff_x^3] + O(h^5)$$

これは，真の解 $x(t_n + h)$ の h に関する 4 次の Taylor 展開と一致する：

$$x(t_n + h) - x(t_n) = hf + \frac{h^2}{2}(f_t + ff_x) + \frac{h^3}{3!}(f_{tt} + 2ff_{tx} + f^2f_{xx} + f_tf_x + ff_x^2)$$
$$+ \frac{h^4}{4!}(f_{ttt} + 3ff_{ttx} + 3f_tf_{tx} + 5ff_xf_{tx} + 3f^2f_{txx} + 3ff_tf_{xx}$$
$$+ 4f^2f_xf_{xx} + f^3f_{xxx} + f_{tt}f_x + f_tf_x^2 + ff_x^3) + O(h^5)$$

よって後は，2 次の Runge-Kutta 公式の場合と同様，x_n と $x(t_n)$ の置き換えの差を Lipschitz 条件を用いて評価すればよい．

🐰 こういう計算には数式処理を用いるのが便利です．例えば，Risa/Asir では，

```
def ftaylor3(X,Y){
    return f+ft*X+fx*Y+(ftt*X^2+2*ftx*X*Y+fxx*Y^2)/2
          +(fttt*X^3+3*fttx*X^2*Y+3*ftxx*X*Y^2+fxxx*Y^3)/6;
}
```

としておき，

```
U=h*f;
V=srem(h*ftaylor3(h/2,U/2),h^5);
W=srem(h*ftaylor3(h/2,V/2),h^5);
Z=srem(h*ftaylor3(h,W),h^5);
U/6+V/3+W/3+Z/6;
```

とすれば，上の近似解の方の Taylor 展開の計算結果が出ます．

■ 8.4 力 学 系

1 階連立常微分方程式は，**力学系** (dynamical system) とも呼ばれます．粒子が方程式で記述される法則に従い，時間とともに位置を変える様子 (流れ) を

研究する学問です．この言葉の起源は，§8.1 で述べた Newton の運動方程式にあります．特に，運動方程式の右辺の力が時間に依存しない定常的な場合が重要で，これを**自励系**(じれいけい)と呼びます．

Newton の運動方程式を 1 階化するときは，速度ではなく，それに質量を掛けた，いわゆる**運動量座標** $p = m\dfrac{dx}{dt}$ を空間座標 x と併せて用いるのが普通です．このとき，座標 x-p の空間は**相空間** (phase space) と呼ばれます．従って力学系は元来偶数次元で考えられるものですが，変数の消去等で奇数次元に落とせることもあるので，最初から一般次元で研究されます．力学系の次元も，普通，空間座標と運動量座標をすべて合わせた個数で呼ばれます．

実用的な力学系の例としては，惑星の運動 (2 体問題) があります．これは，重心を導入すると，平面内の惑星の運動となるので，空間座標が 2 個，運動量座標が 2 個の 4 次元力学系です．しかし，運動量 (速度) ベクトルの方は動きをリアルタイムで見せることにすると，位置座標だけをアニメーションで表示させる 2D でも表現可能です (プログラム見本 `planet.f` 参照)．これは，ちゃんと楕円が閉じるように連立方程式に対する 4 次の Runge-Kutta 公式を用いています．リアルタイムで描画してみると，小さい天体が大きい天体の近くに来るとスピードが上がる，Kepler の第 2 法則，"面積速度は一定"が実感できます．

【参考：惑星の運動の方程式】　これは二つの物体が相互の質量に比例し，距離の 2 乗に反比例した力で引き合うという万有引力の法則に運動方程式を当てはめたものです．いま，2 質点 (星) の質量を M, m, 位置ベクトルを $\boldsymbol{R}, \boldsymbol{r}$ とし，比例定数（万有引力定数）を γ とすれば，これらの運動は

$$M\frac{d^2\boldsymbol{R}}{dt^2} = \gamma Mm \frac{\boldsymbol{r}-\boldsymbol{R}}{|\boldsymbol{R}-\boldsymbol{r}|^3}, \quad m\frac{d^2\boldsymbol{r}}{dt^2} = \gamma Mm \frac{\boldsymbol{R}-\boldsymbol{r}}{|\boldsymbol{R}-\boldsymbol{r}|^3} \tag{8.6}$$

という連立方程式で表現されます．惑星の運動の場合は前者が太陽，後者が惑星とすれば $M \gg m$ です．上の二つの方程式を加えると

$$\frac{d^2}{dt^2}(M\boldsymbol{R} + m\boldsymbol{r}) = 0 \quad \therefore \quad \frac{d}{dt}(M\boldsymbol{R} + m\boldsymbol{r}) = \text{const.}$$

が得られますが，これは重心

$$\frac{M\boldsymbol{R} + m\boldsymbol{r}}{M + m} \tag{8.7}$$

が等速度運動をしていることを表しているので，そこからの相対運動，いわゆる重心座標を考察するため

$$r_G = r - \frac{MR + mr}{M+m} = \frac{M}{M+m}(r - R)$$

と置けば，最終的に

$$m\frac{d^2 r_G}{dt^2} = m\frac{d^2 r}{dt^2} = \gamma Mm \frac{R-r}{|R-r|^3} = -\gamma \frac{M^3 m}{(M+m)^2} \frac{r_G}{|r_G|^3} \tag{8.8}$$

という方程式が得られます．すなわち，質量を若干修正するだけで原点からの引力を受けて運動する1体の問題に帰着します．もう一方の質点についても同様ですが，惑星の運動の場合には先に述べたことから R は重心 (8.7) に非常に近く，従って近似的に太陽の位置を原点と同一視しても構わないので一つの方程式を考察すれば十分です．

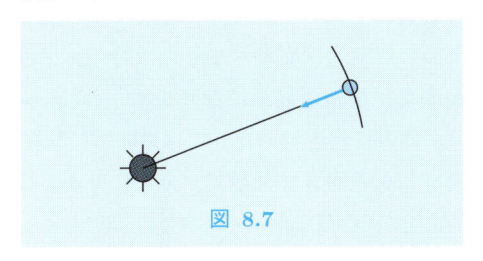

図 8.7

【**平面の力学系**】 振動のように，運動が1次元空間内で行われるとき，運動方程式の連立化は x と p の2変数が定義する相平面と呼ばれる平面の中での解軌道として研究できます．単振動については既に §8.2 でやりましたが，平面の力学系の他の実験例として**緩和振動**を記述する **van der Pol 方程式**を挙げておきます (`vanderpol.f`)．これは，振動が摩擦で減衰してゆかないよう，$|x| > 1$ のときはブレーキをかけ，$|x| < 1$ のときはアクセルをかけることにより，周期一定の安定な閉軌道を維持させる仕組みです．実際に現れる唯一の周期軌道は円でなく，かなりゆがんでいます．このようなものは極限閉軌道と呼ばれます．

$$x'' - \varepsilon(1-x^2)x' + x = 0$$

1階連立系としては

$$\begin{cases} x' = y, \\ y' = -x + \varepsilon(1-x^2)y \end{cases}$$

図 8.8

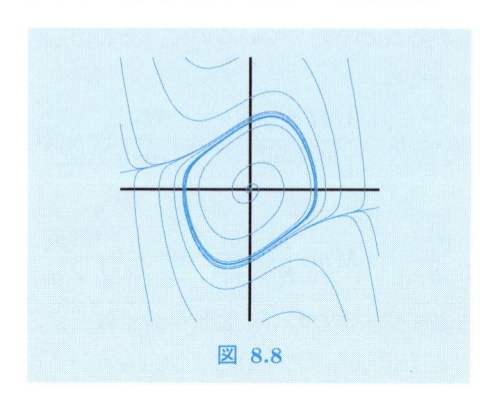

【高次元の力学系とカオス】 物理法則は一般に時間に依存しないので，力学系の右辺は t を含まない，いわゆる自励系になっているのが普通です．このような方程式系では，解軌道は時刻の平行移動で不変です．従って初期値問題の解の一意性により，二つの解軌道は交わりません．特に，平面の力学系は軌道が互いに他を分離するので，構造が簡単になります．これに対し，3次元以上になると，一方の軌道が他方に巻き付いたりでき，非常に複雑な軌道が現れます．高次元力学系で古来有名なのが3体問題で，未だに分からないことが多いのです．3体問題の長い歴史からすればついこの間の 2000 年頃にも新たな周期解 (八の字解) が発見されたりしています．また，偏微分方程式の離散化で乱流のモデル等として得られた方程式系の中には，カオス的な動きをするものがあり，**決定論的カオス**と呼ばれています．(Newton 力学では，初期位置と初期速度を指定すれば，質点のその後の運動は一意に決まってしまいます (決定論的)．それなのに，その振舞が複雑で，予測不可能に見える (カオス的) ので，このように呼ばれるのです.) プログラム例 `lorenz.f`, `rossler.f` をコンパイルし実行して決定論的カオスの世界を味わってみてください．Lorenz (ローレンツ) の方程式は，気象学者が考え出した，気体の運動方程式の簡略化モデルで，

$$x' = \sigma(y-x), \quad y' = x(R-z)-y, \quad z' = xy-bz$$

という一見簡単な方程式系です．Rössler (レスラー) の方程式は

$$x' = -y-z, \quad y' = x+ay, \quad z' = bx+z(x-c)$$

で，更に単純化されています．

8.4 力学系

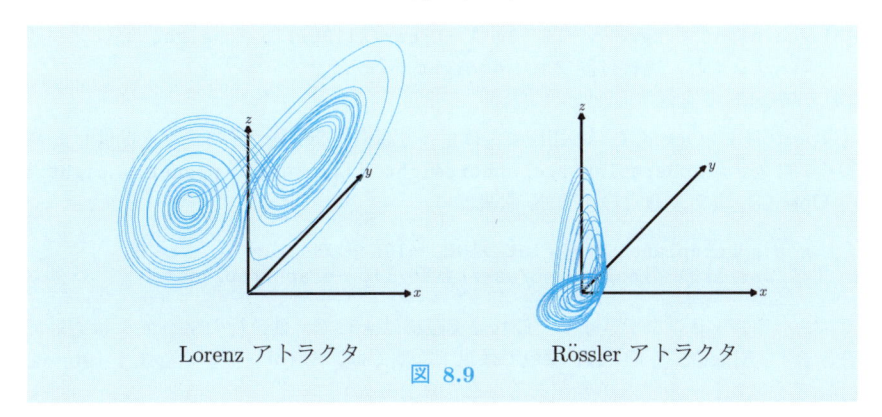

Lorenz アトラクタ　　　　Rössler アトラクタ

図 8.9

　注意すべきことは，これらはカオス的な現象が見えて来るまで軌道を追跡すると，かなりの誤差が累積するはずですが，もっともらしい軌道に見えるのはなぜかということです．誤差の累積は確かに起こり，例えば Lorenz の方程式の場合で言えば，二つの不動点の周りを何回ずつ回るかなどのデジタルなデータはすっかり変わってしまいます．しかし，そのために軌道が度々移ってしまっても，どの軌道もアナログ的には似たような振舞をするので，軌道が変わったことは人間の目には感知できないだけなのです．従ってある意味ではインチキなのですが，Lorenz の方程式のプログラム見本も単なる Euler-Cauchy 法で書いています．

　【C 言語による描画】　以上に紹介した参考プログラムはすべて Xlib による描画を用いています．FORTRAN で Xlib の関数を呼び，描画する方法は既に第 6 章で解説しましたが，C 言語の場合は特に何も用意しなくても，C 言語仕様で書かれた Xlib の描画関数を

```
#include<X11/Xlib.h>
```

と宣言し，コンパイル時に `libX11.a` をリンクするだけで使えるようになります．本格的に C 言語でプログラミングをする気なら，ぜひそうやって自分で Xlib の描画関数を使いこなせるまで勉強して欲しいものですが，単に C 言語による計算結果をグラフに表示してみたいというだけの場合は，これではなかなか敷居が高いでしょう．そこで，FORTRAN に対するのと同様の分かりやすい (昔の BASIC 言語流の) 描画指令を C 言語で書き直したものも用意しました．`xgrc.c` がそれで，これを利用したプログラム見本 `eight.c` で使い方を説明しましょう．

(1) `xgrc.c`, `xgrc.h` を作業ディレクトリにコピーする．
(2) `gcc -c xgrc.c` でコンパイルだけして，`xgrc.o` を作る．(これは最初に一回やるだけでよい．)

(3) `gcc eight.c xgrc.o -lm -lX11 -L/usr/X11R6/lib -o eight` でコンパイル・リンクし，実行可能ファイル `eight` を作る．
(4) `./eight` で実行する．

【OpenGL】 OpenGL は Xlib よりはずっと高機能な描画ライブラリを提供します．参考プログラム sphereplanet.c, sphereeight.c は，それぞれ planet.c, eight.c の OpenGL 版で，通常の UNIX 環境では，

```
gcc sphereplanet.c -lglut -lGLU -lGL -lX11 -lm \
-I/usr/X11R6/include -L/usr/X11R6/lib -o sphereplanet
```

でコンパイル・リンクできます．これは実際には 1 行で，継続行のマーク \ は省いて書きます．MacOS X の X11 環境では以下の如くコンパイル・リンクします (glut を自分でインストールする必要があるかもしれません)：

```
gcc sphereplanet.c -lglut -lGLU -lGL -lXmu -lXext -lX11 -lm \
-I/usr/X11R6/include -L/usr/X11R6/lib -o sphereplanet
```

なお，インターネットの情報によれば，MacOS X ネイティブの OpenGL と glut は下記のコンパイル法で動くはずですが，小生の学科の環境ではなぜかうまく行きませんでした．

```
gcc sphereplanet.c -framework OpenGL -framework GLUT \
-framework Foundation -I/usr/X11R6/include -L/usr/X11R6/lib \
-lGLU -lGL -lXmu -lXext -lX11 -lm -o sphereplanet
```

プログラムのソースをこちらに対応させるには，ヘッダファイルのインクルード部分も

```
#include<OpenGL/gl.h>
#include<GLUT/glut.h>
```

のように書き換える必要があります．

この章の課題

(以下に引用される見本プログラムはすべて xgrf.o をリンクする必要があります．)

課題 8.1 初期値問題 $\begin{cases} \dfrac{dx}{dt} = x, \\ x(0) = 1 \end{cases}$ を解析的に解け．またこの近似解を求める Euler 法のプログラム `euler.f` をコンパイル・実行し，分割数をいろいろ変えて近似のオーダーを数値的に観察せよ．できれば丸め誤差の影響も考慮し，最良の刻み幅 h を推測せよ．

この章の課題

課題 8.2 単振動の方程式を 1 階連立化した

$$\frac{dx}{dt} = f(x,y) = y, \qquad \frac{dy}{dt} = g(x,y) = -x$$

に対し，エネルギー保存則 $x^2 + y^2 = \text{const.}$ を示せ．(解の具体的な関数形を用いず，微分方程式から導け．) また正しい Euler-Cauchy 法では，この量は時間ステップとともにどう変化するか調べよ．

課題 8.3 単振動の方程式を 1 階連立化した前問の方程式に，誤った実装

$$x = x + f(x,y)h, \qquad y = y + g(x,y)h$$

をした場合には，かなり大きい h についても，軌道が無限に発散しないという現象を，このスキームに対する離散保存則を探して数学的に正当化せよ．［ヒント：第 n ステップの近似解 (x_n, y_n) に対し，量 $x_n^2 + hx_n y_n + y_n^2$ が n によらず一定と成ることを示せ.］

課題 8.4 2 次元力学系の `euler2d.f` および `euler2dx.f` をコンパイル・実行し，種々の h に対して挙動の違いを観察せよ．

課題 8.5 Runge-Kutta 法のプログラム `rungekutta2.f`, `rungekutta4.f` をコンパイル・実行し，分割数をいろいろ変えて近似のオーダーを調べよ．できれば丸め誤差の影響も考慮し，最良の刻み幅 h を推測せよ．

課題 8.6 `planet.f`, `vanderpol.f`, `lorenz.f`, `rossler.f`, `eight.c` をコンパイル・実行し，感想を述べよ．

課題 8.7 `rungekutta4.f` を C 言語に移植するか，同等のものを自分で書け．出力は計算値だけでよいが，興味の有る人は出力結果を gnuplot または `xgrc.c` を用いて可視化してみよ．

第9章

複素数の取り扱い
－ フラクタル図形の描画 －

　この章では，複素数に関係した計算を行います．数値計算では，普通は実数の計算が対象となりますが，一般の行列の固有値などでやむを得ず複素数の計算が必要となるだけではなく，平面の流体運動の計算や物理量の表現のための便利な手段として複素数表示が用いられることもあり，複素数の計算もけっこう必要となります．FORTRAN には標準で複素数という型が定義されています．C には複素数は最初からは定義されていませんが，標準ライブラリである程度提供されています．C を発展させた C++ という言語では，更に自由に複素数の計算が可能となっています．この章ではこれらの概要を紹介します．複素数を使った計算例として，ここではそれ自身興味深い複素力学系を取り上げます．

■ 9.1　Mandelbrot 集合の描画

　Mandelbrot（マンデルブロート）集合は複素平面における力学系の代表例です．これを計算するには複素数の取り扱いが必要となります．

【FORTRAN における複素数型】　FORTRAN には複素数型が存在します．

```
      COMPLEX C,Z,W
```

と宣言すると，

```
      W=Z**2+C
```

と書くだけで，複素数の計算 $w = z^2 + c$ が実現できます．複素数と実数や整数との混合算も大丈夫です．結果は複素数型となります：

```
      W=X*Z+2-1/Z
```

複素数の計算に関連した関数としては，次のようなものがあります：

```
      Z=CMPLX(X,Y)    ! 実数 x, y から複素数 z = x+iy を作る
      X=REAL(Z)       ! 複素数 z の実部 x を取り出す
```

9.1 Mandelbrot 集合の描画

```
Y=AIMAG(Z)      ! 複素数 z の虚部 y を取り出す
W=CONJG(Z)      ! 複素数 z の複素共役を作る
```

複素数に対する組み込み関数は次のような名前となります：

```
CABS(Z)         ! 複素数 z の絶対値
CEXP(Z)         ! 複素数 z の指数関数
CSIN(Z)         ! 複素数 z の sin
CCOS(Z)         ! 複素数 z の cos
```

FORTRAN における複素数型の標準入力書式 READ(*,*) C を用いて，例えば $1.0 + 2.0i$ を入力するには (1.0,2.0) とします．出力の形も同様です．

【Mandelbrot 集合】 複素数を使った計算例の最初に，Mandelbrot 集合を取り上げましょう．次は mandelbrot.f の実行結果です．このプログラムは Xlib で描画するので，いつものように

```
g77 mandelbrot.f xgrf.o -lX11 -L/usr/X11R6/lib
```

でコンパイルします．

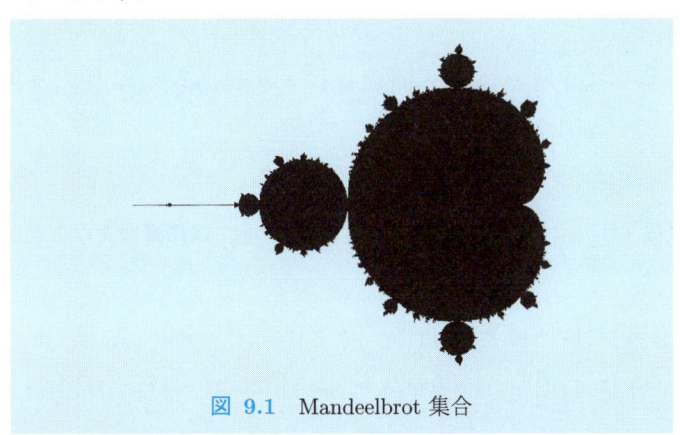

図 9.1 Mandeelbrot 集合

Mandelbrot 集合は上の図で黒い奇妙な形をした平面の点集合です．これは次の規則で定義されます：

Mandelbrot 集合の定義

複素平面の点 $c \in \mathbf{C}$ が Mandelbrot 集合に属するとは，原点 $z_0 = 0$ から出発し $z_{n+1} = z_n^2 + c$ という漸化式で定まる複素数列がいつまで経っても有界集合に留まっていることをいう．

第 9 章 複素数の取り扱い — フラクタル図形の描画 —

次の二つの補題は，実際に Mandelbrot 集合を描くときに役に立ちます：

補題 9.1　Mandelbrot 集合は $|z| \leq 2$ に含まれる．

証明　$|c| > 2$ なら $z_1 = c$，また，

$$|z_2| = |c^2 + c| = |c||c+1| \geq |c|(|c|-1).$$

以下帰納的に，$|z_n| \geq |c|(|c|-1)^{2^{n-2}}$ なら

$$\begin{aligned}|z_n^2 + c| &\geq |c|^2(|c|-1)^{2^{n-1}} - |c| = |c|\{|c|(|c|-1)^{2^{n-1}} - 1\} \\ &= |c|\{(|c|-1+1)(|c|-1)^{2^{n-1}} - 1\} \\ &= |c|\{(|c|-1)^{2^{n-1}+1} + (|c|-1)^{2^{n-1}} - 1\} > |c|(|c|-1)^{2^{n-1}}\end{aligned}$$

よって $|c| - 1 > 1$ により数列 z_n は発散する．　□

補題 9.2　$|c| \leq 2$ であっても，一度 $|z_n| > 2$ となったら発散する．

証明

$$\begin{aligned}|z_{n+1}| = |z_n^2 + c| &\geq |z_n|^2 - |c| \geq |z_n|^2 - |c||z_n|/2 = |z_n|(|z_n| - |c|/2) \\ &\geq |z_n|(|z_n| - 1) \\ &> |z_n| > 2\end{aligned}$$

従って以後 $k \geq n$ に対して常に $|z_k| > 2$ かつ $|z_k|$ は単調増大なことが分かり，更に

$$\begin{aligned}|z_{n+2}| = |z_{n+1}^2 + c| &\geq |z_{n+1}|^2 - |c| \geq |z_{n+1}|^2 - |c||z_{n+1}|/2 \\ &\geq |z_{n+1}|(|z_{n+1}| - |c|/2) > |z_{n+1}|(|z_{n+1}| - 1) > |z_n|(|z_n| - 1)^2\end{aligned}$$

以下同様に $|z_{n+k}| \geq |z_n|(|z_n| - 1)^k$ が示せるので，$|z_n| - 1 > 1$ により数列 z_n は発散する．　□

以下に Mandelbrot 集合の FORTRAN プログラムを掲げます．描画にはいつものように xgrf.c を用いています．このプログラムに関連していくつかの注意をしておきます．

9.1 Mandelbrot 集合の描画

Mandelbrot 集合の FORTRAN プログラム mandelbrot.f

```
      PARAMETER(IXMIN=0,IXMAX=800,IYMIN=0,IYMAX=600)
      PARAMETER(XMAX=2,XMIN=-XMAX,YMAX=XMAX/IXMAX*IYMAX,YMIN=-YMAX)
      COMPLEX C,F,Z
      GX(IX)=XMIN+(XMAX-XMIN)*(IX-IXMIN)/(IXMAX-IXMIN)
      GY(IY)=YMIN+(YMAX-YMIN)*(IY-IYMIN)/(IYMAX-IYMIN)
      F(Z)=Z*Z+C
      CALL INIT(IXMIN,IYMIN,IXMAX,IYMAX)
      CALL CLS()
      DO 200 I=IXMIN,IXMAX
         DO 100 J=IYMIN,IYMAX
            C=CMPLX(GX(I),GY(J))
            Z=(0,0)                    ! 複素定数 0
            DO 50 K=1,80
               Z=F(Z)
               IF (CABS(Z).GT.2.0) GO TO 100 ! 飛び出したら背景の黒色
   50       CONTINUE
            CALL PSET(I,J,15)          ! 飛び出さなかったら白色
  100    CONTINUE
  200 CONTINUE
      PAUSE
      CALL CLOSEX()
      END
```

(1) GX, GY は今まで用いてきた IGX, IGY の逆関数で，整数型のスクリーン座標を実数型のワールド座標に変換します．この関数を用いてウインドウ内のピクセルの一つ一つについて，塗る塗らないの判定をしています．

(2) a, b が定数のときに限り CMPLX を使わず，(a,b) だけで複素数 $a+bi$ を表すことができます．

(3) $|z| > 2$ に飛び出した場合の発散の判定は上の補題で保証されますが，なかなか飛び出さないときには，未来永劫に飛び出さないのか，それとも十分先で飛び出してしまうのか，数値計算では厳密には決めることはできません．普通は，適当な回数，例えば 80 回とかを設定し，その間 $|z| \leq 2$ に留まっていたら Mandelbrot 集合に属するものとみなします．これは上からの近似 (すなわち，大きめに描いている) となっています．この回数を大きくとれば，見た目にはよい近似になっていますが，細部を拡大してゆくと，縁がなまってきます．(これが厳密に Mandelbrot 集合の近似となっているかどうかは，実数数値計算の分野における難しい未解決問題です!)

(4) $|z| > 2$ に飛び出す場合をすべて同じ色にせず，何回で飛び出すかで色分けすると，更に味わい深い図が得られます．これは例えば，上の

```
      IF (CABS(Z).GT.2.0) GO TO 100
```

とあるところを

```
        IF (CABS(Z).GT.2.0) THEN
          IF (K.GT.60) THEN
            CALL PSET(I,J,3)
          ELSE IF (K.GT.50) THEN
            CALL PSET(I,J,4)
          ELSE IF (K.GT.30) THEN
            ...
          END IF
        END IF
```

のように，ブロック IF 文としては最も複雑な ELSE IF 文を用いることで達成できます．この色目については，後に出てくる Julia 集合のプログラム例が描き出す図を見てください．

🐰 上のブロック IF 文の例では，ELSE IF は絶対ですが，これが例えば

```
   IF (K.EQ.60) THEN
     CALL PSET(I,J,3)
   ELSE IF (K.EQ.50) THEN
     CALL PSET(I,J,4)
   ELSE IF (K.EQ.30) THEN
      ...
      ...
   END IF
```

のようになっているときには，よく

```
   IF (K.EQ.60) CALL PSET(I,J,3)
   IF (K.EQ.50) CALL PSET(I,J,4)
   IF (K.EQ.30) ...
```

と書いてしまう人がいます．この方が短くてよいと思うかもしれませんが，これだと，例えば最初の条件が成立したときも，起こり得ない他のすべての場合をチェックしてしまうので，とても遅いプログラムになってしまいます．気をつけましょう．なお，判定する値が 1,2,...,n という連続した数のときに限り，FORTRAN でも，いわゆる case 文 (C 言語の switch 文) に相当する，次のような書き方ができます．ここで括弧内の行番号は，順に I の値が 1,2,... だったときの飛び先です．これは**計算型 GO TO 文**と呼ばれます．(I の値がリストからはずれているときは，この文の次の行に行きます．)

```
       GO TO (100,200,...),I
       ...
   100 CALL PSET(I,J,3)
       GO TO 1000
   200 CALL PSET(I,J,4)
       GO TO 1000
       ...
```

9.1 Mandelbrot 集合の描画

break 文が無いので,GO TO 文が頻出し,あまり見やすくはないですね.

【倍精度の複素数型】 FORTRAN の複素数は,デフォールトでは実部・虚部とも単精度の実数になります.実部・虚部とも倍精度の実数である倍精度複素数は,F77 のコンパイラでは商用でも必ずしもサポートされていませんでしたが,Fortran 90 から正式に採り入れられ,g77 でも使えます.その型宣言は

```
      DOUBLE COMPLEX   Z, W
```

あるいは

```
      COMPLEX*16   Z, W
```

などとします.倍精度複素数に対しては,対応する組込み関数は,

```
      CMPLX,CABS,CSIN,CCOS,REAL,AIMAG
```

等はそれぞれ,順に

```
      DCMPLX,DCABS,DCSIN,DCCOS,DREAL,DIMAG
```

等となります.

倍精度の複素数を作るには,構成要素の実数も倍精度にしなければ精度が保てません.関数 Z=DCMPLX(X,Y) は X,Y が倍精度でなく単精度でもエラーにならないので,特に注意が必要です.

プログラム例 mandelbrotd.f は倍精度複素数を用い,細部をマウスで指定して次々に拡大できるようにしてあります.第 1 章で見せた,計算機イプシロンの可視化のプログラムの FORTRAN 版です.

【C 言語における複素数の取り扱い】 C 言語には複素数型は無いので,実部・虚部二つの実数のペアで表し,自分でそれを複素数として管理しなければなりません.例えば,

```
    double z[2],w[2],zeta[2];
    /* 複素数の和 zeta = z + w に相当する計算 */
    zeta[0]=z[0]+w[0];
    zeta[1]=z[1]+w[1];
    /* 複素数の積 zeta = z * w に相当する計算 */
    zeta[0]=z[0]*w[0]-z[1]*w[1];
    zeta[1]=z[1]*w[0]+z[0]*w[1];
```

などとします.もうちょっと見やすくするため,**構造型**を使うこともできます:

```
    typedef struct {
        double x;   /* 実部のつもり */
        double y;   /* 虚部のつもり */
    } complex;
```

のように型の定義をしておき，

```
complex z,w,zeta;
```

と今定義した複素数型の変数を宣言すると，z の実部，虚部は構造型の一般的規則により，それぞれ z.x, z.y で表せるようになります．ただし，こうしても C 言語では，残念ながら複素数の演算が z+w 等と書けるようになる訳ではなく，これらの演算を実行する関数を別途作らなければなりません．例えば，

```
/* 複素数の和 zeta = z + w を返す関数 */
complex cadd(complex z,complex w){
    complex zeta;
    zeta.x=z.x+w.x;
    zeta.y=z.y+w.y;
    return zeta;
}
/* 複素数の積 zeta = z * w を返す関数 */
complex cmul(complex z,complex w){
    complex zeta;
    zeta.x=z.x*w.x-z.y*w.y;
    zeta.y=z.y*w.x+z.x*w.y;
    return zeta;
}
```

などとします．これらを使うときは，

```
complex alpha,beta,gamma,z,w,zeta;
gamma=cadd(alpha,beta);
zeta=cmul(z,w);
```

のようにします．少々恰好が悪いですね．(ML 系の関数型言語に慣れた人には，この方が恰好良く見えるのかしら (^^;)

🐛 gcc には，後述の C++ の機能を一部取り込む形で複素数型があります．

```
#include<complex.h>
```

とすると，標準で倍精度の複素数型 complex が使えるようになり，

```
complex z,w;
z=2+1i;                    /* なぜか 2+i はエラーになる */
w=1-2i;
printf("%lf+%lf i\n",z+w);
printf("%lf+%lf i\n",z*w);
```

で複素数の和や積が計算できます．これは C の標準仕様ではないので，互換性には注意が必要です．複素数に対するライブラリ関数は cabs, conj 程度しか実装されていません．出力フォーマットの書き方が残念ながら見付かりませんでしたが，上の間に合わせの例では残念ながら 3.000000+-1.000000 i 等と見苦しい出力になります．

以上のプログラム例として mandelakko.c を置いておきます．これは，第1章で計算機イプシロンの可視化として紹介したプログラムで，金子研 OG の藤井亜紀子さんによる美しい色づけが用いられています．

■ 9.2　C++ 言語における複素数の取り扱い

実は C 後継言語として C++ というものが有り，そこでは複素数型が使えるのです．数値計算に携わっている人達の中には，これだけのために C でなく C++ を使っている人も居るくらいです．C++ は全く異なる言語ですが，複素数を使うだけなら，C の上位互換として次のような手っ取り早い使い方もできます．

【C 言語のプログラムを C++ で使う】　プログラム例 julia.cc はこのようにして，C から C++ に移植したものです．
① ソースファイル名を hoge.c から hoge.cc に変更する．
② インクルードするヘッダファイル名を次のように変える：

```
#include<cstdio>     /* C 言語の stdio.h の代わり */
#include<cstdlib>    /* C 言語の stdlib.h の代わり */
#include<cmath>      /* C 言語の math.h の代わり */
#include<complex>    /* C++ 言語の複素数型のクラス定義 */
```

これで，複素数型のみならず C の関数も引続き使えるようになります．その上で
③ 複素数型の宣言

```
    std::complex<double> z,w,zeta1,zeta2;
```

を行うと，演算は通常の演算形式

```
    zeta1=z+w;    zeta2=z*w;
```

等で可能となります．

このようなことが可能な理由は，C++ 言語が**演算子の多重定義** (overlord) を許す仕様のためです．すなわち，演算の定義を上書きして，複素数のような新しいクラスに対して追加定義された挙動をするようにできるのです．

なお，C++ は変数の型に対して非常に厳密で，関数は引数や戻り値の型が異なると，同じ名前でも別の物とみなされます．そのため，例えば指数関数も，単精度，倍精度，複素数のすべてに共通して exp という一つの名前で済み，数学により近い環境になります．

【C++ 言語と他言語をリンクするときの注意点】　C++ 言語は C 言語とコンパイルしたときにできる関数の名前の付け方が異なります．C 言語において関数 hoge の定義

```
int hoge(int n){
    return n+2;
}
```

を含むライブラリファイル libhoge.c を gcc -c libhoge.c でコンパイルだけすると，できたオブジェクトモジュール libhoge.o の中には hoge という関数が登録されます．これに対し C++ 言語の場合は同様のファイル libhoge.cc を g++ -c hoge.cc でコンパイルすると，libhoge.o の中に hogei という関数が登録されます．型の異なる同名の関数 hoge が更にもう一つあれば hogeii として登録されるためです．これに合わせて，main 関数で hoge を呼んだとき，リンク時に C 言語では hoge が，C++ 言語では hogei, hogeii, 等の関数がライブラリから探されることになります．

このため，C 言語で書かれたライブラリ関数をそのままはリンクできません．これを回避するため，C 言語の別ファイルでコンパイルされている関数 int hoge(int, int) 等を C++ のソースから呼ぶときは，使用する関数の型宣言において，C 仕様のコンパイルがなされていることを明示し

```
extern "C" {
    int hoge(int,int);
    int sub2(double);
    ...
}
```

などとします．これで呼ぶ方のプログラムがコンパイルされたとき，hoge という名前の関数がライブラリから探されるようになり，ライブラリは再コンパイルすることも無くそのまま使え，既存の遺産を活かすことができます．C 言語用の xgrc.c も，このようにすればそのまま C++ で使えます[1]．

【C++ 言語速成入門】　C++ の特徴と利点を手短に紹介します．C++ の複素数演算における演算子の多重定義は C++ の特徴を代表する非常に便利な機能ですが，これを可能にしているのが**クラス** (class) の概念です．すなわち，

---

[1] しかし，使用するすべての描画関数に対していちいちこの extern 宣言をするのは面倒ですので，呼び出し規則を C++ 仕様にした xgrc.cc も用意してあります．これはもちろん，g++ -c xgrc.cc で予めコンパイルします．C と同じ名前の xgrc.o ができてしまうので，ディレクトリを別にする等で対応してください．

9.2 C++ 言語における複素数の取り扱い

complex (複素数) というクラスを新たに定義し，この型のオブジェクトに対して，既存の演算記号 + や * 等の意味を拡張定義することができるのです．複素数型には，実部・虚部が整数，単精度実数，倍精度実数のものなど，いろいろ必要ですが，これらには共通の性質も多く，それぞれを別のクラスにするのは無駄なので，**テンプレート** (template) という機構で区別しています．最初の例は double complex の場合で complex<double> と宣言されていました．これに合わせて，演算子 + や * の定義も，複素数対複素数，複素数対倍精度実数，倍精度実数対複素数，複素数対整数，など，あらゆる可能性について与えておく必要があります．定義をし忘れた組み合わせに対してこれらの演算記号を直接使うと，未定義のエラーとなります．

一つのクラスを完全に定義するには，更に，そのクラスに属するオブジェクトの生成と消滅の方法や，オブジェクトを入出力する際のフォーマットなどの定義も必要となります．なので，クラスライブラリは，使う方は極楽だが，作る方は地獄とよく言われます．ただし，complex など，標準的に使われるものについては，標準ライブラリ std が用意されているので，それを使えば済みます．C++ のリリース 2 からは，うっかり同じ名前の class を定義してしまったりする，クラス同士の衝突が起きないよう，名前空間 (namespace) という概念でクラスを大きく分類することも行われています．標準クラスライブラリを使うときは，それに属するクラスで定義されている個々の関数や型の宣言に std:: をかぶせるか，あるいは，プログラムの冒頭で using namespace std と宣言しなければなりません．これは g++ の ver.2 までは省略できましたが，ver.3 以降は明白に宣言しないとエラーになります．C++ の古い参考書には，これが書かれていないものがあるので注意しましょう．

クラス complex の詳細は定義ファイル (例えば/usr/include/c++/4.2/ の下などにある) complex を覗いて見てください．C++ 言語は，オブジェクト指向言語としてこの他にもいろいろ重要な特徴を持っていますが，興味を持った人は適当な参考書を見てください．

C++ 言語のプログラム見本として，julia.cc と julia++.cc の二つが提供されています．前者は C 言語からの最低の書き直しで済ませたもの，後者は各指令を C++ 言語固有の書き方に直したものです．比較すると C++ 言語の速成入門になるでしょう．前者から後者への書き換えは，例えば，

```
#include<stdio.h>        の代わりに    #include<iostream>
printf("message");       の代わりに    std::cout << "message";
scanf("%lf",&a);         の代わりに    std::cin >> a;
```

などです．C++ に固有のこの入出力の書き方は，フォーマットを気にせずに済むので便利です．また，C++ 言語では，引数の参照渡しが可能なので scanf 関数のように引数で値を返さねばならない場合もポインタを使わずに済み，プログラムがより安全になります．

9.3 Julia 集合の描画

【Julia 集合】 Julia(ジュリア) 集合はパラメータ c に依存し，次の規則で定義されます：

Julia 集合の定義型

複素平面の点 $z \in C$ がパラメータ c の Julia 集合に属するとは，$z_0 = z$ から出発し $z_{n+1} = z_n^2 + c$ という漸化式で定まる複素数列がいつまで経っても有界集合に留まっていることをいう．

厳密には，これは**充填 Julia 集合**と呼ばれるもので，本来の Julia 集合はその境界のことですが，以下簡単のため，Julia 集合と呼びます．

補題 9.3 Julia 集合は $|z| \leq 2$ に含まれる．また，発散の判定も $\exists n$ に対して $|z_n| > 2$ で可能．

証明は Mandelbrot 集合の場合で実質的に済んでいます．

Julia 集合はパラメータ c を変化させると，形が非常に変化します．そこでプログラムでは，パラメータ c の値が入力できるようにしています．Julia 集合も Mandelbrot 集合と同様，単に有界に留まるか，発散するかではなく，$|z| > 2$ の領域に飛び出すまでに何回かかったかをカウントし，その回数で色分けすると，非常に美しい，または怪しげな模様ができ上がります．この色づけには美的才能が必要で，著者がやるとサイケデリックな図になってしまいます．

【フラクタル性の意味】 Mandelbrot 集合も Julia 集合も，部分を拡大してゆくと，いくらでも複雑になっているだけでなく，同じようなパターンが繰り返し現れる (自己相似性) ことが分かります．これを分かりやすく示すため，改良

版のプログラムでは，マウスで描画範囲を指定し，その部分を拡大描画できるようにしてあります．このような自己相似性が複雑さの一つの理由となっています．フラクタルと言う名前の由来は，断片的ということから来ているようですが，このように複雑な平面図形は，曲線のように 1 次元よりは大きく，また平面のように 2 次元よりは小さな，その中間の分数的な次元を持っているという意味にも解釈されます．ここで次元は **Hausdorff** 次元（ハウスドルフ）の意味で測ります：一般に，$\boldsymbol{R}^n$ の有界閉部分集合 A に対して，A を半径 δ の球で覆ったときの，必要な個数の最小値を $N(\delta)$ とすると，$\lim_{\delta\downarrow 0} N(\delta)\delta^s = 0$ となるような s の下限 $d \leq n$ が定まりますが，これを A の Hausdorff 次元，またはフラクタル次元と呼びます．$\boldsymbol{R}^2$ 内の通常の滑らかな曲線はこの意味でも 1 次元ですが，ギザギザと複雑になると次第に大きくなります．フラクタル図形の元祖である von Koch 曲線（フォン・コッホ）のように自己相似だと，フラクタル次元は $\dfrac{\log 4}{\log 3}$ と容易に計算でき，本当に 1 と 2 の中間になります．Mandelbrot 集合の場合は，内部まで込めるともちろん 2 次元の領域を成していますが，実は境界だけを取ってもフラクタル次元が 2 であることが 1991 年に宍倉光広さんにより示されました．これは Mandelbrot 集合の縁が如何にぎざぎざしてるかを示しているものと言えます．一般には Hausdorff 次元の計算は非常に困難で，数値計算を試みている人もいます．勇気の有る人は挑戦してみましょう．

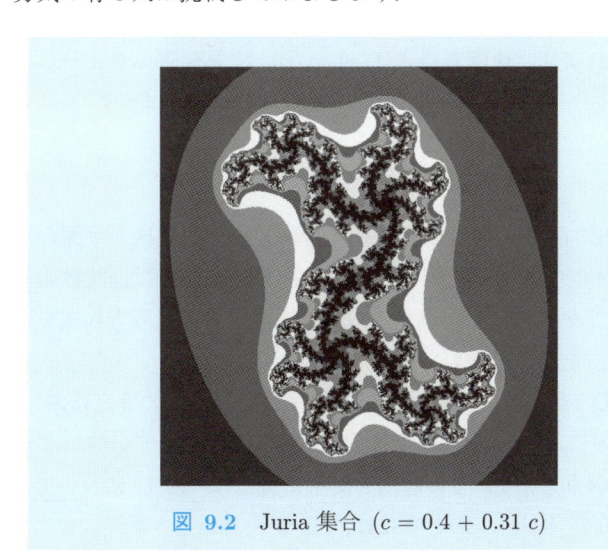

図 **9.2** Juria 集合 ($c = 0.4 + 0.31\,c$)

第 9 章 複素数の取り扱い － フラクタル図形の描画 －

　この章の参考プログラムとして，複素数とは関係ない，いくつかのフラクタル図形の描画プログラム leaf.f, von_koch.f, sierpinski.f なども置いておきましたので，FORTRAN プログラミングの練習用に使ってください．

■ 9.4　Newton 法の吸引領域

　複素数に対しても Newton 法は通用します．実は一般に N 元の非線形連立方程式 $F(\boldsymbol{x}) = \boldsymbol{0}$ に対しても Newton 法が通用するのです：

$$\boldsymbol{x}_0 \ (初期値) \ を適当に選ぶ.$$
$$\boldsymbol{x}_1 = \boldsymbol{x}_0 - DF(\boldsymbol{x}_0)^{-1}[F(\boldsymbol{x}_0)]$$
$$\cdots\cdots$$
$$\boldsymbol{x}_{n+1} = \boldsymbol{x}_n - DF(\boldsymbol{x}_n)^{-1}[F(\boldsymbol{x}_n)]$$

この漸化式は，近似解 $\boldsymbol{x}_n$ における方程式 $F(\boldsymbol{x}) = \boldsymbol{0}$ の線形近似

$$\boldsymbol{0} = F(\boldsymbol{x}) \doteqdot F(\boldsymbol{x}_n) + DF(\boldsymbol{x}_n)[\boldsymbol{x} - \boldsymbol{x}_n]$$

を $\boldsymbol{x}$ について解いたものです．ここに $DF(\boldsymbol{x}_n)$ は写像 F の点 $\boldsymbol{x}_n$ における微分すなわち Jacobi 行列を表しており，$DF(\boldsymbol{x}_n)^{-1}$ はその逆行列を表します．

　D^2F が非退化 (正則行列) なら，初期値が真の解に十分近ければ，近似解の列が真の解に 2 次の収束をすることが，第 5 章で論じた実 1 変数の場合と全く同様にして示されます．複素方程式 $f(z) = 0$ に対する Newton 法は，複素平面を実の平面と同一視すれば，この $N = 2$ の場合にすぎません：

$$z_{n+1} = z_n - \frac{f(z_n)}{f'(z_n)} \tag{9.1}$$

ここで，正則関数 $f(z)$ の関数論の意味での微分と，実 2 次元平面の写像としての微分，すなわち Jacobi 行列とどういう関係にあるかは，関数論を履修した人は演習問題でやったと思いますが，直接この場合の近似方程式を立て，それから上の反復法を導いてもいいでしょう．

　$f(z)$ が多項式のときは，Newton 法の反復列は $f'(z)$ の零点にぶつかるか，あるいは周期軌道にぶつかるという例外的な場合を除き，必ずいつかは $f(z) = 0$ のどれかの根に収束します．その理由を簡単に言えば，(9.1) において，多項式 $f(z) = z^m + c_1 z^{m-1} + \cdots$ のときには，z_n が大きいとき漸化式の右辺が

9.4 Newton 法の吸引領域

$$z_n - \frac{f(z_n)}{f'(z_n)} = \left(1 - \frac{1}{m}\right)z_n + \cdots$$

となり，常に原点の方に戻されるためです．従ってコンパクト性により，分母の零点や周期軌道に陥らなければ，いつかはどれかの根の吸引領域に落ちます．そこで，全複素平面を，その点を初期値とする Newton 法の反復列がどの根に収束するかにより根別に色分けすると，美しい図ができます．この図形も，$f'(z) = 0$ の零点の逆像の周りにフラクタル的な構造を持つことが分かります．

プログラム例として，今回は $z^3 - 1 = 0$ に対する Newton 法の吸引領域を可視化した C++ 言語の例 cubic.cc を紹介します．C++ 用に書き直した xgrc++.cc を用いていますので，

```
g++ -c xgrc++.cc
g++ cubic.cc xgrc++.o -lX11 -o cubic
```

でコンパイルしてください．マウスで指定したい領域の左上コーナーを左クリックし，右下コーナーに移動して右クリックすると，新しい窓が開いて指定範囲を描画します．スペース節約のため，複数の指令を一行に詰める等，サポートページの参考プログラムとは若干異なっています．(途中の (z*z*z-1.0)/3.0/z/z のところを (z*z*z-1)/3/z/z とするとエラーになります．クラス complex の設計の手抜きでしょうか？)

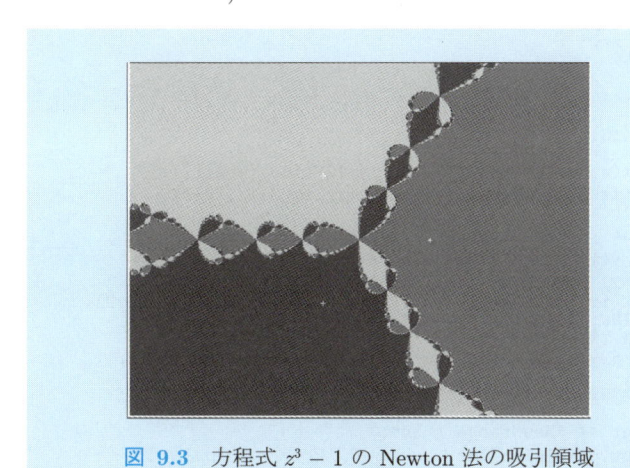

図 9.3 方程式 $z^3 - 1$ の Newton 法の吸引領域

他の例として，次の章で Wilkinson 多項式と呼ばれる 20 次の多項式の根の近似計算における Newton 法の吸引領域を可視化したものを紹介しています．

Newton 法の吸引領域の C++ プログラム cubic.cc

```cpp
#include <iostream>
#include <complex>
#include "xgrc++.h"
static int IXMIN=0,IXMAX=799, IYMIN=0, IYMAX=599;
static double XMAX=(double)8,XMIN=-XMAX,YMAX=(double)6,YMIN=-YMAX;
int IGX(float X){return int(IXMIN+(X-XMIN)/(XMAX-XMIN)*(IXMAX-IXMIN));}
int IGY(float Y){return int(IYMIN+(Y-YMIN)/(YMAX-YMIN)*(IYMAX-IYMIN));}
double GX(int IX){return XMIN+(XMAX-XMIN)*(IX-IXMIN)/(IXMAX-IXMIN);}
double GY(int IY){return YMIN+(YMAX-YMIN)*(IY-IYMIN)/(IYMAX-IYMIN);}
int main(void){
  int i,j,k,r,ic,ix,iy,ix2,iy2,IKC;
  double XMINW,XMAXW,YMINW,YMAXW,eps;
  std::complex<double> z,w, sol[3];
  int icolor[3]={4,8,12};
  IKC=0;
  do {
    init_(IXMIN,IYMIN,IXMAX,IYMAX,-1);
    eps=1.0e-15;           /* e の前後に空白を入れるとエラーになる */
    for (i=IXMIN;i<=IXMAX;i++){
      for (j=IYMIN;j<=IYMAX;j++){
        z=std::complex<double>(GX(i),GY(j));
        for (r=0;r<200;r++){
          if ((abs(z)<(XMAX-XMIN)/1000)) {pset_(i,j,0); break;}
          w=z-(z*z*z-1.0)/3.0/z/z;
          if (abs(w-z)<eps){
            for (k=0;k<IKC;k++){
              if (abs(w-sol[k])<1.0e-10){pset_(i,j,icolor[k]); break;}
            }
            if (k>=IKC){
              sol[IKC]=w; pset_(i,j,icolor[IKC]); IKC++;
              std::cout.precision(16);  /* 出力精度を 16 桁にする */
              std::cout << "Found " << IKC << "-th root" << w << '\n';
            }
            break;
          } else {
            z=w;
          }
        }
      }
    }
    lcolor_(15);
    for (int i=0;i<IKC;i++){
      ix=IGX(std::real(sol[i]));   iy=IGY(imag(sol[i]));
      line_(ix-3,iy,ix+3,iy);   line_(ix,iy-3,ix,iy+3);
    }
    std::cout << "Select the next region by mouse:\n";
    ic=mbox_(&ix,&iy,&ix2,&iy2); /* マウスイベントを取得 */
    if (ic==2) return 0;  /* 中ボタンで終了 */
    XMINW=GX(ix); XMAXW=GX(ix2); YMINW=GY(iy); YMAXW=GY(iy2);
    XMIN=XMINW; XMAX=XMAXW; YMIN=YMINW; YMAX=YMAXW;
    if (YMAX-YMIN)>(XMAX-XMIN)*3/4) {
      IYMAX=599; IXMAX=int(600*(XMAX-XMIN)/(YMAX-YMIN)-1);
    } else {
      IXMAX=799; IYMAX=int(800*(YMAX-YMIN)/(XMAX-XMIN)-1);
    }
    std::cout << "New range : \n";
    std::cout.precision(16);   /* 出力精度を 16 桁にする */
    std::cout << XMIN << " < x < " << XMAX << '\n';
    std::cout << YMIN << " < y < " << YMAX << '\n';
  } while (1);
}
```

9.4 Newton 法の吸引領域

【シェルスクリプトと環境変数】 グラフィックを含んだプログラムのコンパイルは，長いコマンドを打つ必要があり，面倒です．これは，いろんな方法で回避できます．例えば，

```
gcc hoge.c xgrc.o -lm -lX11 -L/usr/X11R6/lib -o hoge
```

を，hoge.c の部分をいろいろ取り替えて何度も実行する場合は，

―― シェルスクリプト gcc-xgr ――
```
#!/bin/sh
gcc $1 xgrc.o -lm -lX11 -L/usr/X11R6/lib -o `basename $1 .c`
```

という内容のファイルをエディターで作成します．そのままだとテキストファイルの属性になっているので，

```
chmod 755 gcc-xgr
```

でこのファイルの属性を実行可能に変え，

```
./gcc-xgr hoge.c
```

を実行すると，上の $1 のところに hoge.c が代入され，最初に書いた長いコマンドと同等のことが行われます[2]．このように，テキストファイルにシェルの指令を並べて実行可能にしたものを**シェルスクリプト**と言います．

さて，-lm と書くだけで libm.a は探してリンクしてくれるのに，libX11.a の方は -lX11 だけではだめで，-L/usr/X11R6/lib という長いオプションが必要な理由は，ライブラリファイルの探索パスに前者が存在する /usr/lib などは最初から含まれているのに，後者の /usr/X11R6/lib は含まれていないため，-L オプションで追加しているのでした．**環境変数** LIBRARY_PATH を用いてこの探索パスを増やしてしまえば，一々書かなくて済むようになります．これには，自分が使っているシェルが csh や tcsh なら

```
setenv LIBRARY_PATH /usr/X11R6/lib
```

また，bash なら

```
export LIBRARY_PATH=/usr/X11R6/lib
```

---

[2] 現場で実習を担当するときは，大混乱を避けるため，つい早い段階でこういうものを配ってしまいたくなるのですが，何をやっているのかまったく理解せずに終わってしまう学生がたくさん出るので，ここまで導入を延ばしました．

を実行すればよろしい．(gcc のデフォールトパスに追加するので，/usr/lib などは書かなくても消えてしまうことはありません．) これは，シェルを終了するともとのデフォールト状態に戻ってしまうので，自分の環境を恒久的に変えたいときは，.cshrc, .tcshrc, .bashrc などのシェル環境設定ファイルに上の行を追加します．

以上のことは，g77 や g++ のコンパイラに対してもまったく同様です．また，コンパイルしたものを実行するのに，一々 ./ をファイル名の頭に付けるのは面倒だという人は，

```
setenv PATH ${PATH}:.        (csh, tcsh のとき)
```

あるいは，

```
export PATH=${PATH}:.        (bash のとき)
```

という行を環境設定ファイルの最後に書き込み，カレントディレクトリを探索パスに追加すればよろしい．(PATH の場合は，上のようにして現在の内容 ${PATH} に追加するようにしないと，基本的なコマンドが使えなくなるので注意しましょう．)

この章の課題

課題 9.1 FORTRAN 見本プログラム mandelbrot.f, mandelbrotd.f のソースをエディターで読み，コンパイル・実行して本文の記述を確認せよ．

課題 9.2 C 言語の見本プログラム mandelakko.c のソースをエディターで読み，gcc mandelakko.c xgrc.o -lX11 -L/usr/X11R6/lib でコンパイルし，実行して感想を述べよ．

課題 9.3 C++ 言語の見本プログラム julia.cc あるいは julia++.cc のソースを読み，コンパイル・実行して本文の記述を確認せよ．続いてこのプログラムを FORTRAN 言語および C 言語に翻訳してみよ．また部分領域を拡大再描画できるように修正してみよ．

課題 9.4 C++ 言語の見本プログラム cubic.cc のソースをエディターで読み，本文中の記述に従ってコンパイル・実行して感想を述べよ．

第 10 章

行列の計算 (2)
− 反復法と固有値の計算 −

この章では，連立 1 次方程式の実用的な解法である，反復法を紹介し，更に，行列に関連した重要問題の他の例として，固有値の計算法を紹介します．

■ 10.1 対角優位行列の反復法による解法

正方行列を係数行列とする連立 1 次方程式 $AX = F$ において，

$$A = D + B, \qquad D \text{ は対角型で } B \text{ は } D \text{ に比して小さい}$$

とするとき，方程式を $DX = F - BX$ と変形し，

X_0 は適当に選ぶ

$$DX_{n+1} = F - BX_n, \quad \text{i.e.} \quad X_{n+1} = D^{-1}F - D^{-1}BX_n \quad (n \geq 0)$$

という反復法で求めることができます．これを Jacobi 法と呼びます．$D^{-1}F$, $D^{-1}B$ は計算しておけるので，結局，$\boldsymbol{R}^N$ のアフィン写像

$$\boldsymbol{x} \mapsto \boldsymbol{y} = F(\boldsymbol{x}) := A\boldsymbol{x} + \boldsymbol{b}$$

の反復の挙動を調べることに帰着します．これをプログラミングすると

FORTRAN による Jacobi 法の核心部分
```
      DO 100 I=1,N
         Y(I)=B(I)
         DO 100 J=1,N
            Y(I)=Y(I)+A(I,J)*X(J)
  100 CONTINUE
      DO 200 I=1,N
         X(I)=Y(I)
  200 CONTINUE
```

となります．プログラム見本は `jacobi.f` です．`jacobi-band.f` は，同じことを係数行列の対称性を仮定し，帯状行列として格納する方法でやっています．

このプログラムでは配列 Y(N) のメモリーが無駄なので，一つの単純変数で済ましたらどうかと考える人も居るでしょう．すると，

```
———— FORTRAN による Gauss-Seidel 法の核心部分 ————
      DO 200 I=1,N
         Y=B(I)
         DO 100 J=1,N
            Y=Y+A(I,J)*X(J)
 100     CONTINUE
         X(I)=Y
 200  CONTINUE
```

となります．これは，一つ前のプログラムと同じことをするでしょうか？ 実は全く違うのです！ なぜかというと，ベクトル X の第 I+1 成分の更新を計算するのに，このプログラムでは，X(1), X(2),...,X(I) の更新後の値が使われてしまっています．従って，Jacobi 法を実装しようとしたのなら，これはプログラミングのミスとなります．しかし，不思議なことに，多くの場合このように間違えた方が収束がかえって速くなるのです．これは **Gauss-Seidel** 法と呼ばれ，実用的なアルゴリズムとして使われています．プログラム見本は gauss-seidel.f，あるいはその帯状行列版 gauss-seidel-band.f です．

数式

$$\begin{pmatrix} d_1 & 0 & \cdots & 0 \\ 0 & d_2 & \ddots & \vdots \\ \vdots & \ddots & \ddots & 0 \\ 0 & \cdots & 0 & D_N \end{pmatrix} \begin{pmatrix} x_1 \\ x_2 \\ \vdots \\ x_N \end{pmatrix} = \begin{pmatrix} 0 & b_{12} & \cdots & b_{1N} \\ b_{21} & 0 & \ddots & \vdots \\ \vdots & \ddots & \ddots & b_{N-1,N} \\ b_{N1} & \cdots & b_{N,N-1} & 0 \end{pmatrix} \begin{pmatrix} x_1 \\ x_2 \\ \vdots \\ x_N \end{pmatrix} + \begin{pmatrix} f_1 \\ f_2 \\ \vdots \\ f_N \end{pmatrix}$$

を見ながら違いを考えてみましょう．もとの問題でいうと，$AX = F$ を $A = D + B = D + L + R$ と変形し，ここで L, R は下および上三角型で，対角成分はすべて D に組み込まれているものとしたとき，Jacobi 法は

$$X_{n+1} = D^{-1}(F - (L+R)X_n)$$

なのに対し，Gauss-Seidel 法は下三角部分が，既に更新された成分に作用するため，

$$X_{n+1} = D^{-1}(F - LX_{n+1} - RX_n). \quad \therefore (I + D^{-1}L)X_{n+1} = D^{-1}(F - RX_n)$$

(ここでは単位行列を高校生流の E ではなく，I で表しています．) 従って，

$$X_{n+1} = (I + D^{-1}L)^{-1}D^{-1}(F - RX_n) = (D+L)^{-1}F - (D+L)^{-1}RX_n$$

と書けます．これで収束の考察は，数学的には Jacobi 法と同じく形式的なアフィン写像として議論できるようになります．

10.2 縮小写像の原理

　反復法の収束の正当化を試みるため，まず縮小写像の原理を学びます．そのため R^N のノルムから復習しましょう．

【ベクトルのノルム】　N 次元ベクトル $x \in R^N$ のノルム $\|x\|$ とは，x の長さのことです．$x = (x_1, \ldots, x_N)$ とするとき，数値解析では次のような式で定義されるもののいずれかが主に使われます：

> **Euclid ノルム** または L_2 **ノルム** $\|x\|_2 := \sqrt{x_1^2 + \cdots + x_N^2}$
> L_1 **ノルム** $\|x\|_1 := |x_1| + \cdots + |x_N|$
> **最大値ノルム** または L_∞ **ノルム** $\|x\|_\infty := \max_{1 \leq j \leq N} |x_j|$

容易に確かめられるように，これらはどれも**ノルムの公理**
(1) (正値性) $\|x\| \geq 0$ であり，更に $\|x\| = 0 \iff x = \mathbf{0}$.
(2) (正 1 次同次性) $\|\lambda x\| = |\lambda|\|x\|$.
(3) (三角不等式) $\|x + y\| \leq \|x\| + \|y\|$
を満たしており，それ故どれでも同じように使えます．なので以下では区別せずに同じ記号を使います．

　R^N の点列 x_n が a に収束するとは，$\|x_n - a\|$ が $n \to \infty$ のとき 0 に近づくことを言います．また，x_n が **Cauchy 列**とは，$m, n \to \infty$ のとき $\|x_m - x_n\| \to 0$ なる条件を満たすことです．容易に分かるように，不等式

$$\|x\|_\infty \leq \|x\|_2 \leq \|x\|_1 \leq N\|x\|_\infty$$

が成り立つので，これらはどのノルムを用いても同値な条件になります．

【縮小写像】　写像 $F : R^N \to R^N$ が**縮小写像**とは，

$$\exists \lambda < 1 \text{ について } \forall x, y \text{ に対し，} \|F(x) - F(y)\| \leq \lambda \|x - y\|$$

となることです．F の**不動点**とは，$F(a) = a$ なる a のことです．次の定理は

上のどのノルムに対しても成り立ちますが，個々の写像 F が縮小写像になるかどうかは使用するノルムに依存することがあります．

定理 10.1 （縮小写像に対する不動点定理） $\boldsymbol{R}^N$ の縮小写像 F には，ただ一つの不動点が存在する．しかも，それは，任意の初期値 $\boldsymbol{x}_0$ から始め，F を反復適用して得られる点列 $\boldsymbol{x}_{n+1} = F(\boldsymbol{x}_n)$ の極限点として求まる．

証明 (i) 近似列の収束．$\boldsymbol{x}_{n+1} = F(\boldsymbol{x}_n)$ と $\boldsymbol{x}_n = F(\boldsymbol{x}_{n-1})$ との差をとると

$$\boldsymbol{x}_{n+1} - \boldsymbol{x}_n = F(\boldsymbol{x}_n) - F(\boldsymbol{x}_{n-1})$$

よって仮定により $\|\boldsymbol{x}_{n+1} - \boldsymbol{x}_n\| \leq \lambda \|\boldsymbol{x}_n - \boldsymbol{x}_{n-1}\|$．以下これを繰り返すと，

$$\|\boldsymbol{x}_{n+1} - \boldsymbol{x}_n\| \leq \lambda \|\boldsymbol{x}_n - \boldsymbol{x}_{n-1}\| \leq \lambda^2 \|\boldsymbol{x}_{n-1} - \boldsymbol{x}_{n-2}\| \leq \cdots \leq \lambda^n \|\boldsymbol{x}_1 - \boldsymbol{x}_0\|.$$

この不等式から，$\{\boldsymbol{x}_n\}$ は Cauchy 列となることが容易に分かり，従って収束する．あるいは，上の評価から級数

$$\boldsymbol{x}_n = \boldsymbol{x}_0 + \sum_{k=1}^{n}(\boldsymbol{x}_k - \boldsymbol{x}_{k-1})$$

が収束することが容易に分かり，その極限として $\lim_{n\to\infty} \boldsymbol{x}_n$ が確定する．

(ii) 極限が方程式を満たすこと．$\boldsymbol{x}_n \to \boldsymbol{a}$ とすると，F は連続なので，$\boldsymbol{x}_{n+1} = F(\boldsymbol{x}_n)$ から極限に行って，$\boldsymbol{a} = F(\boldsymbol{a})$．すなわち，$\boldsymbol{a}$ は F の不動点となる．

(iii) 解の一意性．もし $\boldsymbol{b}$ も不動点だったとすると，$\boldsymbol{b} = F(\boldsymbol{b})$．これと上との差を取って

$$\|\boldsymbol{b} - \boldsymbol{a}\| = \|F(\boldsymbol{b}) - F(\boldsymbol{a})\| \leq \lambda \|\boldsymbol{b} - \boldsymbol{a}\| \qquad \therefore \quad \|\boldsymbol{b} - \boldsymbol{a}\| = 0$$

よって不動点はただ一つしかない． □

【行列のノルム】 これからよく使う，収束の判定のための便利な道具として，行列のノルムを導入します．これにはいろんな種類があります．ベクトルのときと同様，どれを取っても同値ですが，実際の計算では問題により適したものを選ぶ必要が生じます．ここでは最もよく使われる作用素ノルムを紹介します．

A の作用素ノルムとは，線形写像 A によるベクトルの伸び率の最大値のことです：

10.2 縮小写像の原理

$$\|A\| := \sup_{\boldsymbol{x}\neq \boldsymbol{0}} \frac{\|A\boldsymbol{x}\|}{\|\boldsymbol{x}\|} = \sup_{\|\boldsymbol{x}\|=1} \frac{\|A\boldsymbol{x}\|}{\|\boldsymbol{x}\|}, \quad \text{従って特に} \quad \|A\boldsymbol{x}\| \leq \|A\|\|\boldsymbol{x}\|. \quad (10.1)$$

作用素ノルムは，定義式に使われているベクトルのノルムの選び方によって値が変わりますが，行列の列の収束に関してはどれを用いてもやはり皆同値です．

ベクトルのノルムの公理から，次の**作用素ノルムの公理**が導かれます．最初の三つはベクトルのノルムと共通ですが，最後の二つは行列ならではのものです．

(1) $\|A\| \geq 0$ であり，更に $\|A\| = 0 \iff A = O$.

∵ $\|A\| \geq 0$ は明らか．$\|A\| = 0$ とすると，$\forall \boldsymbol{x}$ に対し $\|A\boldsymbol{x}\| = 0$，従って $A\boldsymbol{x} = \boldsymbol{0}$. これは A のすべての成分が 0，すなわち，$A = O$ なることと同値．

(2) $\|\lambda A\| = |\lambda|\|A\|$.

∵ $\|\lambda A\boldsymbol{x}\| = |\lambda|\|A\boldsymbol{x}\|$ より，両辺を $\|\boldsymbol{x}\|$ で割り sup を取ればよい．

(3) $\|A + B\| \leq \|A\| + \|B\|$

∵ $\|(A+B)\boldsymbol{x}\| = \|A\boldsymbol{x} + B\boldsymbol{x}\| \leq \|A\boldsymbol{x}\| + \|B\boldsymbol{x}\|$ より，同じく両辺を $\|\boldsymbol{x}\|$ で割り sup を取ればよい．

(4) $\|I\| = 1$.

これは定義より明らか．

(5) $\|AB\| \leq \|A\|\|B\|$

∵ $\|AB\boldsymbol{x}\| \leq \|A\|\|B\boldsymbol{x}\| \leq \|A\|\|B\|\|\boldsymbol{x}\|$ より，同様．

作用素ノルムの一般化として，S を正則な定数行列とするとき，次の量も上の諸性質を満たし，全く同様に使えることが容易に分かります：

$$\|A\|_S := \sup_{\boldsymbol{x}\neq \boldsymbol{0}} \frac{\|S^{-1}AS\boldsymbol{x}\|}{\|\boldsymbol{x}\|} = \sup_{\boldsymbol{y}\neq \boldsymbol{0}} \frac{\|S^{-1}A\boldsymbol{y}\|}{\|S^{-1}\boldsymbol{y}\|} \quad (10.2)$$

これはベクトル $\boldsymbol{x}$ の長さを $\|S^{-1}\boldsymbol{x}\|$ で測ったときの作用素ノルムと解釈できます．$\boldsymbol{x} \mapsto \|S^{-1}\boldsymbol{x}\|$ もノルムの公理を満たすことは明らかですが，更に $\|\boldsymbol{x}\|$ と同値であることが，微積分の最大値定理を用いた抽象的議論で導かれる不等式 "$\exists c, C > 0$ について $c\|\boldsymbol{x}\| \leq \|\boldsymbol{x}\| \leq C\|\boldsymbol{x}\|$" から分かります．

【Jacobi 法の収束条件】 $\|A\| < 1$ なら，(より一般に $\|A\|_S < 1$ なら)，写像 $\boldsymbol{x} \mapsto F(\boldsymbol{x}) := A\boldsymbol{x} + \boldsymbol{b}$ は縮小写像となります．実際，

$$\|F(\boldsymbol{x}) - F(\boldsymbol{y})\| = \|A\boldsymbol{x} - A\boldsymbol{y}\| \leq \|A\|\|\boldsymbol{x} - \boldsymbol{y}\|$$

となるからです．($\|A\|_S$ のときは $\boldsymbol{R}^N$ のノルムを $\|\boldsymbol{x}\|_S := \|S^{-1}\boldsymbol{x}\|$ に取ると縮小写像となります．）このとき，近似列は $A\boldsymbol{x}+\boldsymbol{b}=\boldsymbol{x}$，すなわち，$(I-A)\boldsymbol{x}=\boldsymbol{b}$ の唯一解 $(I-A)^{-1}\boldsymbol{b}$ に収束します．（$\boldsymbol{b}=\boldsymbol{0}$ なら $\boldsymbol{0}$ に収束します．）これは簡明な判定法ですが，では，いつ行列 A の作用素ノルムが 1 より小さくなるでしょうか？ここでは，対角優位行列に対してやさしい判定法を与えます．

定理 10.2 A が**対角優位行列**とは，各 i に対し $|a_{ii}| > \sum_{j \neq i} |a_{ij}|$ となることを言う．このとき，Jacobi の反復法は収束する．

実際このとき，ベクトルのノルムを最大値ノルムにとれば，Jacobi 法の反復行列 $C=D^{-1}B$ の成分を c_{ij} と置くとき，$i \neq j$ なら $c_{ij}=a_{ij}/a_{ii}$，また $c_{ii}=0$ なので，C の作用素ノルムは

$$\|C\boldsymbol{x}\| = \max_{1 \leq i \leq N} |\sum_{j=1}^{N} c_{ij} x_j| \leq \max_{1 \leq i \leq N} \sum_{j=1}^{N} |c_{ij}| \cdot \max_{1 \leq j \leq N} |x_j|$$
$$= \max_{1 \leq i \leq N} \frac{1}{|a_{ii}|} \sum_{j \neq i} |a_{ij}| \cdot \|\boldsymbol{x}\|$$

と 1 より小さくなります．

10.3 行列の固有値と作用素ノルム

$\|A\| < 1$ のもっと高級な判定法には，行列の固有値が必要となります．

定理 10.3 A の固有値の絶対値がすべて < 1 のとき，かつそのときに限り，ある S について $\|A\|_S < 1$ となる．

証明に入る前に固有値の復習をしておきましょう．

【復習：行列の固有値】 $\exists \boldsymbol{x} \neq \boldsymbol{0}$ について $A\boldsymbol{x} = \lambda \boldsymbol{x}$ となるとき，λ を A の**固有値**，$\boldsymbol{x}$ を対応（同伴）する**固有ベクトル**というのでした．この概念の思想背景は次のようなものでした："一般に，線形写像 A の作用は複雑だが，固有ベクトルの方向へは，単なる相似拡大（あるいは相似縮小）として働く．そのときの拡大率が固有値である（負なら同時に向きも変える）．従って，固有値と固有ベクトル方向を求めることができれば，この行列（が表す線形写像）の様子を明快に記述できるであろう．"

10.3 行列の固有値と作用素ノルム

定理 10.3 の必要性の証明 $|\lambda| \geq 1$ なる固有値があると，対応する固有ベクトルを $\boldsymbol{x}$ とすれば，S が何であれ，$\boldsymbol{y} = S^{-1}\boldsymbol{x}$ に対し

$$\frac{\|S^{-1}AS\boldsymbol{y}\|}{\|\boldsymbol{y}\|} = \frac{\|S^{-1}A\boldsymbol{x}\|}{\|S^{-1}\boldsymbol{x}\|} = \frac{\|S^{-1}\lambda\boldsymbol{x}\|}{\|S^{-1}\boldsymbol{x}\|} = |\lambda|$$

よって $\boldsymbol{y} \neq \boldsymbol{0}$ につき sup をとって $\|A\|_S \geq |\lambda|$. 従って $\|A\|_S < 1$ となるためには，$|\lambda| \geq 1$ なる固有値が有ってはならない．

逆の方は A を標準形に帰着して証明する．そのため，まずその復習をする．

【復習：行列の標準形】 固有ベクトルで空間の基底が作れれば，行列は対角化できるのであった：$A\boldsymbol{x}_j = \lambda_j \boldsymbol{x}_j, j = 1, 2, \ldots, N$ なら，

$$A(\boldsymbol{x}_1, \boldsymbol{x}_2, \ldots, \boldsymbol{x}_N) = (\lambda_1 \boldsymbol{x}_1, \lambda_2 \boldsymbol{x}_2, \ldots, \lambda_N \boldsymbol{x}_N)$$
$$= (\boldsymbol{x}_1, \boldsymbol{x}_2, \ldots, \boldsymbol{x}_N)\begin{pmatrix} \lambda_1 & 0 & \cdots & 0 \\ 0 & \lambda_2 & \ddots & \vdots \\ \vdots & \ddots & \ddots & 0 \\ 0 & \cdots & 0 & \lambda_N \end{pmatrix}$$

よって，$S = (\boldsymbol{x}_1, \boldsymbol{x}_2, \ldots, \boldsymbol{x}_N)$ が正則なら，

$$S^{-1}AS = \begin{pmatrix} \lambda_1 & 0 & \cdots & 0 \\ 0 & \lambda_2 & \ddots & \vdots \\ \vdots & \ddots & \ddots & 0 \\ 0 & \cdots & 0 & \lambda_N \end{pmatrix}$$

この手続きの問題点を思い出しましょう．

☆ 固有値 λ_j は複素数になり得る．従って上の計算が実数の範囲でできる保証は，一般には無い．

☆ すべてが実数になったとしても，いつでも固有ベクトルで基底が作れる訳ではない．固有値 1 個につき，少なくとも一つは固有ベクトルが取れる (定義より！) また，一般論により，異なる固有値に対応する固有ベクトルたちは 1 次独立．従って，固有値がすべて単純 (重複していない) なら，対角化可能．重複固有値が有っても，1 次独立な固有ベクトルが固有値の重複度に等しい個数だけ取れれば，やはり対角化可能．

☆ しかし，重複固有値が有る場合，一般には固有ベクトルが重複度の分だけ取れるとは限らない．そういう場合は，一般固有ベクトル (すなわち，$\exists k > 1$ $(\lambda - A)^k \boldsymbol{x} = \boldsymbol{0}$ となるようなもの) の助けを借りなければならなくなる．このときは，標準形は対角型ではなく，いわゆる **Jordan** 標準形となる．

このような面倒を容易に排除できる，すばらしい行列のクラスが有り，実用的にも重要なのでした．それは，**実対称行列**と呼ばれるもの，すなわち，${}^t A = A$ を満たす行列でした．この場合は，以下のようなことが成り立つのでした：

☆ 対称行列の固有値は常に実数となる．

☆ 対称行列の異なる固有値に対応する固有ベクトルは直交する．

☆ 対称行列の重複固有値に対しては，常に重複度に等しい個数の固有ベクトルが取れる．これらを正規直交化することにより，**対称行列は直交行列で対角化できる**．

ここで，**直交行列**の意味も復習しておきましょう：

$$
\begin{aligned}
P \text{ が直交行列} &\iff P \text{ の列ベクトルは正規直交基底} \\
&\iff {}^t PP = I \iff ({}^t PP\boldsymbol{x}, \boldsymbol{y}) = (\boldsymbol{x}, \boldsymbol{y}) \\
&\iff (P\boldsymbol{x}, P\boldsymbol{y}) = (\boldsymbol{x}, \boldsymbol{y}) \\
&\iff P \text{ はベクトルの長さや角度を変えない} \\
&\underset{\text{中線定理}}{\iff} (P\boldsymbol{x}, P\boldsymbol{x}) = (\boldsymbol{x}, \boldsymbol{x}) \\
&\iff P \text{ はベクトルの長さを変えない}
\end{aligned}
$$

対称行列のときの定理 10.3 の十分性の証明 A は直交行列 P で対角化される：

$$
P^{-1} A P = \begin{pmatrix} \lambda_1 & 0 & \cdots & 0 \\ 0 & \lambda_2 & \ddots & \vdots \\ \vdots & \ddots & \ddots & 0 \\ 0 & \cdots & 0 & \lambda_N \end{pmatrix} =: \Lambda,
$$

ここに，λ_j は A の固有値である．対角型行列 Λ の作用素ノルムは $\displaystyle\max_{1 \leq j \leq N} |\lambda_j|$ となる．これは線形代数でも習ったと思うが，例えば $|\lambda_1|$ が最大とすれば，

$$
\begin{aligned}
\|\Lambda\| &= \sup_{\|\boldsymbol{x}\|=1} \|\Lambda \boldsymbol{x}\| \\
&= \sup \left\{ \sqrt{|\lambda_1|^2 x_1^2 + |\lambda_2|^2 x_2^2 + \cdots + |\lambda_n|^2 x_n^2} \, ; \, x_1^2 + x_2^2 + \cdots + x_n^2 = 1 \right\} \\
&\leq |\lambda_1| \sqrt{x_1^2 + x_2^2 + \cdots + x_n^2} = |\lambda_1|
\end{aligned}
$$

であり，等号は $\boldsymbol{x} = {}^t(1, 0, \ldots, 0)$ で達成される．ここでは $\|\boldsymbol{x}\|$ を Euclid ノルムとしたが，L_1 や L_∞ でも同様．他方，直交行列はベクトルの長さを変えないので，Euclid ノルムに対してはそのままで

10.3 行列の固有値と作用素ノルム

$$\|P^{-1}AP\| = \sup_{x \neq 0} \frac{\|P^{-1}APx\|}{\|x\|} = \sup_{x \neq 0} \frac{\|APx\|}{\|Px\|} = \|A\|.$$

よって $\|A\| = \max_{1 \leq j \leq N} |\lambda_j|$ ともなるので，$\|A\| < 1 \iff \max_{1 \leq j \leq N} |\lambda_j| < 1$. 他のノルムのときは $S = P$ とすればよい．

【参考：一般の場合の十分性の証明】 A を Jordan 標準形にする変換行列を S とする．一般に Jordan 標準形 $S^{-1}AS$ は

$$\begin{pmatrix} J_1 & 0 & \cdots & 0 \\ 0 & J_2 & \ddots & \vdots \\ \vdots & \ddots & \ddots & 0 \\ 0 & \cdots & 0 & J_t \end{pmatrix}, \quad 各 J_j はある \lambda について \begin{pmatrix} \lambda & 1 & 0 & \cdots & 0 \\ 0 & \lambda & \ddots & \ddots & \vdots \\ \vdots & \ddots & \ddots & \ddots & 0 \\ \vdots & & \ddots & \ddots & 1 \\ 0 & \cdots & \cdots & 0 & \lambda \end{pmatrix} の形$$

だが，変換行列 S を変更して，肩の 1 をいくらでも小さな正の数 ε に替えることができる．このことは，線形代数の教科書には普通は書かれていないが，Jordan 標準形を構成する証明を見直せば容易に分かる．(標準形への変換の仕方を学ばなかった人は，このことを信ずるか，肩の 1 が現れない対角化可能な場合だけを考えよ．) ベクトルのノルムが Euclid ノルムのときは，$\varepsilon > 0$ を

$$\max_{1 \leq j \leq N} |\lambda_j| < \sqrt{\frac{1 - \varepsilon - \varepsilon^2}{1 + \varepsilon}} \tag{10.3}$$

となるように選び，このときの変換行列 S で行列ノルム $\|A\|_S$ を定める．(以下簡単のため，すべての肩に ε が有るように書くが，無い所に対応する ε は 0 と思えばよい．) このとき

$$\|A\|_S = \sup_{x = 1} \frac{\|S^{-1}ASx\|}{\|x\|}$$
$$= \sup_{\|x\| = 1} \sqrt{(\lambda_1 x_1 + \varepsilon x_2)^2 + (\lambda_2 x_2 + \varepsilon x_3)^2 + \cdots + (\lambda_N x_N)^2}$$

ここで一般に

$$(a + \varepsilon b)^2 \leq (1 + \varepsilon)a^2 + \varepsilon(1 + \varepsilon)b^2$$

なので，

$$\|A\|_S \leq \sup_{\|x\| = 1} \sqrt{(1 + \varepsilon)\lambda_1^2 x_1^2 + \varepsilon(1 + \varepsilon)x_2^2 + \cdots + (1 + \varepsilon)\lambda_N^2 x_N^2}$$

$$\leq \sup_{\|\boldsymbol{x}\|=1} \sqrt{(1+\varepsilon)\Big(\max_{1\leq j\leq N}|\lambda_j|\Big)^2\|\boldsymbol{x}\|^2 + \varepsilon(1+\varepsilon)\|\boldsymbol{x}\|^2}$$

$$\leq \sqrt{1+\varepsilon}\sqrt{\Big(\max_{1\leq j\leq N}|\lambda_j|\Big)^2 + \varepsilon} < 1$$

(10.3) はこの最後の不等式が成り立つという要請である.肩に ε が無いところが有れば,これより更に小さくなる.Euclid 以外のノルムのときも $\varepsilon>0$ を適当に選べば同様にゆく.(そのような ε の存在は,抽象的には $\varepsilon\to 0$ としてみれば明らかである.)

上の証明では,固有値が複素数になったときのことを無視していたが.実行列は複素ベクトルに自然に作用するので,実の内積の代わりに複素エルミート内積を用いて全く同様の議論ができる.A は実なので,その作用素ノルムはどちらで考えても同じ値となる:$\boldsymbol{z}=\boldsymbol{x}+i\boldsymbol{y}$ とすれば,$A\boldsymbol{z}=A\boldsymbol{x}+iA\boldsymbol{y}$ なので,

$$\|A\|_{\boldsymbol{C}}:=\sup_{\boldsymbol{z}\in\boldsymbol{C}^n\setminus\{\boldsymbol{0}\}}\frac{\|A\boldsymbol{z}\|}{\|\boldsymbol{z}\|}=\sup_{\boldsymbol{z}\in\boldsymbol{C}^n\setminus\{\boldsymbol{0}\}}\frac{\|A\boldsymbol{x}+iA\boldsymbol{y}\|}{\|\boldsymbol{x}+i\boldsymbol{y}\|}$$

$$=\sup_{\boldsymbol{z}\in\boldsymbol{C}^n\setminus\{\boldsymbol{0}\}}\frac{\sqrt{\|A\boldsymbol{x}\|^2+\|A\boldsymbol{y}\|^2}}{\sqrt{\|\boldsymbol{x}\|^2+\|\boldsymbol{y}\|^2}}\leq \sup_{\boldsymbol{z}\in\boldsymbol{C}^n\setminus\{\boldsymbol{0}\}}\frac{\|A\|\sqrt{\|\boldsymbol{x}\|^2+\|\boldsymbol{y}\|^2}}{\sqrt{\|\boldsymbol{x}\|^2+\|\boldsymbol{y}\|^2}}=\|A\|$$

逆向きの不等式は,sup をとるときの $\boldsymbol{z}\in\boldsymbol{C}^n\setminus\{\boldsymbol{0}\}$ の動く範囲を実ベクトルに制限すれば,明らかに

$$\|A\|_{\boldsymbol{C}}\geq \sup_{\boldsymbol{x}\in\boldsymbol{R}^n\setminus\{\boldsymbol{0}\}}\frac{\|A\boldsymbol{x}\|}{\|\boldsymbol{x}\|}=\|A\|. \qquad \square$$

【反復法に関する補遺】 反復法に関して二三進んだ話題を補っておきます.

一般に,行列 A の固有値の絶対値の最大値を A の**スペクトル半径**と呼び,$r_\sigma(A)$ などの記号で表します.対称行列 A の場合には,Jacobi 法の反復行列を $M_J(A)$, Gauss-Seidel 法の反復行列を $M_{GS}(A)$ と書くとき,**次のいずれかが成り立つ**ことが知られています:

☆ $r_\sigma(M_{GS}(A)) < r_\sigma(M_J(A)) < 1$
☆ $r_\sigma(M_{GS}(A)) > r_\sigma(M_J(A)) > 1$
☆ $r_\sigma(M_{GS}(A)) = r_\sigma(M_J(A)) = 1$.

従って,収束する場合は常に Gauss-Seidel 法の方が速い (はず) です.

次に,**前処理** (preconditioning) と呼ばれる手法があります.Jacobi 法,

Gauss-Seidel 法を適用する前に適当な変換をして対角成分を大きくする，あるいは，第 12 章で出てくる共役勾配法でも，適当な変換をして，条件数を 1 に近くしておく，などの処理を言います．ここではその詳細は述べませんが，実用的には非常に重要な手段です．

最後に，**加速緩和法** (successive over-relaxation, SOR, 逐語訳は逐次過剰緩和法) というものがよく使われます．普通の緩和法は，$x_{k+1} = x_k + R_k$ のような反復法があるとき，$0 < \omega < 1$ なる定数を用いて，更新値を x_{k+1} から $(1-\omega)x_k + \omega x_{k+1} = x_k + \omega R_k$ に修正するもので，主に近似列の安定性を増大させる (なます) のに用います．これに対して $1 < \omega < 2$ ととると，修正項を強調することになり，安定性が損なわれる恐れはありますが，うまくすると収束が速くなるかもしれません．これが加速緩和法の原理です．受験数学で出てくる次のような幾何学的収束問題の図で納得してください．緩和パラメータ ω の実用的な決定法がいろいろ研究されています．

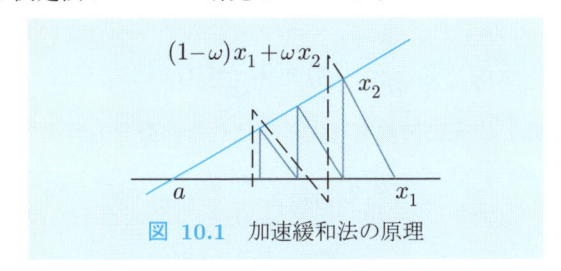

図 10.1 加速緩和法の原理

■ 10.4 自然界に現れる固有値問題

巨大行列の固有値問題に導かれる物理の問題の例として，両端を固定した変形弦の張力を復元力とする運動を考えましょう．偏微分方程式を導くときはいつでもそうですが，本質をとらえるため，不要な複雑さをできるだけ排除し，なるべく簡単なモデルを選びます．

☆ モデルに対する仮定：
  (i) 弦の運動はその静止時の位置（x 軸）を含む，水平面内に限られる．
  (ii) 弦の各部分はほぼ x 軸と垂直方向にのみ動く（横波）．
  (iii) 弦は一様な線密度 ρ を持つ．
  (iv) 張力 T は運動の間どこも一定で，かつ弦の接線方向に働く．
  (v) 弦と x 軸とが成す角は微小に保たれる．

以上の考察を数学的にモデル化します．まず，変数として，独立変数に時刻 t と 1 次元の位置座標 x，未知関数 (従属変数) として，弦上の点 x の時刻 t での垂直方向の変位 $u(t,x)$ を導入します．表現する法則 (**支配方程式**) としては，(8.1) で解説した **Newton の運動方程式**：質量 × 加速度 = 力，を取ります．弦の微小部分 $[x, x+\Delta x]$ に注目しその垂直方向の運動だけを見ると，左端での張力の垂直成分は $-T \cdot \sin\theta(t,x)$，同様に，右端での張力の垂直成分は $T \cdot \sin\theta(t, x+\Delta x)$ です．これに微小近似

$$\sin\theta \doteqdot \theta \doteqdot \tan\theta = \frac{\partial u}{\partial x}$$

を適用して，運動方程式に代入すると，この微小部分に対する方程式は

$$\rho \Delta x \frac{\partial^2 u}{\partial t^2}(t,x) = T\frac{\partial u}{\partial x}(t, x+\Delta x) - T\frac{\partial u}{\partial x}(t,x).$$

と書けます．この両辺を Δx で割り，$\Delta x \to 0$ とすれば，

$$\rho \frac{\partial^2 u}{\partial t^2}(t,x) = T \frac{\partial^2 u}{\partial x^2}(t,x)$$

以上により **空間 1 次元の波動方程式**と呼ばれる偏微分方程式の重要な例

$$\frac{1}{c^2}\frac{\partial^2 u}{\partial t^2}(t,x) = \frac{\partial^2 u}{\partial x^2}(t,x)$$

が得られました．ここに $c := \sqrt{T/\rho}$ は波の速度になります．

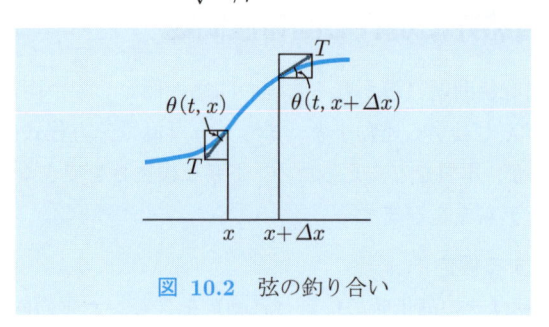

図 10.2　弦の釣り合い

この方程式はよく知られているように，一般解が求まり，正および負の方向に伝わる二つの波の合成の形をしています：

$$f(x-ct) + g(x+ct)$$

10.4 自然界に現れる固有値問題

ここで更に，

　　両端固定の境界条件： $u(t,a) = u(t,b) = 0$
　　定常波の仮定： $u(t,x) = U(t)V(x)$

という付加条件を導入します．これを波動方程式に代入すると，

$$\frac{1}{c^2}U''(t)V(x) = U(t)V''(x) \quad \therefore \quad \frac{1}{c^2}\frac{U''(t)}{U(t)} = \frac{V''(x)}{V(x)} = -\lambda \text{ (定数)}$$

以上により，常微分方程式の固有値問題：

$$-V''(x) = \lambda V(x), \qquad V(a) = V(b) = 0 \tag{10.4}$$

が得られました (変数分離解法).

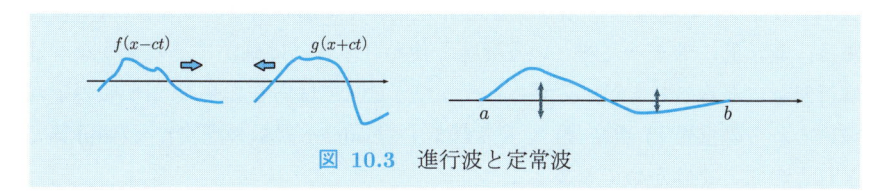

図 10.3 進行波と定常波

【Sturm-Liouville 型固有値問題】 より複雑な物理現象も扱えるようにするため，上で得た (10.4) を少し一般化した，

$$-v''(x) + q(x)v(x) = \lambda v(x), \qquad v(a) = v(b) = 0$$

あるいは，更に，

$$-v''(x) + q(x)v(x) = \lambda m(x)v(x), \qquad v(a) = v(b) = 0$$

などを考えるのが普通です．これを §7.1 でやったように，2階微分に中心差分をもちいて離散化すると，$h = (b-a)/N$, $x_j = a + jh$, $v_j = v(x_j)$ として，

$$\begin{pmatrix} \frac{2}{h^2}+q_1 & -\frac{1}{h^2} & 0 & \cdots & & 0 \\ -\frac{1}{h^2} & \frac{2}{h^2}+q_2 & -\frac{1}{h^2} & \ddots & & \vdots \\ 0 & \ddots & \ddots & \ddots & & 0 \\ \vdots & & \ddots & -\frac{1}{h^2} & \frac{2}{h^2}+q_{N-2} & -\frac{1}{h^2} \\ 0 & & \cdots & 0 & -\frac{1}{h^2} & \frac{2}{h^2}+q_{N-1} \end{pmatrix} \begin{pmatrix} v_1 \\ v_2 \\ \vdots \\ v_{N-2} \\ v_{N-1} \end{pmatrix} = \lambda \begin{pmatrix} v_1 \\ v_2 \\ \vdots \\ v_{N-2} \\ v_{N-1} \end{pmatrix}$$

一般のままでも議論は同じなのですが，ここでは，見やすくするため最も簡単な $q(x) = 0$, $[a,b] = [0,1]$ のときを考察します．この場合は手計算で固有値と固有関数が正確に求まります．すなわち，$-v'' = \lambda v$ の一般解 $v = c_1 \sin(\sqrt{\lambda}x) + c_2 \cos(\sqrt{\lambda}x)$ に境界条件を代入して λ と c_1, c_2 の比を決めれば，

$$x = 0 \text{ において } c_2 = 0,$$
$$x = 1 \text{ において } c_1 \sin(\sqrt{\lambda}) = 0. \quad \therefore \quad \sqrt{\lambda} = n\pi.$$

よって，数学的に厳密な解が

$$v(x) = \sin n\pi x, \quad \lambda = n^2 \pi^2, \quad n = 1, 2, \ldots$$

と求まります．このような解を数値計算の世界では**解析解**と呼びます．(この言葉は，数学的に求まった解という意味で使われ，普通は確かにそのような解は解析関数になるのですが，必ずしもそういう意味ではありません.) 一般の定常波はこれらの重畳 (1 次結合) で表されます (Fourier 級数の理論)．数値計算でこれらのことを確かめてみましょう．

10.5 固有値と固有ベクトルの計算

線形代数では，まず固有多項式 $\det(\lambda I - A)$ を計算し，その根として固有値を求めました．しかし，行列が巨大になるとこの方法は次の理由で非常にまずいのです：

☆ 固有多項式の計算は大変.
☆ せっかく多項式が求まっても，その根の計算は誤差に非常に敏感で数値計算に向かない.

例 10.1 **Wilkinson 多項式** 数値計算の大家 Wilkinson が示したもので，

$$f(x) = (x-1)(x-2) \cdots (x-20),$$
$$g(x) = f(x) - \epsilon x^{19}, \quad \varepsilon = 2^{-23} \fallingdotseq 1.192 \times 10^{-7}$$

単精度の丸め誤差程度の摂動を加えただけで，$g(x)$ の根は，半分近くが共役複素根になり，しかも虚部のかなり大きなものが現れるのです！これらを複素平面の各点を初期値とする複素ニュートン法で求めたものが次の図です (描画プ

ログラムは wilkinson.f). 平面の色分けは 20 個の根のどこに収束するかで初期値の点を分類して行っています．これは一種のフラクタル図形です．

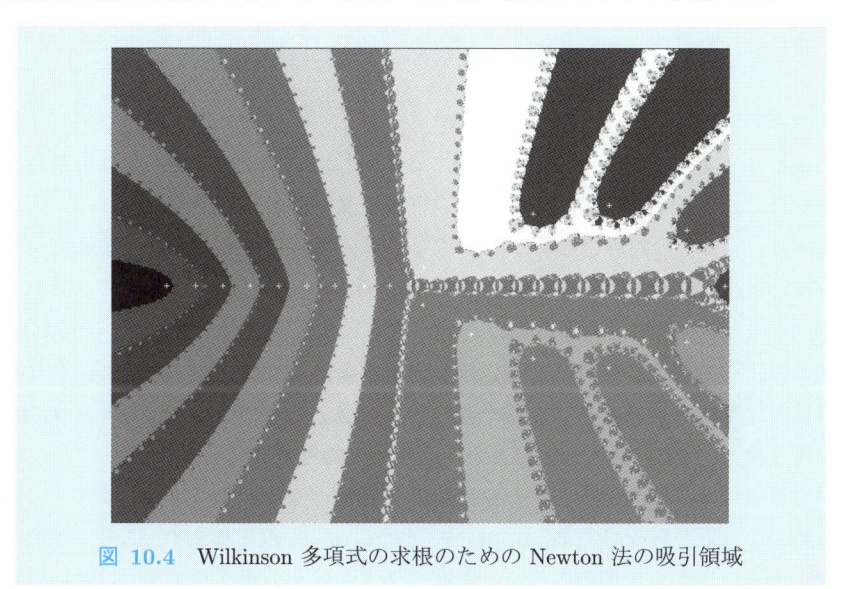

図 10.4 Wilkinson 多項式の求根のための Newton 法の吸引領域

【対称行列の固有値と固有ベクトルの計算法】　より実用的な方法は第 11 章で解説します．ここでは，取り敢えずここで扱っている常微分方程式の小さい方から数個の固有値と固有ベクトルが求められ，図示できればよいということで，最も初等的な **Bernoulli 法 (冪乗法)** の紹介だけをしておきます．今，

$$\lambda_1, \lambda_2, \cdots, \lambda_N : A \text{ の固有値で } |\lambda_1| > |\lambda_2| > \cdots > |\lambda_N| \text{ とし}$$
$$\boldsymbol{u}_1, \boldsymbol{u}_2, \cdots, \boldsymbol{u}_N : \text{対応する固有ベクトルの正規直交系}$$

とするとき，まず一つ目の固有値と固有ベクトルを求めることを考えます．$\boldsymbol{x}_0 = c_1 \boldsymbol{u}_1 + c_2 \boldsymbol{u}_2 + \cdots + c_N \boldsymbol{u}_N$ を勝手な初期ベクトルの (まだ未知の) 固有ベクトルによる展開として，これに A を反復適用して得られるベクトル

$$A^n \boldsymbol{x}_0 = c_1 \lambda_1^n \boldsymbol{u}_1 + c_2 \lambda_2^n \boldsymbol{u}_2 + \cdots + c_N \lambda_N^n \boldsymbol{u}_N$$

は，第 1 項がどんどん優位になります．よって，今

$$\boldsymbol{x}_n := \frac{A \boldsymbol{x}_{n-1}}{\|A \boldsymbol{x}_{n-1}\|}$$

と正規化すれば，n が十分大きいとき，

$$Ax_n \doteqdot \lambda_1 x_n,$$

すなわち，

$$\lambda_1 \doteqdot \frac{Ax_n \text{ の第 } j \text{ 成分}}{x_n \text{ の第 } j \text{ 成分}}, \qquad u_1 \doteqdot \frac{Ax_n}{\|Ax_n\|}$$

と求まります．ここで，j は何を選んでも同じはずですが，実際には桁落ちを防ぐため，成分の絶対値が最も大きい番号を選ぶことにします．

次に，二つ目の固有値を求めるには，$x_0 = c_2 u_2 + \cdots + c_N u_N$ なる初期ベクトルから出発します．これは，勝手な x_0 から $x_0 - (x_0, u_1)u_1$ として求まります．すると，今度は $A^n x_0$ で u_2 の項がどんどん優位になるでしょう．ただし，丸め誤差のため，ある段階で u_1 の項が小さな係数で混ざって来ると，それが以後の反復で次第にのさばってくるので，毎回，Ax_n を $Ax_n - (Ax_n, u_1)u_1$ で置き換え，u_1 の混入を防ぐという配慮が実際計算では必要です．

三つ目は $x_0 = c_3 u_3 + \cdots + c_N u_N$ なる初期ベクトルから出発します．これも勝手な x_0 から $x_0 - (x_0, u_1)u_1 - (x_0, u_2)u_2$ で求まります．このアイデアで，大きい方から数個の固有値と固有ベクトルは十分求まります．以下同様にして，原理的にはいくらでも多くの固有値と固有ベクトルが求まりますが，実際計算では，誤差の累積が激しく，途中から直交性がくずれるので，適当なところでやめないと信頼性が低くなります．

図 10.5 は，弦の定常波 (固有関数) をこの方法で計算したものを基本振動から順に 5 個描画したものです．使用したプログラム見本は **sl-eigenv.f** です．通常の三角関数のグラフの形と合わせるため，考察する区間を本文中の $[0,1]$ から $[0,\pi]$ に変更し，100 等分して離散化しました．直接サインカーブを描いているのかと勘違いするくらい良く近似できているでしょう．ただし，画面で良く似ていても，有効桁数では大したことはない場合もあるので，本格的に誤差を調べるには，値を出力させて真値と比較しなければいけません．参考までに，同時に画面に出力された固有値の近似値は，下から順に 0.9999177559929207, 3.9986849607812975, 8.993339988942708, 15.978981251474933, 24.948701009327852 となりました．真値はもちろん 1, 4, 9, 16, 25 です．なお，Bernoulli 法の初期ベクトルはランダムに選び，固有関数は見つかったものを機械的に正規化しているので，グラフの始めが下が

るのが 1 本だけだったのは単なる偶然です．交互になるように符号を変えた方がきれいですね．近似固有値も実行の度に微妙に値が異なります．

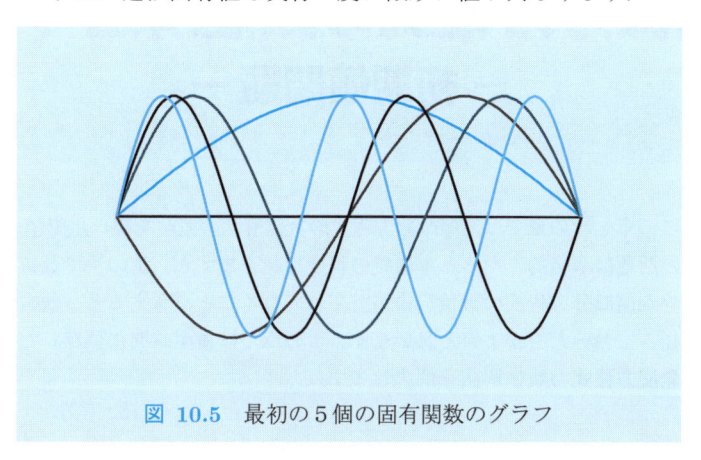

図 10.5 最初の 5 個の固有関数のグラフ

この章の課題

課題 10.1 jacobi.f, gauss-seidel.f をコンパイルし実行してみよ．次にこれらを参考に Jacobi 法と Gauss-Seidel 法を C 言語で実装し，適当な対角優位行列で性能を比較してみよ．（これらのプログラムは，解くべき方程式の例として，常微分方程式の境界値問題を離散化した行列を使っているので，出力も xgrf.o を使いグラフにしています．この課題の方は，出力は解の数値だけで結構ですが，自信の有る人は，出力を gnuplot か Xlib の描画関数を使って描かせてみてください．）

課題 10.2 sl-eigenv.f をコンパイル・実行し，解析解と比較せよ．(xgrf.o をリンクする必要があります．)

課題 10.3 wilkinson.f をコンパイル・実行し，美しい図を味わいなさい．（これも xgrf.o をリンクする必要があります．）

第11章
偏微分方程式の数値解法 (1)
− 初期値問題 −

　この章と次の章では，偏微分方程式の数値解法の概略を駆け足で紹介します．この話題は本格的にやると本講義の程度を越えますが，世の中で数値計算の大部分が偏微分方程式の数値解に当てられていることを考えると，基本的なことは知っておいた方がよいと思います．この章ではまず時間に依存した，いわゆる**発展方程式**の数値解法を解説します．

■ 11.1 偏微分方程式とその近似解法

　まず，世の中で数値計算の対象となる代表的な偏微分方程式を見てみましょう．

主な単独方程式：

☆ **熱方程式**：$\dfrac{\partial u}{\partial t} = \nu \Delta u$　熱伝導，拡散現象を記述する．

☆ **波動方程式**：$\dfrac{1}{c^2} \dfrac{\partial^2 u}{\partial t^2} = \Delta u$　典型的な波動の伝播を記述する．

☆ **Laplace 方程式**：$\Delta u = 0$, **Poisson 方程式**：$\Delta u = f$　重力場や電場のポテンシャルなど，また時間が無限に経過した後の温度分布など，種々の定常状態を記述する．

ここに，
$$\Delta u := \frac{\partial^2 u}{\partial x^2} + \frac{\partial^2 u}{\partial y^2} + \frac{\partial^2 u}{\partial z^2} \ (3次元), \quad \Delta u := \frac{\partial^2 u}{\partial x^2} + \frac{\partial^2 u}{\partial y^2} \ (2次元)$$

は **Laplace 演算子**，またはラプラシアン と呼ばれる微分演算子です．1次元のときは単なる2階微分です．

主な連立方程式：

☆ **Navier-Stokes 方程式**：粘性流体の運動を記述する．

☆ **弾性体の方程式**：ダムや橋や建物などの安定性と揺れの計算などに使われる．
☆ **電磁波の方程式**：電磁波の伝播を記述する．アンテナ等の設計に使われる．

これらの方程式は，ほとんどの場合，**解析解**，すなわち，数学的に計算できる解を得ることができません．Navier-Stokes 方程式に関しては，解の存在を数学的に証明できていないような問題もあります．いずれにしても，**数値解**，すなわち数値計算で求める解 (の候補) は実用的にとても重要です．そこで，良く使われる数値解法をまとめておきましょう．

---
3 大数値解法

☆ **スペクトル法** Fourier 級数など，既知の基本的な関数による解の級数展開を計算する．
☆ **差分法** 微分方程式を差分方程式で置き換えて解く．
☆ **有限要素法** 領域を三角形などの基本図形に分割し，それに適した区分 1 次関数などの単純な関数で解を近似して解く．

11.2 空間1次元の熱方程式

これから解く問題に興味をつなぐため，まずは熱方程式を導出してみます．

【**空間 1 次元の熱方程式の導出**】 熱方程式，あるいはより詳しく，熱伝導の方程式は，熱伝導による物体の各点での温度 $u(x,t)$ の時間変化を記述しています．支配方程式が表現する法則は熱量保存則ですが，熱の伝わり方を表すのに熱伝導の法則も必要となります．

☆ **熱伝導の法則**：熱は温度の高い方から低い方へ流れる．単位時間に流れる熱量は**温度勾配** $\dfrac{\partial u}{\partial t}$ の絶対値に比例する (比例定数 k が熱伝導率)．
☆ **熱量の保存則**：微小区間 $[x, x+\Delta x]$ における時間当たりの熱量の変化は，その時間内にこの区間の両端から流れ込んだ熱量の総和に等しい．

針金の温度変化を思い浮かべてください．比熱 (正確には単位長さ当たりの熱容量) を c として，針金の微小区間 $[x, x+\Delta x]$ における熱の収支の釣り合いを考えましょう．微小時間 Δt 内に区間の両端から流れ込む熱量の代数和は，

$$\int_{x}^{x+\Delta x} \{u(x, t+\Delta t) - u(x,t)\} c\, dx \doteqdot c\frac{\partial u}{\partial t}\Delta t \Delta x$$

この時間内に内部で増加した熱量は，

$$k\left\{\frac{\partial u}{\partial x}(x+\Delta x,t) - \frac{\partial u}{\partial x}(x,t)\right\}\Delta t \fallingdotseq k\frac{\partial^2 u}{\partial x^2}(x,t)\Delta x \Delta t$$

これらを等しいと置いて

$$\therefore\quad \frac{\partial u}{\partial t} = \nu \frac{\partial^2 u}{\partial x^2} \qquad \left(\nu = \frac{k}{c}\right)$$

となります．

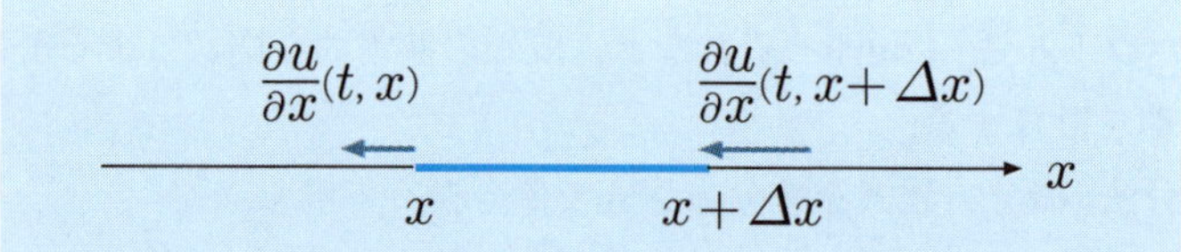

図 11.1

　同じ方程式は，**拡散方程式**としても説明できます．単位時間当たりの拡散量は溶質の濃度勾配に比例し，溶質は濃い方から薄い方に移動するという仮定の下で物質量の保存則を書くと，上と同じ式が得られます．この場合は $c=1$ で，k は拡散係数と呼ばれる物質定数になります．

【**空間 1 次元の熱方程式の初期-境界値問題の差分解法**】　有限な長さの針金の両端の温度を一定にして (**境界条件**)，針金に勝手に与えた初期温度分布 (**初期条件**) から，その後の針金の温度分布の時間的変化を予測する問題を，熱方程式の**初期-境界値問題**と呼びます．数学では**混合問題**という言葉が使われます．ここでは

$$\begin{cases} \dfrac{\partial u}{\partial t} = \nu \dfrac{\partial^2 u}{\partial x^2}, & 0<t<T, a<x<b, \\ u(a,t)=u(b,t)=0, & 0<t<T\ (\text{斉次 Dirichlet 条件}), \\ u(x,0)=\varphi(x), & a<x<b\ (\text{初期条件}) \end{cases}$$

を考えましょう．この境界条件は，針金の両端を氷で冷やした状態を表現しています．熱方程式の本体には，次のような**差分近似**を用います：

$$\underbrace{\frac{u(x,t+k)-u(x,t)}{k}}_{\text{1 階前進差分}} = \nu \underbrace{\frac{u(x+h,t)+u(x-h,t)-2u(x,t)}{h^2}}_{\text{2 階中心差分}}$$

11.2 空間1次元の熱方程式

これを，式中で最も後の時間の温度 $u(x, t+k)$ について解くと，

$$u(x, t+k) = \left(1 - \frac{2\nu k}{h^2}\right) u(x, t) + \frac{\nu k}{h^2} u(x+h, t) + \frac{\nu k}{h^2} u(x-h, t)$$

区間 $[a, b]$ を N 等分し，$h = \dfrac{b-a}{N}$，また $\dfrac{\nu k}{h^2} = \lambda$ が定数となるようにして，$u_i^j := u(a + hi, jk), i = 0, 1, 2, \ldots, N, j = 0, 1, 2, \ldots$ と置けば，次のような漸化式が得られます：

$u_i^0 = \varphi_i := \varphi(a + ih)$ （時刻 0 での値は初期値から決まる），

$u_i^j = (1 - 2\lambda) u_i^{j-1} + \lambda u_{i+1}^{j-1} + \lambda u_{i-1}^{j-1}$

ただし，$u_0^j, u_N^j = 0, j = 1, 2, \ldots$ （両端での値は境界条件から決まる）

この漸化式から，初期-境界値問題は逐次代入により簡単に計算できます．(行列の掛け算さえもプログラミングする必要がありません.)

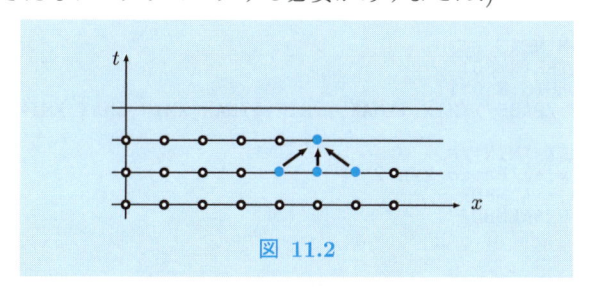

図 11.2

【プログラミングの注意点】 以下に FORTRAN プログラム見本を掲げます．これを見ながらいくつかの注意をしましょう．

☆ 配列の使い回し　コンピュータのメモリーにはすべての時間ステップの計算結果を記録する必要はありません．現在と直前の時間 2 ステップ分だけで次の計算ができます．(結果は，リアルタイムで描画するか，ファイルに書き出してゆけば途中経過も見られます.) こういうときは，2 次元配列 U(0:N,0:1) を回して使うと効率的です：

U(j,0) に直前の結果 $\Longrightarrow$ U(j,1) に現在の結果 $\Longrightarrow$ U(j,0) に次の結果．まとめると，U(j,k) $\Longrightarrow$ U(j,1-k) と常に書け，k $\Longrightarrow$ 1-k で交替する．

☆ 配列の参照渡し　CALL DRAW(U(0,1),...) の最初の引数は，2 次元配列 U の中間アドレスを渡しており，サブルーチンの方では，そこから先

U(0,1),U(1,1),U(2,1),...,U(N,1)

を通常の1次元配列として宣言し取り扱うことができます．

☆ **初期値の設定** FORTRAN では，変数や配列の初期値を DATA 文で与えることができます．（コンパイル時に値がセットされます．）しかし，COMMON 宣言された変数や配列の初期値設定は，**BLOCK DATA** 文というそれ専用の副プログラムで行わねばなりません．この際，変数や配列は，**名前付き COMMON BLOCK** というものにまとめ，以下の COMMON 文では必ずこの名前を添付します．

スペースの節約のため，描画のサブルーチン DRAW と初期値を定義する関数 AINIT0 はここでは省略しました．

FORTRAN のコード heat.f

```
      BLOCK DATA
      COMMON /PARS/IXMIN,IXMAX,IYMIN,IYMAX,XMIN,XMAX,YMIN,YMAX
      DATA  IXMIN/0/,IXMAX/799/,IYMIN/0/,IYMAX/599/,
     +      XMIN/0.0/,XMAX/1.0/,YMIN/-2.0/,YMAX/2.0/
      END
C
      PROGRAM HEAT
      PARAMETER(N=80)
      REAL*4 U(0:N,0:1)
      COMMON /PARS/IXMIN,IXMAX,IYMIN,IYMAX,XMIN,XMAX,YMIN,YMAX
C
      HX=(XMAX-XMIN)/N
      WRITE(*,*)'Ratio k/h^2 :'
      READ(*,*)ALMBDA
      HT=HX*HX*ALMBDA
C
      I=0
      X=XMIN
      DO 100 J=0,N
         U(J,I)=AINIT0(X)
         X=X+HX
 100  CONTINUE
      WRITE(*,*)'Push c on the graphic window to continue.'
      WRITE(*,*)'Push q there to quit.'
      CALL INIT(IXMIN,IYMIN,IXMAX,IYMAX)
      CALL DRAW(U(0,I),N,HX)
      IF (KEY().EQ.0) STOP
 150  I1=I; I=1-I
      U(0,I)=0
      DO 200 J=1,N-1
         U(J,I)=(1-2*ALMBDA)*U(J,I1)+ALMBDA*(U(J+1,I1)+U(J-1,I1))
 200  CONTINUE
      U(N,I)=0
      CALL DRAW(U(0,I),N,HX)
      IF (KEY().EQ.1) GO TO 150
      END
```

11.3 空間 2 次元の熱方程式

【空間 3 次元の熱方程式の導出】　空間次元がいくつでも考え方は 1 次元のときと同じですが，一般次元での**熱伝導の法則**は，"熱は温度の高い方から低い方へ流れ，流れる量と方向は温度勾配ベクトルに比例する" となります．従って，この勾配ベクトルが面の法線と傾いているときは，その面を実際に流れる熱量は，両者の内積に比例することになります．**熱量の保存則**は，物質中のある 3 次元部分領域における時間当たりの熱量の変化と，その時間内にこの領域の境界から流れ込んだ熱量の総和とを等値することになります．これを微小部分領域 ΔV に適用した等式を書くと，体積比熱を c として

$$\iiint_{\Delta V} \{u(t+\Delta t, x) - u(t,x)\}c dV = k \iint_{\partial \Delta V} \nabla u \cdot \boldsymbol{n} dS \cdot \Delta t$$

$$\| \qquad\qquad\qquad \| \text{ (Gauss の発散定理より)}$$

$$c\frac{\partial u}{\partial t}\Delta t \Delta V \qquad\qquad k\iiint_{\Delta V} \Delta u dV \fallingdotseq k \Delta u \Delta V$$

故に $\Delta t, \Delta V \to 0$ として

$$\frac{\partial u}{\partial t} = \nu \Delta u, \quad \left(\nu = \frac{k}{c}\right).$$

ここで，スカラー量 u に対する**勾配演算子**

$$\mathrm{grad}\, u = \nabla u := \left(\frac{\partial u}{\partial x}, \frac{\partial u}{\partial y}, \frac{\partial u}{\partial z}\right)$$

の記号を用いました．また，ベクトル場 $\boldsymbol{f} = (f_1, f_2, f_3)$ に対する**発散演算子**

$$\mathrm{div}\, \boldsymbol{f} = \nabla \cdot \boldsymbol{f} := \frac{\partial f_1}{\partial x} + \frac{\partial f_2}{\partial y} + \frac{\partial f_3}{\partial z}$$

の記号を用いると，**Gauss**（ガウス）**の発散定理**は

$$\iiint_{\partial D} \boldsymbol{f} \cdot \boldsymbol{n} dS = \iiint_{D} \mathrm{div}\, \boldsymbol{f} dV$$

という積分公式のことでした．上の変形では，この公式を適用する際に，

$$\mathrm{div}\,\mathrm{grad}\, u = \nabla \cdot \nabla u = \Delta u$$

というお馴染みの公式が更に使われています．

図 11.3

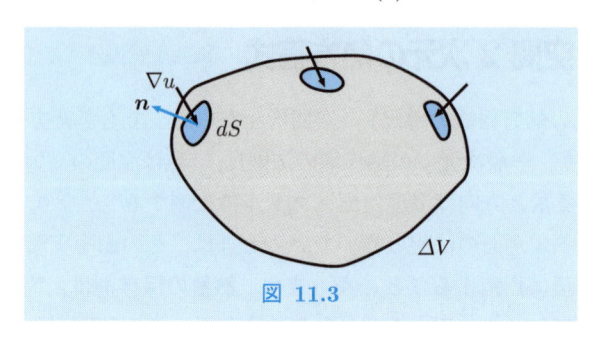

【熱方程式の差分解法 (空間 2 次元の場合)】 3 次元の問題は計算量が多く，結果の図示も難しいので，以下，空間次元は 2 としましょう．簡単のため，$\nu = 1$ とし，考えている領域は長方形 $[a_0, a_1] \times [b_0, b_1]$ とします．時間微分は，時間のメッシュ幅を h_t と書くとき，

$$\frac{\partial u}{\partial t} = \frac{u(x, y, t + h_t) - u(x, y, t)}{h_t}$$

で近似します．空間微分は，メッシュ幅を $h_x = (a_1 - a_0)/M$, $h_y = (b_1 - b_0)/N$ と置くとき，

$$\Delta u := \frac{\partial^2 u}{\partial x^2} + \frac{\partial^2 u}{\partial y^2} = \frac{u(x + h_x, y, t) + u(x - h_x, y, t) - 2u(x, y, t)}{h_x^2}$$
$$+ \frac{u(x, y + h_y, t) + u(x, y - h_y, t) - 2u(x, y, t)}{h_y^2}$$

で差分化します．よって，漸化式は略記号 $u_{i,j}^k := u(a_0 + ih_x, b_0 + jh_y, kh_t)$ を用いて，

$$u_{i,j}^{k+1} = \left\{1 - 2\left(\frac{h_t}{h_x^2} + \frac{h_t}{h_y^2}\right)\right\} u_{i,j}^k + \frac{h_t}{h_x^2} u_{i+1,j}^k + \frac{h_t}{h_x^2} u_{i-1,j}^k + \frac{h_t}{h_y^2} u_{i,j+1}^k + \frac{h_t}{h_y^2} u_{i,j-1}^k$$

となります．空間 1 次元の場合と同様，行列を使わずこの漸化式を直接プログラミングするのが最も簡単です (`heat2d.f`)．

しかし，次の章で行列表現も必要となるので，ここでその考察をしておきましょう．上の漸化式を行列で表現する場合，まず問題となるのは，2 次元的な量 $u_{i,j}^k$ を 1 次元ベクトルとしてどう表現するかです．ここではその一つの表現法を紹介します．

11.3 空間2次元の熱方程式

> **2次元格子のデータの1元化**
>
> 右図の左下の格子点から右上の格子点まで矢印の順にたどり，つぎのように1本の縦ベクトルの成分とする（便宜上横に記す）：
>
> $u_{1,1}^k, u_{2,1}^k, \ldots, u_{M-1,1}^k,$
> $\quad u_{1,2}^k, u_{2,2}^k, \ldots, u_{M-1,1}^k, \ldots,$
> $\quad\quad u_{1,N-1}^k, u_{2,N-1}^k, \ldots, u_{M-1,N-1}^k$

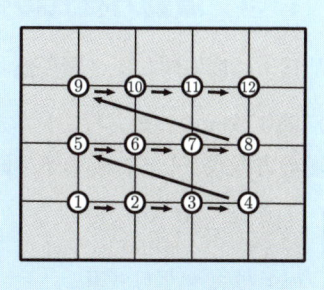

図 11.4 ベクトル成分の順序

この方法は安直に見えるかもしれませんが，かなり標準的に使われています．これより，先の漸化式は，次のような帯状行列による積として実現されます．実は，行列の記号を使わずに実装する場合も，二つの添え字を2重ループで動かすことになり，結局は同じ計算をします．下の式ではベクトルの添え字は1次元化したものに付け替えてあります．

$$\begin{pmatrix} u_1^{k+1} \\ u_2^{k+1} \\ \vdots \\ u_{MN-1}^{k+1} \end{pmatrix}$$

$$= \begin{pmatrix} 1-\frac{2}{h_x^2}-\frac{2}{h_y^2} & \frac{1}{h_x^2} & 0 & \cdots & 0 & \frac{1}{h_y^2} & 0 & \cdots & 0 \\ \frac{1}{h_x^2} & 1-\frac{2}{h_x^2}-\frac{2}{h_y^2} & \frac{1}{h_x^2} & & & & & & \vdots \\ 0 & \ddots & \ddots & \ddots & & \ddots & & & 0 \\ \vdots & \ddots & & \ddots & & & \ddots & & \frac{1}{h_y^2} \\ 0 & & & & & & & & 0 \\ \frac{1}{h_y^2} & & & & & & & & \vdots \\ 0 & \ddots & & & & & & & 0 \\ \vdots & & \ddots & & & & & & \frac{1}{h_x^2} \\ 0 & \cdots & 0 & \cdots & 0 & \frac{1}{h_y^2} & 0 & \cdots & 0 & \frac{1}{h_x^2} & 1-\frac{2}{h_x^2}-\frac{2}{h_y^2} \end{pmatrix} \begin{pmatrix} u_1^k \\ u_2^k \\ \vdots \\ u_{MN-1}^k \end{pmatrix}$$

（行列の上に $M-1$ の範囲を示す括弧）

11.4 波動方程式の初期-境界値問題の差分解法

次に，時間に関して 2 階の波動方程式を考えます．

【空間 1 次元の波動方程式】 方程式自身は両端を固定した有限な長さの弦の振動の方程式として，前の章で既に導きました：

$$\begin{cases} \dfrac{1}{c^2}\dfrac{\partial^2 u}{\partial t^2} = \dfrac{\partial^2 u}{\partial x^2}, & 0 < t < T, a < x < b, \\ u(a,t) = u(b,t) = 0, & 0 < t < T \quad (\text{斉次 Dirichlet 条件}), \\ u(x,0) = \varphi(x),\ \dfrac{\partial u}{\partial t}(x,0) = \psi(x), & a < x < b \quad (\text{初期条件}) \end{cases}$$

これを差分法で解いてみましょう．

【波動方程式の差分近似】 今度は，時間も空間も 2 階中心差分とします．

$$\frac{1}{c^2}\frac{u(x,t+k)+u(x,t-k)-2u(x,t)}{k^2} = \frac{u(x+h,t)+u(x-h,t)-2u(x,t)}{h^2}$$

これを，時間の最も後の項について解くと，

$$u(x,t+k) = 2\left(1-\frac{c^2k^2}{h^2}\right)u(x,t)+\frac{c^2k^2}{h^2}u(x+h,t)+\frac{c^2k^2}{h^2}u(x-h,t)-u(x,t-k).$$

区間 $[a,b]$ を N 等分し，$h = \dfrac{b-a}{N}$，$\lambda = \dfrac{ck}{h}$ と置けば，これから次の漸化式を得ます：
$u_i^j := u(a+hi, jk),\ i = 0,1,2,\ldots,N,\ j = 0,1,2,\ldots$ と書けば，

$\quad u_i^0 = \varphi_i := \varphi(a+ih) \quad$（一つ目の初期値より），

$\quad u_i^1 = u_i^0 + k\dfrac{\partial u}{\partial t}(a+ih,0) = u_i^0 + k\psi(a+ih) \quad$（二つ目の初期値より），

$\quad u_i^j = 2(1-\lambda^2)u_i^{j-1} + \lambda^2 u_{i+1}^{j-1} + \lambda^2 u_{i-1}^{j-1} - u_i^{j-2}$

$\quad$ ただし，$u_0^j,\ u_N^j = 0,\ j = 1,2,\ldots \quad$（境界条件より）

この漸化式から，波動方程式の初期-境界値問題は熱方程式と同様に解けることが分かります．ただし今度は漸化式を進めるのに，時間 3 ステップ分の記憶が必要です．

```
U(i,j), j=0,1,2 を使い回し，
    U(i,j mod 3) と U(i,j+1 mod 3) とから U(i,j+2 mod 3) を計算した後，
    j ⟹ j+1 mod 3 で更新する．
```

見本プログラムは wave.f です．

【空間 2 次元の場合】 波動方程式の導出は省略します (拙著 [5] などを見てください) が，方程式の意味は膜の微小振動のモデルで，直観的には分かりやすい現象です．最も簡単な長方形の膜 $D = [a_0, a_1] \times [b_0, b_1]$ の場合，周辺部を固定したときの初期-境界値問題は次のように定式化できます：

$$\begin{cases} \dfrac{1}{c^2}\dfrac{\partial^2 u}{\partial t^2} = \dfrac{\partial^2 u}{\partial x^2} + \dfrac{\partial^2 u}{\partial y^2}, & 0 < t < T, \ (x,y) \in D \\ u(x,y,t) = 0, & 0 < t < T, \ (x,y) \in \partial D \ (\text{斉次 Dirichlet 条件}), \\ u(x,y,0) = \varphi(x,y), \ \dfrac{\partial u}{\partial t}(x,y,0) = \psi(x,y), & (x,y) \in D \ (\text{初期条件}) \end{cases}$$

差分化は，時間座標については空間 1 次元の波動方程式に倣(なら)い，空間座標については，空間 2 次元の熱方程式に倣えばよろしい：

$$u_{i,j}^0 = \varphi_{i,j} := \varphi(a_0 + ih_x, b_0 + jh_y) \quad (\text{一つ目の初期値より}),$$

$$u_{i,j}^1 = u_{i,j}^0 + h_t \frac{\partial u}{\partial t}(a_0 + ih_x, b_0 + jh_y 0) = u_{i,j}^0 + h_t \psi(a_0 + ih_x, b_0 + jh_y)$$

(二つめの初期値より),

$$u_{i,j}^k = 2\left(1 - \frac{c^2 h_t^2}{h_x^2} - \frac{c^2 h_t^2}{h_y^2}\right) u_{i,j}^{k-1} + \frac{c^2 h_t^2}{h_x^2} u_{i+1,j}^{k-1} + \frac{c^2 h_t^2}{h_x^2} u_{i-1,j}^{k-1}$$
$$+ \frac{c^2 h_t^2}{h_y^2} u_{i,j+1}^{k-1} + \frac{c^2 h_t^2}{h_y^2} u_{i,j-1}^{k-1} - u_{i,j}^{k-2}$$

ただし，$u_{0,j}^k, \ u_{N,j}^k, \ u_{i,0}^k, \ u_{i,M}^k = 0, \ k = 1, 2, \ldots$ （境界条件より）

1 次元のときと同様，実際の数値解法は逐次代入だけです (wave2d.f)．

11.5 差分スキームの安定性条件

空間 1 次元の熱方程式

$$\frac{\partial u}{\partial t} = \frac{\partial^2 u}{\partial x^2}$$

の差分解法のプログラムを実行してみると，

☆ $\lambda := \dfrac{\nu \Delta t}{\Delta x^2} \leq \dfrac{1}{2}$ のとき，数値解は安定で，いつまでも存在し続ける．これを **Courant -Friedrichs -Lewy**(クーラント フリードリクス レヴィ) の条件，あるいは略して CFL 条件と呼ぶ．

☆ $\lambda := \dfrac{\nu \Delta t}{\Delta x^2} > \dfrac{1}{2}$ のとき不安定で，近似解は時間の経過とともに振動を始め，やがて爆発する．

という現象が見られます．この数学的正当化を試みましょう．第一の場合，$0 < \lambda \le 1/2$ ということなので，

$$|u_i^j| = |(1-2\lambda)u_i^{j-1} + \lambda u_{i+1}^{j-1} + \lambda u_{i-1}^{j-1}|$$
$$\le \{(1-2\lambda) + \lambda + \lambda\} \max_{0 \le i \le N} |u_i^{j-1}| = \max_{0 \le i \le N} |u_i^{j-1}|$$

すなわち，

$$\max_{0 \le i \le N} |u_i^j| \le \sup_{0 \le i \le N} |u_i^{j-1}|$$

これを，数値解の最大値ノルムが単調非増加であると表現します．この不等式はある意味で数値解の安定性を保証しています．(少なくとも解が無限に大きくなったりはしません．)

逆に，第 2 の $\lambda > 1/2$ のときは，簡単のため考察する区間を $[0,1]$ として，例えば，初期値が $\sin n\pi x = \mathrm{Im}\,[e^{n\pi\sqrt{-1}x}]$ のとき，後で一斉に虚部を取れば同じなので，簡単のため複素数で計算すると

$$u_i^0 = e^{n\pi\sqrt{-1}\,ih},$$
$$u_i^1 = (1-2\lambda)e^{n\pi\sqrt{-1}\,ih} + \lambda e^{n\pi\sqrt{-1}\,(i+1)h} + \lambda e^{n\pi\sqrt{-1}\,(i-1)h}$$
$$= \{1 - \lambda(2 - e^{n\pi\sqrt{-1}\,h} - e^{-n\pi\sqrt{-1}\,h})\}e^{n\pi\sqrt{-1}\,ih}$$
$$= \{1 - 2\lambda(1 - \cos n\pi h)\}e^{n\pi\sqrt{-1}\,ih}$$
$$= \left(1 - 4\lambda \sin^2 \dfrac{n\pi h}{2}\right) e^{n\pi\sqrt{-1}\,ih}$$

以下同様にして，

$$u_i^k = \left(1 - 4\lambda \sin^2 \dfrac{n\pi h}{2}\right)^k e^{n\pi\sqrt{-1}\,ih}$$

となることが示せます．よって，$\sin \dfrac{n\pi h}{2} \sim 1$ なる n については，絶対値が 1 より大きな因子の冪乗がかかるので，数値解はステップ数について指数的に増大します．これは，扱える数値のサイズに限界があるコンピュータの世界では，実質的に有限ステップでオーバーフローすることを意味します．このことは微小定数 ε が掛かっていても同じです．更に，漸化式が線形なので，初期値にこの

ような加法因子が含まれれば，数値解にも指数増大する加法因子が含まれ，やはり有限ステップでオーバーフローすることになります．実際計算では，丸め誤差を始めとして，いろんな誤差が含まれるので，たとい指数増大とは関係ない純粋のモードを初期値として出発してもやがて同じような現象が現れます．

【波動方程式の差分スキームの安定性】 全く同様にして，空間1次元の波動方程式

$$\frac{\partial^2 u}{\partial t^2} = \frac{\partial^2 u}{\partial x^2}$$

の差分解について

☆ $\lambda := \dfrac{c\Delta t}{\Delta x} \leq 1$ のとき，数値解は安定で，いつまでも存在し続ける，

☆ $\lambda := \dfrac{c\Delta t}{\Delta x} > 1$ のとき不安定で，近似解は時間の経過とともに振動を始め，やがて爆発する．

という現象が見られます．この数学的正当化は，熱方程式の場合と同様ですが，最大値ノルムの代わりに L_2 ノルムが必要なので，少し高級です．波動方程式の場合は，上の安定性の条件は，差分スキームが，依存領域の情報をすべて取り込んでいることと解釈され，物理的にも非常に自然なものです．どのような差分スキームを考えても，この条件が満たされない限り，波動方程式の妥当な解とは言えません．これに対し，熱方程式の安定性の条件は，差分スキームを変えると不要になる，ある意味で人工的なものです．(ただし，k と h^2 が同じ無限小のオーダーであるべきことというのは，物理的に自然な要請です．) 新しい差分スキームを考えるだけでなく，それによる数値解の安定性や，得られた解の正当性の研究をするのが，**偏微分方程式の数値解析**という学問分野です．

この章の課題

課題 11.1 `heat.f` および，`heat2d.f` を実行し，熱方程式の初期-境界値問題の時間前進差分による近似解の安定性の条件を数値的に検証してみよ．[λ としていろいろな値を入力し，差分解が荒れ始める時間を比較せよ．また，不安定になったときに生ずる細かい振動の振幅は何で決まるか観察せよ．]

課題 11.2 空間 1 次元の熱方程式の解のグラフは，$\lambda = 0.5$ ととったとき，まず最初に正規分布の曲線に近付き，次いで正弦曲線に近付くことを観察せよ．またその理由を考えよ．

課題 11.3 wave.f および，wave2d.f を実行し，空間 1 次元と 2 次元における波動方程式の初期-境界値問題の時間中心差分による近似解の安定性の条件を数値的に検証してみよ．

課題 11.4 熱の湧き出しを含む空間 1 次元の熱方程式

$$\begin{cases} \dfrac{\partial u}{\partial t} = \nu \dfrac{\partial^2 u}{\partial x^2} + (1+x^2)e^{-t}, & 0 < t < T, -1 < x < 1, \\ u(-1,t) = u(1,t) = 0, & 0 < t < T \quad (\text{斉次 Dirichlet 条件}), \\ u(x,0) = 1 - x^2, & -1 < x < 1 \quad (\text{初期条件}) \end{cases}$$

は解析解 $u = (1-x^2)e^{-t}$ を持つ．これを差分法により heat.f を修正して得られる数値解と比較せよ．

第12章
偏微分方程式の数値解法 (2)
－ 境界値問題 －

　前章の続きとして，この章では，時間に依存しない偏微分方程式を様々な方法で解いてみます．時間を含む偏微分方程式 (発展方程式) の数値解法は，少なくとも陽的な解法については，時間ステップに関する逐次代入により解いてゆけるので，時間・空間の刻み幅について安定性の条件を考慮する必要は有るものの，面倒な行列の計算が本質的には不要で，プログラミングも容易です．これに対し，時間を含まない定常な方程式を解くには，既に常微分方程式でも見たように，行列を逆に解くことが必要となり，かえって難しいのです．

■ 12.1　時間に依存しない偏微分方程式

　偏微分方程式を解くのを行列の計算に持ち込むための，いわゆる離散化の手法は，大きくスペクトル法，差分法，有限要素法の三つに分類されることを前章の始めに述べました．以下，Poisson（ポアソン）方程式 $-\Delta u = f$ を例に取り，これらの方法で順に解いてみましょう．

　Poisson 方程式は，熱方程式や波動方程式の定常状態を表します．すなわち，$\frac{\partial u}{\partial t} = \Delta u + f$ において u が t に依存しなければ，$-\Delta u = f$ となります．

　ここで，以下の説明で使うため，数値解析でよく用いる言葉と記号を導入しておきます．本書では近似解の誤差評価まではやれないので，これらの概念は本格的に必要という訳ではなく，単に便利な言葉として使うだけです．平面の領域 $D \subset \mathbf{R}^2$ に対し，D 上の 2 乗可積分関数の空間を

$$L_2(D) := \left\{ f(x,y) \,;\, \int_D |f(x,y)|^2 dxdy < \infty \right\}$$

で表します．また，$f, g \in L_2(D)$ に対し，L_2 内積を

第 12 章 偏微分方程式の数値解法 (2) — 境界値問題 —

$$(f, g) := \int_D f(x,y)g(x,y)dxdy \tag{12.1}$$

で定義します．特に，

$$\|f\| := \sqrt{(f,f)} \tag{12.2}$$

は f の L_2 ノルム (すなわち，ベクトルの長さ) となります．可積分の意味をLebesgue（ルベーグ）積分で解釈し，積分論的に区別できない関数を同一視すると，$L_2(D)$ はこのノルムが定める距離に関して完備となり，Hilbert（ヒルベルト）空間と呼ばれます．Hilbert 空間は，Euclid 空間の無限次元化です．偏微分方程式の数値計算は，Hilbert 空間の有限次元部分空間を用い，そこで偏微分方程式という無限次元の行列の，有限近似を解くことに相当します．$L_2(D)$ は Hilbert 空間の代表例ですが，後述のように正規直交基底をとると，それによる展開係数を取れば，Hilbert が最初に考えた，数列空間

$$\ell_2 := \{\boldsymbol{x} = (x_1, x_2, \ldots); x_1^2 + x_2^2 + \cdots < \infty\}$$

と同等になります．この内積は

$$(\boldsymbol{x}, \boldsymbol{y}) = x_1 y_1 + x_2 y_2 + \cdots$$

で，Euclid 空間の拡張概念であることがよく分かります．

■ 12.2 スペクトル法

一般に**スペクトル法**とは，解くべき領域に固有で計算可能な基本関数系により未知数を含むすべての関数を展開し，その係数を計算して近似解を求める方法です．係数を求める方程式が常微分方程式となるよう，普通は固有関数を用います．

有界領域 D 上で斉次 Dirichlet 条件付きの正ラプラス作用素 $-\Delta$ の固有値と固有関数とは，

$$-\Delta \varphi_j = \lambda_j \varphi_j \quad (D \text{ 上}), \qquad \varphi_j|_{\partial D} = 0$$

を満たす λ_j と $\varphi_j \not\equiv 0$ のことです．有限行列の場合と異なり，無限列となりますが，対称行列の類似が成り立ち，$\{\varphi_j\}_{j=1}^{\infty}$ は**完全正規直交基底**にできます．

12.2 スペクトル法

すなわち, $(\varphi_i, \varphi_j) = \delta_{ij}$ であり, かつ任意の関数がこれで展開できます:

$$f(x,y) = \sum_{j=1}^{\infty} c_j \varphi_j(x,y), \quad c_j = (f, \varphi_j) := \int_D f(x,y)\varphi(x,y)dxdy.$$

これを**一般 Fourier 展開**と呼びます. 従って Fourier 級数による解法がその元祖です[1]. 正方形 $[0,1] \times [0,1]$ 上で 2 次元 Poisson 方程式をこの方法で解いてみましょう. (より一般に長方形 $[a_0, a_1] \times [b_0, b_1]$ でも同様です.) 固有関数は

$$\{\sin m\pi x \sin n\pi y\}_{m,n=1}^{\infty}$$

で, これに演算子 $-\Delta$ を施すと

$$-\Delta(\sin m\pi x \sin n\pi y) = (m^2 + n^2)\pi^2 \sin m\pi x \sin n\pi y$$

よって $(m^2 + n^2)\pi^2$ が固有値です. 未知関数を

$$u(x,y) = \sum_{m,n=1}^{\infty} u_{mn} \sin m\pi x \sin n\pi y$$

の形に仮定し, 右辺の関数を

$$f(x,y) = \sum_{m,n=1}^{\infty} f_{mn} \sin m\pi x \sin n\pi y,$$

$$f_{mn} = \int_D f(x,y) \sin m\pi x \sin n\pi y dxdy$$

と展開すると, 係数比較で

$$\sum_{m,n=1}^{\infty} (m^2 + n^2)\pi^2 u_{mn} \sin m\pi x \sin n\pi y = \sum_{m,n=1}^{\infty} f_{mn} \sin m\pi x \sin n\pi y.$$

$$\therefore \quad u_{mn} = \frac{f_{mn}}{(m^2 + n^2)\pi^2}$$

よって解は次のように表示されます:

---

[1] 収束の意味は先に導入した Hilbert 空間でのものですが, f が滑らかだと, 一様収束など, もっと良い意味でも収束します. これらの議論は Fourier 級数論に倣って行えますが, ここではあまり気にしないでおきましょう.

$$u(x,y) = \sum_{m,n=1}^{\infty} \frac{f_{mn}}{(m^2+n^2)\pi^2} \sin m\pi x \sin n\pi y.$$

実際には無限に足せないので，適当なところで打ち切ります．これを実装するには，与えられた関数のフーリエ係数を計算するサブルーチンと，係数が分かっているフーリエ級数の和の値を返す関数の二つを作る必要があります．前者は，適当な数値積分公式で

$$\int_0^1 \int_0^1 f(x,y) \sin m\pi x \sin n\pi y \, dx \, dy$$

を計算します．後者は級数の和の計算にすぎません．(`fourier.f`)

■ 12.3 差 分 法

長方形 $[a_0, a_1] \times [b_0, b_1]$ 上で 2 次元 Poisson 方程式

$$-\left(\frac{\partial^2 u}{\partial x^2} + \frac{\partial^2 u}{\partial y^2}\right) = f$$

を解くことを考えます．差分法による離散化とその表現行列は既に熱方程式のところで計算してあり，

$$-\frac{u(x+h_x,y) + u(x-h_x,y) - 2u(x,y)}{h_x^2}$$
$$-\frac{u(x,y+h_y) + u(x,y-h_y) - 2u(x,y)}{h_y^2} = f(x,y)$$

$$\begin{pmatrix} \frac{2}{h_x^2}+\frac{2}{h_y^2} & -\frac{1}{h_x^2} & 0 & -\frac{1}{h_y^2} & 0 & \cdots & 0 \\ -\frac{1}{h_x^2} & \frac{2}{h_x^2}+\frac{2}{h_y^2} & -\frac{1}{h_x^2} & & & & \vdots \\ 0 & \ddots & \ddots & \ddots & & & \vdots \\ -\frac{1}{h_y^2} & & \ddots & \ddots & \ddots & & \vdots \\ 0 & & & & & & 0 \\ \vdots & & & & & & -\frac{1}{h_y^2} \\ & & & & & & 0 \\ \vdots & \ddots & & & \ddots & & -\frac{1}{h_x^2} \\ 0 & \cdots & 0 & -\frac{1}{h_y^2} & 0 & -\frac{1}{h_x^2} & \frac{2}{h_x^2}+\frac{2}{h_y^2} \end{pmatrix} \begin{pmatrix} u_{11} \\ u_{21} \\ \vdots \\ u_{M-1,1} \\ u_{12} \\ \vdots \\ u_{M-1,2} \\ \vdots \\ u_{M-1,N-1} \end{pmatrix} = \begin{pmatrix} f_{11} \\ f_{21} \\ \vdots \\ f_{M-1,1} \\ f_{12} \\ \vdots \\ f_{M-1,2} \\ \vdots \\ f_{M-1,N-1} \end{pmatrix}$$

ここで，$h_x = \dfrac{a_1-a_0}{M}$, $h_y = \dfrac{b_1-b_0}{N}$ であり，$f_{ij} = f(a_0+ih_x, b_0+jh_y)$ が

既知ベクトル，$u_{ij} = u(a_0 + ih_x, b_0 + jh_y)$ が未知ベクトルです．ベクトル成分の並べ方は熱方程式のときと同様です．今度は本当に連立 1 次方程式を解かねばなりませんが，その解法は既に，常微分方程式に対して第 7 章や第 10 章でやったものと同じです．(プログラム見本は `poissonfd.f`)

12.4 有限要素法

2 次元 Poisson 方程式 $-\Delta u = f$ を領域 D 上で解くのに，$L_2(D)$ の基底関数 $\{\varphi_n\}_{n=1}^{\infty}$ を用意し，無限個の連立方程式

$$(\nabla u, \nabla \varphi_j) = (-\Delta u, \varphi_j) = (f, \varphi_j)$$

に置き換えます．ここに，(f, g) は L_2 内積 (12.1) で，上の変形は境界条件を用いた 2 次元部分積分 (**Green の定理**)：

$$\iint_D \varphi \nabla \boldsymbol{f} dxdy = \oint_{\partial D} \varphi \boldsymbol{f} \cdot \boldsymbol{n} ds - \iint_D \boldsymbol{f} \nabla \varphi dxdy$$

によります ($\boldsymbol{f} = \nabla u$ です)．更に $u = \sum_{i=1}^{\infty} u_i \varphi_i$ と展開して

$$\sum_{i=1}^{\infty} (\nabla \varphi_i, \nabla \varphi_j) u_i = f_j, \quad j = 1, 2, \ldots$$

という u_i の無限連立 1 次方程式に帰着させる解法を ガレルキン **Galerkin 法**と呼びます．(スペクトル法の場合は，この方程式の左辺の和が不要となるような良い基底関数 φ_i を選んだことに相当します．) これも無限個では解けないので，適当に有限個 $\{\varphi_i\}_{i=1}^{N}$ でとめると，真の解 u を，これらの基底関数が張る N 次元部分空間へ射影した近似関数を求めることになります．ここで更に，φ_i として，台，すなわち，関数値が 0 でないような点集合の閉包，が有界となるような区分多項式関数を用いたのが**有限要素法 (Finite Element Method**，略して **FEM)** です．このときの近似行列 $A = ((\nabla \varphi_i, \nabla \varphi_j))_{i,j=1}^{N}$ は自然に正定値実対称行列となることに注意しましょう．

【有限要素法の実際】　領域 D を三角形や四角形など (高次元では 4 面体や 6 面体など) の簡単な形をした要素 (**有限要素**) に分割し，それに対応した単純

な分解関数で張られる有限次元空間を近似空間として採用します. 最も基本的な例は平面領域の三角形分割と, それに対応した区分的 1 次関数, すなわち, 各三角形の上では x,y の 1 次式で表され, 三角形の境界では連続に繋がっているようなもののことであり, 1 回微分すると微分の方向によっては三角形の境界で不連続関数が現れます. 微積分の意味では微分可能ではないのですが, 積分論の意味では微分可能で, 結果は L_2 級の関数となります. 境界が直線図形でないときには, 領域自身も多角形で近似されます. 平面領域 D の三角形分割

$$D \doteqdot \bigcup_{i=1}^{M} T_i$$

を一つ固定し, これらの頂点を重複を省いて一列に並べたものを

$$P_1, \ldots, P_N$$

としましょう. 頂点 P_i は三角形 $T_{i1}, \ldots, T_{im_i}$ と頂点 $P_{i1}, \ldots, P_{im_i}$ とにより, 図のように取り囲まれているとすれば, 基底とするべき区分 1 次関数 φ_i は, 頂点 P_i では値 1, その周りの頂点 $P_{i1}, \ldots, P_{im_i}$ では値 0 と定めます. これらの三角形の外では値は 0 とします. つまりこの頂点 P_i の上に尖端を持つ角錐状のグラフを持った関数にとるのです.

これらの φ_i は直交基底ではありません. (隣の要素との内積は正となります.) しかしそれ以上離れた台を持ったものとの内積は 0 なので直交基底に近いものと言えます. 基底関数 φ_i に対して $\nabla \varphi_i$ は各三角形要素の上で定数となるので, $-(\nabla \varphi_i, \nabla \varphi_j)$ は三角形の面積を計算するだけで真値が簡単に求まり, A はこれらを成分とする帯状行列となります.

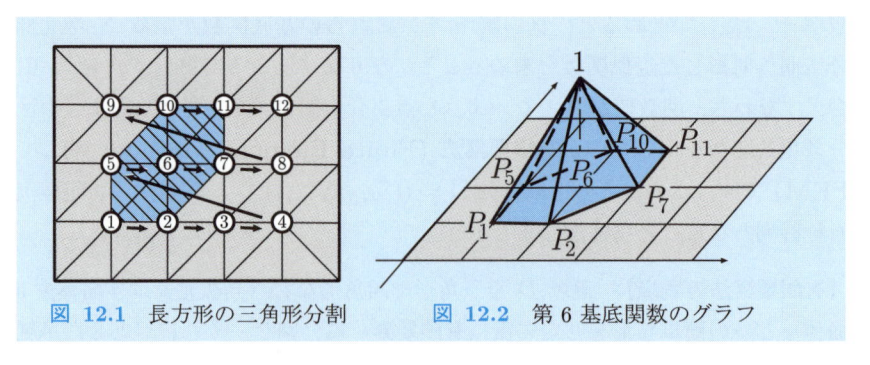

図 12.1　長方形の三角形分割　　図 12.2　第 6 基底関数のグラフ

【有限要素法のプログラム例】 上の図 12.1 は，長方形の手による分割の例 (`poissonfem.f` で用いられているもの) です．斜線を入れた領域は第 6 基底関数 $\varphi_6(x,y)$ の台です．その右の図 12.2 が 2 変数関数としての $\varphi_6(x,y)$ のグラフです．

下図はフリーの有限要素法のプログラム FreeFEM が出力した円の Delaunay 三角形分割です．FreeFEM はとてもよくできたソフトで，ダウンロードしてインストールし，付属する例の中から適当なもの `hoge.edp` を選んで

```
FreeFem++ hoge.edp
```

を実行すれば体験できます．このサイトもサポートページにリンクしてあります．

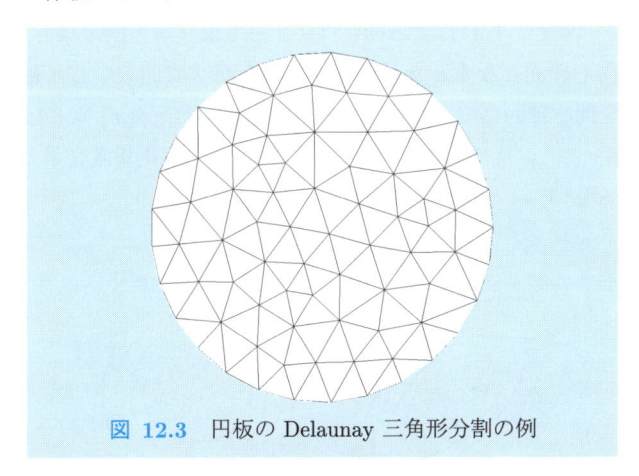

図 12.3 円板の Delaunay 三角形分割の例

12.5 連立 1 次方程式の高級解法

いずれの方法を用いるにしても，最後は連立 1 次方程式を解くことになります．そのために今まで習ったものよりは高級な解法を二つほど紹介します．

【共役勾配法】 (Conjugate gradient method, CG 法) 正定値実対称な係数行列を持つ連立 1 次方程式を解く強力な反復法です．

── 共役勾配法の考え方 ──
$A\boldsymbol{x} = \boldsymbol{b}$ を解く代わりに $f(\boldsymbol{x}) := (A\boldsymbol{x} - \boldsymbol{b}, A\boldsymbol{x} - \boldsymbol{b})$ の最小値を探索する．

実際，$f'(\boldsymbol{x})$ を計算すると，

$$f(\bm{x}+\bm{h}) = (A\bm{x}+\bm{h}-\bm{b}, A\bm{x}+\bm{h}-\bm{b})$$
$$= (A\bm{x}-\bm{b}, A\bm{x}-\bm{b}) + (\bm{h}, A\bm{x}-\bm{b}) + (A\bm{x}-\bm{b}, \bm{h}) + O(|\bm{h}|^2)$$
$$= f(\bm{x}) + 2(A\bm{x}-\bm{b}, \bm{h}) + O(|\bm{h}|^2)$$

なので，極小の条件は，この $\bm{h}$ の 1 次の項が消えること，すなわち，

$$A\bm{x} - \bm{b} = \bm{0}.$$

となります．

☆ **探索方向の選択：** 最も単純なのは，$-\nabla f$ の方向 (勾配方向) に極小値を探すことです．しかし，これは大域的には必ずしも最良の方向ではありません．f の等位面が同心球面となるときは最良です．f が 2 次関数なら，線形の座標変換で等位面を同心球面にできます．これと同等ですが，$f(\bm{x}) = (A\bm{x}, \bm{x})$ を空間の計量 (距離) とし，逐次探索方向がこの内積に関する正規直交系となるように決めるとよろしい．

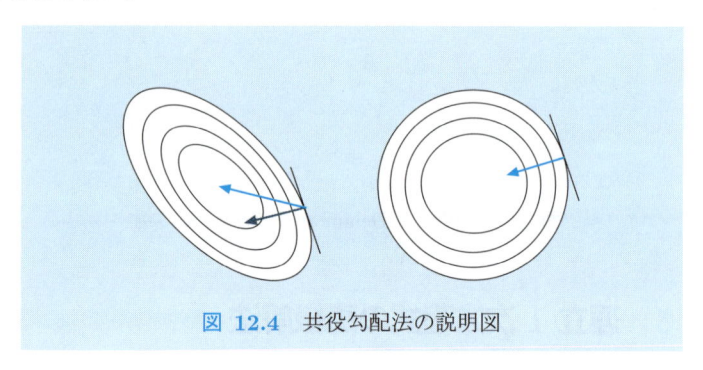

図 12.4 共役勾配法の説明図

【共役勾配法のアルゴリズム】 以上を考慮すると，次のようなアルゴリズムに導かれます．

⓪ 初期値 $\bm{x}_0$ を適当に選ぶ．

① 第 0 残差 $\bm{r}_0 = \bm{b} - A\bm{x}_0$ を計算．
  $\bm{p}_0 = \bm{r}_0$ と置く． (初期探索方向は勾配方向にとる．)

以下，$k = 0, 1, 2, \ldots, N-1$ に対して，

ⓚ$_1$ 近似解と残差の更新

$$\alpha_k = \frac{(\boldsymbol{r}_k, \boldsymbol{r}_k)}{(A\boldsymbol{p}_k, \boldsymbol{p}_k)}, \qquad \boldsymbol{x}_{k+1} = \boldsymbol{x}_k + \alpha_k \boldsymbol{p}_k,$$
$$\boldsymbol{r}_{k+1} = \boldsymbol{r}_k - \alpha_k A\boldsymbol{p}_k \qquad (= \boldsymbol{b} - A\boldsymbol{x}_{k+1}) \qquad |r_{k+1}| \le \varepsilon |\boldsymbol{b}| \text{ なら終了}.$$

ⓚ$_2$ 探索方向の更新
$$\beta_k = \frac{(\boldsymbol{r}_{k+1}, \boldsymbol{r}_{k+1})}{(\boldsymbol{r}_k, \boldsymbol{r}_k)}, \qquad \boldsymbol{p}_{k+1} = \boldsymbol{r}_{k+1} + \beta_k \boldsymbol{p}_k$$

残差 $\ne \boldsymbol{0}$ なる限り, $\langle \boldsymbol{r}_0, \dots, \boldsymbol{r}_j \rangle = \langle \boldsymbol{p}_0, \dots, \boldsymbol{p}_j \rangle = \langle \boldsymbol{p}_0, A\boldsymbol{p}_0, \dots, A^j \boldsymbol{p}_0 \rangle$, $j = 0, \dots, k$ となっていることに注意しましょう. ここで記号 $\langle \ \rangle$ は, この中に書かれたベクトルたちにより張られる線形部分空間 (線形包) を表します.

このアルゴリズムの核心は以下の通りです：

☆ $\boldsymbol{r}_{k+1} = \boldsymbol{0}$ となれば, $\boldsymbol{x}_{k+1}$ は真の解となる.

☆ 以下に示す $\boldsymbol{r}_j$ の直交性により, 少なくとも次元回反復すれば $\boldsymbol{r}_N = \boldsymbol{0}$.

実際には丸め誤差のため, 必ずしもそうはならない一方で, A に重複固有値があると (等位面に対称性があると), それより早く最小値に到達します. そこで実用的には $|\boldsymbol{r}_{k+1}|$ が決められた微小数以下となったところで止めます.

【共役勾配法のアルゴリズムの正当化】 次の定理にまとめます.

定理 12.1 $j < k$ のとき $(\boldsymbol{r}_k, \boldsymbol{r}_j) = 0$, $(A\boldsymbol{p}_k, \boldsymbol{p}_j) = 0$

証明 これらと
$$(\boldsymbol{p}_k, \boldsymbol{r}_k) = (\boldsymbol{r}_k, \boldsymbol{r}_k) = (\boldsymbol{p}_k, \boldsymbol{r}_{k-1}),$$
$$(\boldsymbol{r}_k, \boldsymbol{p}_j) = 0 \ (j < k), \quad (\boldsymbol{p}_k, \boldsymbol{r}_j - \boldsymbol{r}_{j-1}) = 0 \ (j \le k)$$

を k に関する帰納法で平行して導く. $k = 0$ のときは自明. k まで成り立つとすると, $k+1$ のとき, α_k の決め方と帰納法の仮定より

$$(\boldsymbol{r}_{k+1}, \boldsymbol{r}_k) = (\boldsymbol{r}_k - \alpha_k A\boldsymbol{p}_k, \boldsymbol{r}_k) = (\boldsymbol{r}_k, \boldsymbol{r}_k) - \alpha_k (A\boldsymbol{p}_k, \boldsymbol{r}_k)$$
$$= (\boldsymbol{r}_k, \boldsymbol{r}_k) - \alpha_k (A\boldsymbol{p}_k, \boldsymbol{p}_k) + \alpha_k \beta_{k-1} (A\boldsymbol{p}_k, \boldsymbol{p}_{k-1}) = 0.$$
$$(\boldsymbol{r}_{k+1}, \boldsymbol{p}_k) = (\boldsymbol{r}_k, \boldsymbol{p}_k) - \alpha_k (A\boldsymbol{p}_k, \boldsymbol{p}_k) = (\boldsymbol{r}_k, \boldsymbol{p}_k) - \alpha_k (A\boldsymbol{p}_k, \boldsymbol{p}_k) = 0.$$
$$(\boldsymbol{p}_{k+1}, \boldsymbol{r}_{k+1}) = (\boldsymbol{r}_{k+1}, \boldsymbol{r}_{k+1}) + \beta_k (\boldsymbol{p}_k, \boldsymbol{r}_{k+1}) = (\boldsymbol{r}_{k+1}, \boldsymbol{r}_{k+1}).$$
$$(\boldsymbol{p}_{k+1}, \boldsymbol{r}_k) = (\boldsymbol{r}_{k+1}, \boldsymbol{r}_k) + \beta_k (\boldsymbol{p}_k, \boldsymbol{r}_k) = \beta_k (\boldsymbol{r}_k, \boldsymbol{r}_k) = (\boldsymbol{r}_{k+1}, \boldsymbol{r}_{k+1}).$$

$$(A\bm{p}_{k+1}, \bm{p}_k) = (\bm{p}_{k+1}, A\bm{p}_k) = \left(\bm{p}_{k+1}, \frac{1}{\alpha_k}(\bm{r}_k - \bm{r}_{k+1})\right)$$
$$= \frac{1}{\alpha_k}\{(\bm{p}_{k+1}, \bm{r}_k) - (\bm{p}_{k+1}, \bm{r}_{k+1})\} = 0$$

更に，$j < k$ に対しては，$\bm{r}_j \in \langle \bm{p}_0, \ldots, \bm{p}_j \rangle$ に注意し，帰納法の仮定より

$$(\bm{r}_{k+1}, \bm{r}_j) = (\bm{r}_k - \alpha_k A\bm{p}_k, \bm{r}_j) = (\bm{r}_k, \bm{r}_j) - \alpha_k(A\bm{p}_k, \bm{r}_j) = 0.$$
$$(A\bm{p}_{k+1}, \bm{p}_j) = (\bm{p}_{k+1}, A\bm{p}_j) = \left(\bm{r}_{k+1} + \beta_k \bm{p}_k, \frac{1}{\alpha_j}(\bm{r}_j - \bm{r}_{j+1})\right)$$
$$= -\frac{\beta_k}{\alpha_j}(\bm{p}_k, \bm{r}_{j+1} - \bm{r}_j) = 0. \qquad \Box$$

【コレスキー (Choleski) 分解】 正定値実対称行列 A を下三角型行列 L により $A = LL^T$ と表す方法です．(ここでは工学部っぽく，行列 L の転置を L^T と書いています．) 種々の用途が有りますが，LU 分解の一種とみなせば連立 1 次方程式を解くのにも使えます．$A = (a_{ij})$, $L = (s_{ij})$ と置けば，$A = LL^T$ より，

$$\begin{pmatrix} a_{11} & a_{12} & \cdots & a_{1n} \\ a_{21} & a_{22} & \cdots & a_{2n} \\ \vdots & \vdots & & \vdots \\ a_{n1} & a_{n2} & \cdots & a_{nn} \end{pmatrix} = \begin{pmatrix} s_{11} & 0 & \cdots & 0 \\ s_{21} & s_{22} & \ddots & \vdots \\ \vdots & \vdots & \ddots & 0 \\ s_{n1} & s_{n2} & \cdots & s_{nn} \end{pmatrix} \begin{pmatrix} s_{11} & s_{21} & \cdots & s_{n1} \\ 0 & s_{22} & \cdots & s_{n2} \\ \vdots & \ddots & \ddots & \vdots \\ 0 & \cdots & 0 & s_{nn} \end{pmatrix}$$

従って

$$a_{ii} = \sum_{k=1}^{i} s_{ik}^2, \qquad a_{ij} = \sum_{k=1}^{i} s_{ik} s_{jk} \quad (i < j)$$

特に，

$$a_{11} = s_{11}^2,\ a_{12} = s_{11}s_{21}, \ldots, a_{1n} = s_{11}s_{n1},$$
$$a_{22} = s_{21}^2 + s_{22}^2,\ a_{23} = s_{21}s_{31} + s_{22}s_{32}, \ldots, a_{2n} = s_{21}s_{n1} + s_{22}s_{n2}$$

だから，$a_{ij} = a_{ji}$ に注意すれば次が得られます：

Choleski 分解成分 L を求めるアルゴリズム

① $s_{11} = \sqrt{a_{11}}, \quad s_{i1} = \dfrac{a_{i1}}{s_{11}}, i = 2, \ldots, n$

② $s_{22} = \sqrt{a_{22} - s_{21}^2}, \quad s_{i2} = \dfrac{a_{i2} - s_{21}s_{i1}}{s_{22}}, i = 3, \ldots, n$

⑯ $s_{kk} = \sqrt{a_{kk} - \sum_{j=1}^{k-1} s_{kj}^2}$, $\quad s_{ik} = \dfrac{a_{ik} - \sum_{j=1}^{k-1} s_{ij} s_{kj}}{s_{kk}}$, $i = k+1, \ldots, n$

ここで, s_{kk} を求める式の根号の中身が常に正であることは, 次の定理から分かります. ここで使うのは最初の主張だけですが, 一般の主張もすぐ後で必要になるので, まとめてやっておきます.

定理 12.2 n 次対称行列 A の左上から k 行 k 列の成分を取って得られる主小行列式を Δ_k とするとき, A が正定値であるための必要十分条件は, $\Delta_k > 0$, $k = 1, 2, \ldots, n$ となることである. より一般に, 数列 $\Delta_0 := 1, \Delta_1, \ldots, \Delta_n$ の符号変化数は, A の負固有値の個数に等しい.

ここで, 数列の符号変化数とは, 数列を先頭から尻尾まで辿ったとき, 何回正負の符号を変えたかをカウントした数のことです. 例えば, $n = 4$ で $+, +, -, -, +$ なら符号変化数は 2 となります. さて, L は下三角型なので, A の左上 k 次主小行列は (12.5) から容易に分かるように, L と L^T の対応する主小行列の積となりますから, 行列式を取ると, $\Delta_k = s_{11}^2 \cdots s_{kk}^2$, あるいは $s_{kk}^2 = \Delta_k / \Delta_{k-1}$. よって上の定理を仮定すると, これから帰納的に $s_{kk}^2 > 0$ が言えます.

Choleski 分解行列はもとの行列 A と同じバンド幅を持つことに注意しましょう.

定理 12.2 の証明 正定値の場合には拙著 [2] の定理 6.11 に書いたが, 一般の場合にも n に関する帰納法で示せる. $n = 1$ のときは明らか. $n-1$ 次の行列まで正しいとすると, A の左上の $n-1$ 次主小行列 A' は, 数列 $\Delta_0, \ldots, \Delta_{n-1}$ の符号変化数 r に等しい負固有値を持つ. これは, 最初の $n-1$ 座標成分が成す部分空間 $\boldsymbol{R}^{n-1}$ において A' をそこに制限したとき負定値となるような部分空間の最大次元が r ということであった (拙著 [2], 定理 6.9 の証明参照). このような部分空間の元に第 n 成分 0 を補ったもの V の上では A も当然負定値である. これが更に拡大できるときは, 基底として第 n 成分が 0 でないベクトルが追加されるしかないので, 増えるとしても高々1次元. 従って, A の負固有値の個数は r か $r+1$ であり, 前者のときは $\det A = \Delta_n$ は $\det A' = \Delta_{n-1}$ と同符号, 後者のときは異符号となるので, A についても負固有値の個数が Δ_k の符号変化数と一致することが示せた. □

12.6 固有値再論

$-\Delta$ の固有関数は，対応する波動方程式の定常波，すなわち進行しない波を表します．これは，$u(x,y,t) = v(x,y)w(t)$ の形に変数分離された解で表されます．空間 1 次元のときは，行列の固有値問題の例として既に第 10 章で計算しました．空間 2 次元の波動方程式の Dirichlet 問題に上の形を代入すると，

$$\frac{1}{c^2}\frac{\partial^2 u}{\partial t^2} = \frac{\partial^2 u}{\partial x^2} + \frac{\partial^2 u}{\partial y^2} \quad \text{より} \quad \frac{1}{c^2}v(x,y)w''(t) = \Delta v(x,y)w(t),$$

$$\text{すなわち} \quad \frac{\Delta v(x,y)}{v(x,y)} = \frac{w''(t)}{c^2 w(t)} = -\lambda \quad (\text{定数}).$$

これと境界条件から，

$$-\Delta v(x,y) = \lambda v(x,y) \quad (D\text{ 上}), \qquad v(x,y)\big|_{\partial D} = 0$$

という，境界条件付き微分作用素 $-\Delta$ の固有値問題が生じます．このとき

$$w'' + c^2 \lambda w = 0, \quad \text{従って} \quad w(t) = c_1 \cos c\sqrt{\lambda}\, t + c_2 \sin c\sqrt{\lambda}\, t$$

なので，$c\sqrt{\lambda}/2\pi$ が振動数となります．$D = [0,1] \times [0,1]$ のときは，固有関数が $\sin m\pi x \sin n\pi y$ で，固有値が $(m^2 + n^2)\pi^2$ で与えられることは既に §12.2 で述べました．この知識を仮定せずに，$-\Delta$ の近似有限行列の固有値問題を直接数値的に解くこともできます (参考プログラム `eig2dfem.f`)．

行列の固有値計算の実用的な方法には次の二つがあります：
☆ Householder 法 (ハウスホルダー)
☆ Lanczos 法 (ランチョス)

いずれも，まず代数的手段で 3 重対角行列に直し，次いで，小行列式の列の符号変化を見て固有値を挟み，2 分法により近似計算する，というものです．ここでは Lanczos 法を紹介しましょう．

【Lanczos 法による 3 重対角化アルゴリズム】
① 単位ベクトル u_1 をランダムに選ぶ．
② $\alpha_1 = (Au_1, u_1), \quad v_2 = Au_1 - \alpha_1 u_1, \quad \beta_1 = |v_2|, \quad u_2 = v_2/\beta_1$
⒦ u_k, u_{k-1} が決まっていれば，

12.6 固有値再論

$$v_{k+1} = Au_k - \beta_{k-1}u_{k-1} - \alpha_k u_k, \ \beta_k = |v_{k+1}|, \ u_{k+1} = v_{k+1}/\beta_k$$

上の漸化式は次の発見的考察から導かれます：

変換行列 $P = (u_1, \ldots, u_n)$ により $B = P^{-1}AP$ が3重対角型になったとして，関係式 $AP = PB$ を書くと

$$A(u_1, \ldots, u_n) = (u_1, \ldots, u_n) \begin{pmatrix} \alpha_1 & \beta_1 & 0 & \cdots & 0 \\ \beta_1 & \alpha_2 & \beta_2 & \ddots & \vdots \\ 0 & \beta_2 & \ddots & \ddots & 0 \\ \vdots & \ddots & \ddots & \ddots & \beta_{n-1} \\ 0 & \cdots & 0 & \beta_{n-1} & \alpha_n \end{pmatrix}$$

これより，
$$Au_1 = \alpha_1 u_1 + \beta_1 u_2,$$
$$Au_2 = \beta_1 u_1 + \alpha_2 u_2 + \beta_2 u_3,$$
$$\cdots,$$
$$Au_k = \beta_{k-1}u_{k-1} + \alpha_k u_k + \beta_k u_{k+1},$$
$$\cdots,$$

これを u_{k+1} について解けば上の漸化式が得られます．

【3重対角行列の固有値計算法】 $k = 1, 2, \ldots, n$ について主小行列式

$$p_k(\lambda) := \begin{vmatrix} \lambda - \alpha_1 & -\beta_1 & 0 & \cdots & 0 \\ -\beta_1 & \lambda - \alpha_2 & -\beta_2 & \ddots & \vdots \\ 0 & -\beta_2 & \ddots & \ddots & 0 \\ \vdots & \ddots & \ddots & \ddots & -\beta_{k-1} \\ 0 & \cdots & 0 & -\beta_{k-1} & \lambda - \alpha_k \end{vmatrix}$$

を計算します．これを最後の行について展開すれば，

$$p_k(\lambda) = (\lambda - \alpha_k)p_{k-1}(\lambda) - \beta_{k-1}^2 p_{k-2}(\lambda)$$

$p_0(\lambda) = 1$, $p_{-1}(\lambda) = 0$ と規約すると，上は $k = 1$ でも成り立ちます．この漸化式から，λ に数値が指定されたときは，すべての $p_k(\lambda)$ が高速に計算できます．こうして得られた列は，次の性質を持つことが定理 12.2 から分かります：

定理 12.3 $a < b$ とするとき，列 $p_0(\lambda), p_1(\lambda), \ldots, p_n(\lambda)$ の符号変化数を $\lambda = b$ と $\lambda = a$ で計算したものの差は，区間 $[a, b]$ に含まれる固有値の個数に等しい．

実際，定理 12.2 により，例えば $\lambda = b$ におけるこの列の符号変化数は，行列 $A - bE$ の負固有値の個数に等しく，従って A の固有値で b より小さいものの個数に等しいからです．

🐙 文献 [3] などでは，上の多項式列を **Sturm**(スツルム) 列として扱っています．古典的な Sturm 列は，代数方程式 $p_n(\lambda) = 0$ の根の個数をカウントするために Sturm により発明されました．

【行列の条件数】　条件数 (condition number) とは，

$$\kappa(A) = \|A\| \cdot \|A^{-1}\|$$

で定義される数のことです．これは行列ノルム $\|\cdot\|$ の取り方に依存します．普通は L_2 作用素ノルム

$$\|A\| = \sup_{|\boldsymbol{x}| \neq \boldsymbol{0}} \frac{|A\boldsymbol{x}|}{|\boldsymbol{x}|}$$

を使います．ここに $|\boldsymbol{x}|$ は $\boldsymbol{x}$ の Euclid ノルムです．このときは，対称行列 A について，直交行列による対角化で容易に分かるように，$\|A\| = |A$ の絶対値最大の固有値$|$ となり，また，スペクトル写像定理により A^{-1} の固有値は A の固有値の逆数なので，

$$\|A^{-1}\| = |A^{-1}\text{の絶対値最大の固有値}| = |A\text{ の絶対値最小の固有値の逆数}|.$$

従って，

$$\kappa(A) = \frac{\max_{1 \leq i \leq N} |\lambda_i|}{\min_{1 \leq i \leq N} |\lambda_i|} = \frac{|A \text{ の絶対値最大の固有値}|}{|A \text{ の絶対値最小の固有値}|}$$

この値が 1 に近いほど，$(A\boldsymbol{x}, \boldsymbol{x}) = 0$ の等位面が球に近付きます．条件数は，

☆ A^{-1} の誤差に対する敏感さ．
☆ A に対する種々の反復法の収束の速さ．

などに関係する数値計算上重要な量です．

【条件数と解の安定性】　連立 1 次方程式 $A\boldsymbol{x} = \boldsymbol{b}$ において，$A, \boldsymbol{b}$ にそれぞれ誤差 $\Delta A, \Delta \boldsymbol{b}$ があるとき，解 $\boldsymbol{x}$ はどのくらいずれるでしょうか？

定理 12.4

$\|\Delta A\| < \dfrac{1}{\|A^{-1}\|}$ なる限り,

$$\dfrac{|\Delta \boldsymbol{x}|}{|\boldsymbol{x}|} \leq \dfrac{\kappa(A)}{1 - \kappa(A)\|\Delta A\|/\|A\|} \left(\dfrac{\|\Delta A\|}{\|A\|} + \dfrac{|\Delta \boldsymbol{b}|}{|\boldsymbol{b}|} \right)$$

証明 一般に行列 B が $\|B\| < 1$ を満たせば, $I - B$ は逆を持ち, Neumann 級数

$$(I - B)^{-1} = I + B + B^2 + \cdots$$

で与えられるのであった. (右辺が収束し, これに $I - B$ を掛けると I になることが容易に分かる.) よってこのとき

$$\|(I - B)^{-1}\| = \|I + B + B^2 + \cdots \| \leq 1 + \|B\| + \|B\|^2 + \cdots = \dfrac{1}{1 - \|B\|}$$

これに, 仮定より $B = -A^{-1}\Delta A$ が代入できて,

$$\|(I + A^{-1}\Delta A)^{-1}\| \leq \dfrac{1}{1 - \|A^{-1}\Delta A\|} \leq \dfrac{1}{1 - \|A^{-1}\|\|\Delta A\|} \tag{12.3}$$

次に, $A\boldsymbol{x} = \boldsymbol{b}$ と $(A + \Delta A)(\boldsymbol{x} + \Delta \boldsymbol{x}) = \boldsymbol{b} + \Delta \boldsymbol{b}$ の差をとって,

$$\Delta A\, \boldsymbol{x} + (A + \Delta A)\Delta \boldsymbol{x} = \Delta \boldsymbol{b}$$

これに左から A^{-1} を掛けて

$$A^{-1}\Delta A\, \boldsymbol{x} + (I + A^{-1}\Delta A)\Delta \boldsymbol{x} = A^{-1}\Delta \boldsymbol{b}$$

これを $\Delta \boldsymbol{x}$ につき解いて,

$$\Delta \boldsymbol{x} = (I + A^{-1}\Delta A)^{-1} A^{-1}(-\Delta A\, \boldsymbol{x} + \Delta \boldsymbol{b})$$

$$\therefore\ |\Delta \boldsymbol{x}| \leq \|(I + A^{-1}\Delta A)^{-1}\|\|A^{-1}\|(\|\Delta A\||\boldsymbol{x}| + |\Delta \boldsymbol{b}|)$$

$$\leq \dfrac{\|A^{-1}\|}{1 - \|A^{-1}\|\|\Delta A\|}(|\boldsymbol{x}| + |\Delta \boldsymbol{b}|) \quad ((12.3)\text{ を代入})$$

$$\leq \dfrac{\|A\|\|A^{-1}\|}{1 - \|A^{-1}\|\|\Delta A\|}\left(\dfrac{\|\Delta A\||\boldsymbol{x}|}{\|A\|} + \dfrac{|\Delta \boldsymbol{b}|}{\|A\|}\right)$$

ここで, $|\boldsymbol{b}| \leq \|A\||\boldsymbol{x}|$ に注意し, $\kappa(A)$ の定義を使うと

$$\frac{|\Delta \boldsymbol{x}|}{|\boldsymbol{x}|} \leq \frac{\|A\|\|A^{-1}\|}{1-\|A^{-1}\|\|\Delta A\|}\left(\frac{\|\Delta A\|}{\|A\|}+\frac{|\Delta \boldsymbol{b}|}{\|A\|\|\boldsymbol{x}\|}\right)$$

$$\leq \frac{\kappa(A)}{1-\kappa(A)\|\Delta A\|/\|A\|}\left(\frac{\|\Delta A\|}{\|A\|}+\frac{|\Delta \boldsymbol{b}|}{|\boldsymbol{b}|}\right) \qquad \square$$

固有値の大きさが不揃いだと誤差が拡大されることは，A が対角型のときを考えても明らかでしょう．誤差の基準が最大固有値の大きさで決まり，最小固有値が桁落ちと似た状況を作り出すからです．

【条件数と反復法の収束の速さ】 条件数は種々の反復法の収束の速さの評価にも使えます．ここでは共役勾配法に対する理論誤差評価を結果だけ紹介します．

定理 12.5 共役勾配法の反復の誤差評価は次で与えられる：$\boldsymbol{x}$ を真の解とするとき

$$\|\boldsymbol{x}-\boldsymbol{x}_k\|_A \leq 2\left(\frac{\sqrt{\kappa(A)}-1}{\sqrt{\kappa(A)}+1}\right)^k \|\boldsymbol{x}-\boldsymbol{x}_0\|_A$$

ここに，$\|\boldsymbol{z}\|_A = \sqrt{(A\boldsymbol{z},\boldsymbol{z})}$ は A で計ったノルムである．

この評価から，共役勾配法は行列の条件数が 1 に近いほど速く収束することが分かります．

【参考：LAPACK (Linear Algebra Package)】 フリーな行列の数値計算ライブラリです（もとは `LINPACK` と言っていました）．FORTRAN77 用に開発されたものですが，並列計算用の SCALAPACK, F95 用の lapack95, C 言語用の `clapack`, C++ 用の lapack++, 他に JAVA 用などもあります．既存のすべてのアルゴリズムが実装されており，ソースが公開されていて，自分でコンパイルしてライブラリを作ることもできますが，主な OS 用にはコンパイルされたライブラリも出回っており，それを仮定して作られたアプリケーションも少なくありません．なお，行列の演算など基本的な部分は BLAS (Basic Linear Algebra Subprograms) として独立しています．LAPACK のサブルーチンをソースレベルで使うときは，そこから呼ばれている BLAS のサブルーチンも一緒にリンクする必要があります．汎用なので，引数がやたら多く，すぐに使えるようなものではありませんが，プロの手でチューニングがしてあるので，実用的なプログラミングの際は，利用を考えるとよいでしょう．

この章の課題

課題 12.1 Poisson 方程式を Fourier 級数により解くプログラム `fourier.f` を実行してみよ．メッシュサイズ h を半分ずつに減らして実行し，この解法の近似のオーダーを数値実験的に予測せよ．

課題 12.2 Poisson 方程式を差分法により解くプログラム `poissonfd.f` を実行してみよ．メッシュサイズ h を半分ずつに減らして実行し，この解法の近似のオーダーを数値実験的に予測せよ．

課題 12.3 Poisson 方程式を有限要素法で解くプログラム `poissonfem.f` を実行してみよ．メッシュサイズ h をうまく動かして実行し，この解法の近似のオーダーを数値実験的に見出せ．

課題 12.4 `poissonfd.f` の中に含まれている行列の Choleski 分解を切り出し，それをサブルーチンとして用いる係数行列が正定値実対称な連立 1 次方程式の解法プログラムを作れ．C 言語が得意な人はそれでも実装せよ．

課題 12.5 `poissonfem.f` の中に含まれている共役勾配法を切り出し，それをサブルーチンとして用いる係数行列が正定値実対称な連立 1 次方程式の解法プログラムを作れ．この収束の速さを，先に実装した Jacobi 法や Gauss-Seidel 法と比較してみよ．C 言語が得意な人はそちらでも実装し，同様の比較を行え．

課題 12.6 FreeFEM を自分のコンピュータにインストールし，サンプルプログラムを動かしてみよ．

第13章
多倍長演算・精度保証付き計算

　この章では，数値計算に関する補足的な話題として，最近実用面でも重要性を増してきた多倍長演算と精度保証付き計算の概説を行います．

■ 13.1　多倍長演算

　既に最初の章で詳しく論じたように，通常のプログラミング言語でサポートされている変数が取り得る数の範囲や有効桁数には，限界が有ります．この限界は，CPU の設計能力という点では，コンピュータに本来備わっているものと言えなくもないのですが，工夫すれば，この限界を越えた桁数の精度で計算することは，そう難しいことではありません．そのような計算は一般に多倍長演算，あるいは無限精度演算，任意精度演算などと呼ばれ，D. Knuth（クヌース）の有名なアルゴリズムの書物 "The Art of Computer Programming" でも，重要なテーマの一つに取り上げられています．その原理は至って簡単で，長さの決まったソロバン 1 台では扱えないような大きな数も，ソロバンを複数個繋げれば計算できるようになるというのと同じことです．後は，ソロバンの台数とそれを並べる部屋の広さ，これを操作する人間の体力と時間などが限界を決める訳です．

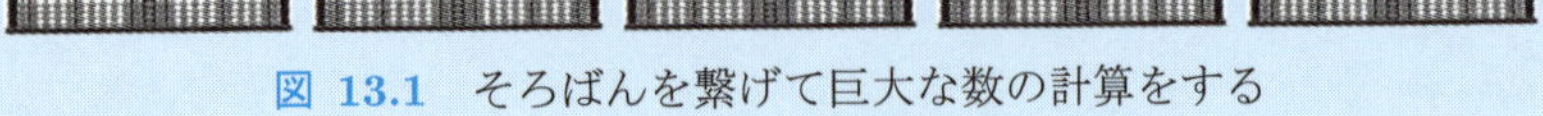

図 13.1　そろばんを繋げて巨大な数の計算をする

　計算機の場合にも，対応して，巨大な数は配列の要素毎に決まった桁数ずつ格納し，処理します．これで，主記憶の量，計算時間などが許す限り，いくらでも大きな桁数，あるいは精度の計算が可能となります：

　　KETA(1)　　KETA(2)　　KETA(3)　　KETA(4)　　KETA(5)

13.1 多倍長演算

【任意精度浮動小数の最も簡単なフォーマット】 実際に桁数の大きな浮動小数を配列に格納するには，IEEE 754 の浮動小数点数の規格に相当することを自分で設計する必要があります．最も分かりやすい方法は，正規化された浮動小数の仮数部を十進 4 桁ずつ整数配列に格納するものです．この場合，仮数部の桁数を一定にすれば問題は有りませんが，もし可変長にしたければ，現在何桁が格納されているかという情報を保持する場所を確保する必要があります．FORTRAN で説明すると，次のような感じです：

① 全体の符号を A(1) に記憶する．
② 小数点の位置を冪指数として A(2) に記憶する．
③ 仮数部の桁数 (配列の現使用要素数) N を A(3) に記憶する．
④ 仮数部のデータを十進 4 桁ずつ，A(4) ～ A(N) に記憶する[1]．

C 言語の場合も考え方は同様ですが，適当な構造体を定義して使用すれば，もっとプログラムが見やすくなります．

【多倍長浮動小数の演算】 以下，四則演算のアルゴリズムを順に見てゆきましょう．

☆ **加法** 小数点の位置を大きい方の数に合わせて加えればよい．

例：$0.1234 \times 10^2 + 0.4323 \times 10^1$ のとき，$= 0.1234 \times 10^2 + 0.04323 \times 10^2$
実際にこの計算を遂行するときは，**桁揃え**が必要となります．これは，立場により次の二つのアルゴリズムに分かれます：

(1) 小数点以下 4 桁に精度を固定しているとき．このときは，第 2 の数を丸めて加えます：

$$= 0.1234 \times 10^2 + 0.0432 \times 10^2 = 0.1666 \times 10^2$$

(2) 精度にはまだ余地があり，二つの数は誤差を含まない (すなわち，上記の数値の後に 0 が精度の分だけ続いているとみなせる) とき．このときは，仮数部の要素数を 1 増やして結果の格納を続けます：

$$= 0.1234 \times 10^2 + 0.04323 \times 10^2 = 0.16663000 \times 10^2$$

---

[1] 本当は計算機の二進法的設計に合わせて，$2^{16} = 65536$ 進法にする方が効率的です．そうしても内部での計算の設計はほとんど変わりませんが，入出力時の十進法への変換が面倒になります．なお，C や FORTRAN では，メモリーサイズ一杯を使うことはできませんが，インラインアセンブラを併用すると，キャリービットによる桁上がりの検知ができるので，それが可能で，実用的なライブラリは皆そのようにしています．ここでは "教育的観点" から，手軽な方法で多倍長演算を自分で実装することを主眼としています．著者の教育経験でも，多倍長演算は学生にかなりの感動を与えています．

🐰 A(5) には 3000 を入れるのが正しい．間違えて 3 を入れると，0.16660003×10^2 ができてしまいます．

☆ **繰り上がり処理** 加法の結果，ある要素で 5 桁になったら繰り上がり処理を行い 4 桁に戻さねばなりません．繰り上がりは次々波及するかもしれないので，汎用に書くのは結構大変です．これは，論理回路における全加算器の設計に似ています．浮動小数の仮数部が表す小数は 1 を越えることができないので，最上位の要素で繰り上がりが起こると，更に指数の調整が必要となります．

例：$0.1234 \times 10^4 + 0.9876 \times 10^4 = 1.1110 \times 10^4 = 0.1111 \times 10^5$

ここで取り上げたような 4 桁ずつの格納法だと，この変更は大変です．すべての要素で 1 桁のずらしが必要となるからです．なので，ここでは速さを重視して，$= 0.00011110 \times 10^8$ で正規化されたものとしてしまうのが簡単です．ただしこの種の処理が続くと有効桁数が損なわれるという欠点があります．

☆ **減法** 加法と同様ですが，引けない場合は上の要素から借りて来る必要があります．便法として，負になってもよいから対応する部位から引いてしまい，後で一括正規化するという流儀もあります．加減算だけが続くときは，この方が高速になります．かつ 1 万回程度の演算数なら，各要素にもオーバーフローすることなく途中結果を格納する余裕があります．

🐰 実際の計算では，データは符号付きなので，加法・減法のどちらを実行するかは，第 2 オペランド（演算対称）の符号と合わせて決まります．答の符号は最上位ユニットが正規化後にも正にならないとき反転します．この場合は正規化をやり直さねばなりません．

☆ **乗法** 指数部は単なる和，仮数部は基本的に整数の乗算と同様です．

例：$0.1234 \times 10^4 * 0.5678 \times 10^8 = 0.1234 * 0.5678 \times 10^{12}$，

下の計算より，この仮数部は 0.07006652 となります．なお，簡易正規化法の下では，

(1) 精度が 4 桁に指定されているときは，答 0.0701×10^{12}

(2) 精度が 8 桁以上のときは，答 $0.07006652 \times 10^{12}$

となります．

13.1 多倍長演算

```
       1234
  ×    5678
  ─────────
       6170
      7404
     8638
    9872
  ─────────
    7006652
```

一般に，$C = A \times B$ とし，A の仮数の第 k 要素を A_k 等々と記せば，

$$C_k = \sum_{j=1}^{k}(A_j \times B_{k-j+1} \text{の上位 4 桁} + A_j \times B_{k-j} \text{の下位 4 桁})$$

となり，中央付近の要素では総要素数程度の加算が生じます．よって桁数 N が大きいときには，乗算結果は一回毎に正規化するのが安全です．

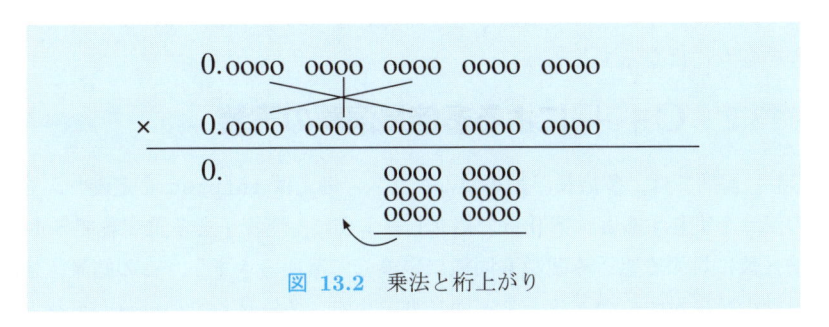

図 13.2 乗法と桁上がり

☆ **除法** 指数部は引き算です．仮数部の除法は仮商を立てる小学生の筆算式にやればできますが，桁数 N が大きいと非常に低速です．公開されているライブラリでは，反復法，特に Newton 法の援用など，種々の高速化の工夫が行われていますが，いずれにしても他の演算に比して非常に時間がかかるものです．

【組込み関数の実装】 単精度や倍精度で sqrt, exp, sin, cos, log などの組込み関数がどのように実装されているかを調べ，真似をすればよいと思われるかもしれませんが，実は普通に使われているライブラリでは，定まった精度の答だけを返すように，ライブラリのチューニングが進みすぎていることが多く，そのまま真似をしては，必要な精度が得られません．まずは基本に帰って実装し，その後で高速化を考えます．

例 13.1 簡単に実装できる例を取り上げてみます．

☆ **sqrt(x)** Newton 法を適用した通常のライブラリ関数の実装法がそのまま

使えます．しかも，第 6 章で紹介した，割り算を避ける工夫が，多倍長演算では非常に有効です．

☆ exp(x)　まず，概算で exp(y)$\times 10^n$, $-3 < y < 0$ の形にします：
$$n = \left\lceil \frac{x}{\log 10} \right\rceil, \qquad y = x - n \log 10.$$

次いで exp(y) は Taylor 展開で求めます．なお，これは通常の倍精度浮動小数用ライブラリでは，同様に 2 冪を括り出した後，exp(y) の計算には，倍精度が保証された複雑な係数の近似多項式が使われており，それは倍精度を越えたら使えません．

サポートページには，著者が昔作った FORTRAN 用の多倍長演算ライブラリ infdec.f, inflib.f, およびそれを使って計算するためのプログラム例が置かれています．今となってはおもちゃみたいなものですが，初めて自分で組むときの参考にはなるでしょう．

■ 13.2　C++ による多倍長演算の実装

C++ 言語では，多倍長浮動小数のクラス，例えば infprec を定義し，その上の演算を実装すると，第 9 章で紹介したように，演算子を多重定義できます．多倍長数に対する組込み関数も同様に定義して追加できます．この結果，倍精度浮動小数に対するのとほとんど同じ表記法で，多倍長数での計算が可能となります：

```
infprec A, B, C;
...
C=A*B-3*A+2*B/A;
....
```

🐒 C++ 言語で，多倍長演算を高速に実装するには，多倍長浮動小数型の引数のコピーが頻発しないように，サブルーチン間のデータの受渡しの書き方を工夫する必要があります．ただの配列 A なら，普通に引数に書けば，A のアドレスが渡る (参照渡し) だけですが，ここで A が infprec 宣言されていると，デフォールトでは A の内容がスタックを通じ，コピーされてサブルーチンに渡されます．従ってサブルーチンでの処理が簡単な内容の場合は，非常に割に合わないことになります．これを防ぐには

```
void sub(infprec &A){
......
```

のような書き方で，参照渡しを宣言するとよい．これは，C 言語のようなポインタ渡しではないので，指すアドレスはポインタのように変化はせず，従ってプログラミング上とても安全です．更に，A の内容を sub の中で変更されたく無い場合は，

```
void sub(const infprec &A){
......
```

とすると，アドレス参照なのに sub の中で A の要素の値が修正不可能となります．

■ 13.3 既存の多倍長演算システム

多倍長演算のライブラリやアプリケーションは，昔から数学系の人達によって作られ，利用されてきました．ここで，その主なものを紹介します．

☆ **UBASIC** 主に整数論計算用に開発された多倍長演算の老舗で，x86 (特に昔の NEC PC) のアセンブラで書かれており，インタープリタ仕様にも拘わらず高速を誇っていました．MS-DOS の上で BASIC を使ってプログラミングを行っていた人達に使いやすい設計でしたが，BASIC が廃れてしまい，かつ，作者に Windows への移植の意志が無かったため，今では見かけなくなってしまいました．

☆ **Pari/GP** UBASIC と同じ頃，Bordeaux（ボルドー）大で開発され C 言語で書かれた，主に整数論の計算用ツールですが，これも UBASIC 同様，初等関数の多倍長浮動小数演算もサポートしており，解析系の計算でも十分使えます．libpari.a の形でライブラリとしても提供されており，この中の関数を自分のプログラムにリンクして使える他，C 言語のソースが公開されているので，必要な部分だけを取って来て自分のプログラムに取り込んだりもできます．この点，OS 等に依らない，便利な存在でした．Risa/Asir も多倍長演算にこれを利用していました．しかし最近では，多倍長演算の部分は独自開発をやめて，次に紹介する GMP を使うようになっています．

☆ **GMP** (GNU MultiPrecision library) gcc 用のライブラリとして，1990 年代から出ています．最近の版は非常に高速になっており，これより速いライブラリを自分で書くのはかなり大変です．今後はフリーの多倍長演算ライブラリのデファクトスタンダード (事実上の標準) になってゆくものと思われます．

☆ **その他個人の作品**　小生を含めて多くの人が作って個人的に使っています．その多くはインターネットで公開され，自由に取って来て使うことができます．いくつかのお勧めサイトは本書のサポートページにもリンクしてあります．

☆ **数式処理ソフトに組み込まれた多倍長演算機能**　主な数式処理ソフト，Reduce, Mathematica, Maple, Macsyma (Maxima) などは，いずれもその中で精度を任意に指定した多倍長浮動小数の演算が可能です．しかし，これら商用のソフトを，自分で書いた C のプログラムとリンクするのは困難で，単品で電卓として使うか，これらに備わったマクロ言語でプログラムしないと使えません．そうすると，速さがかなり気になるでしょう．

【**GMP の使用例 – C 言語編**】　参考プログラム gmptest.c に，GMP を使うとき必要になる指令等の書き方を列挙しました．

C のコード gmptest.c

```c
#include<stdio.h>
#include<stdlib.h>
#include<gmp.h>                        /* ヘッダファイルの挿入 */
int main(void)
{
    int i;
    mpf_t  s,t;                        /* 型宣言 */
    mpf_set_default_prec(1000);
    mpf_init(s);                       /* 変数を 0 で初期化 */
    mpf_init_set_str(t,"1e0",10);      /* 変数を 1 で初期化 */
    for (i=1;i<=10000;i++){
        mpf_add(s,s,t);                /* s <- s+t */
        mpf_div_ui(t,t,i);             /* t <- t*i */
    }
    mpf_out_str(stdout,10,1000,s);
    mpf_clear(t);                      /* メモリー開放が必須 */
    mpf_clear(s);
    return 0;
}
```

コンパイルは次のようにします：

```
gcc gmptest.c -lgmp -o gmptest
```

ここでリンクしているライブラリ libgmp.a は C 言語用で，C++ 用は libgmpxx.a となります．これらは標準ではインストールされないので，Linux, MacOS X, Windows の Cygwin いずれの場合も，自分で持ってきてインストールする必要があります．詳細はサポートページの解説を見てください．そ

こには，自分が管理者になれないコンピュータでのインストール法も書かれています．

このライブラリでは，他に，整数型 mpz_t，有理数型 mpq_t をサポートしています．整数型のライブラリは巨大整数を使う暗号アプリケーションの開発に使われています．使える指令の詳細は GMP のマニュアル gmp-man-4.2.4.pdf 等を参照してください．(バージョン番号は 2009 年 2 月現在のものです．)

13.4　精度保証付き計算

精度保証付き計算とは，実数 x を有限浮動小数で近似するとき，$x_0 < x < x_1$ と上下から挟むことにより，最終的な答の誤差の大きさを保証付きで与えるものです．このような考え方はかなり昔からあり，**区間演算**と呼ばれていました．しかし，昔はそれを実現するには非常に計算量がかかり，実用的ではありませんでした．粗い計算だと，演算の度に区間がどんどん大きくなり，すぐに挟んでも意味の無いような大きさに区間が広がってしまったのでした．最近の CPU は，切り捨て，切り上げのモード変更ができるようになったので，それぞれのモードで 1 回ずつ同じ計算をするだけで，すなわち，普通の計算の 2 倍の計算量だけで，精度保証が可能となりました．

【CPU の丸めモード】　通常，CPU は正しい計算値を維持するため，少し多めの桁で計算し，結果を返すときに対応する変数のフォーマットに合わせて丸めるということをしています．例えば，Intel の x86 (32 ビット CPU) では double (64 ビット) に対する内部演算を 80 ビットで行っています．計算結果を double に正規化するとき，デフォールトは四捨五入 Near，すなわち，指定のフォーマットで表現可能な最も近い値に丸められます．この他に，切り上げ Up，切り捨て Down，0 に最も近い値 Tozero，の計 4 種が選択可能です．これらは実数の集合 R から表現可能な浮動小数の集合 F への写像として，IEEE 754 できちんと規定されているものです：

☆ Near(-x)=-Near(x), Up(-x)=-Down(x), Down(-x)=-Up(x),
☆ x が表現可能浮動小数点数なら，任意の丸め方 Marume について
$$Marume(x)=x,$$
☆ 演算 ? ∈ {+, -, *, /} のすべてについて
$$Marume(x?y)=Marume(x)?Marume(y)$$

第13章 多倍長演算・精度保証付き計算

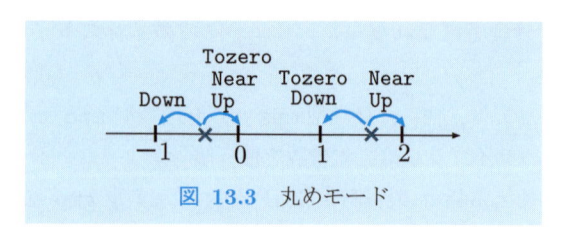

図13.3 丸めモード

🐸 sqrt までは IEEE 754 に規定がありますが，exp, sin など，他の組込み関数については規定が無いので，CPU の丸めモードを Up や Down に変えただけでは，上下から挟めるかどうかは現状では期待できません．

【現実の CPU での精度保証付き計算】 CPU の丸めモードを変更する指令は，製造会社により異なります．

Intel x86 の場合： (プログラム見本 roundx86.c 参照) CPU のモードを保持するレジスタ (CW で表される) の第 10, 11 ビットが丸めのモードを制御しています．(ちなみに，第 8, 9 ビットは精度を制御しています．) 下記の関数は __fldcw, __fnstcw の名前で fenv.h に定義されているので，自分で書かなくてもこれをインクルードするだけで使えます．

```
void setround(int mode){
    __asm __volatile ("fldcw %0" : : "m"(mode))
}
int getround(int *mode)
    __asm("fnstcw %0" : "=m" (*(mode)))
    return *mode;
}
#define FE_TONEAREST    0x0000
#define FE_DOWNWARD     0x0400
#define FE_UPWARD       0x0800
#define FE_TOWARDZERO   0x0c00
```

PowerPC の場合： (プログラム見本 roundppc.c 参照) C 言語用のライブラリ関数が用意されています．

```
typedef unsigned long fenv_t;
void  fesetenv(const fenv_t *);   /* 丸めモード設定 */
void  fegetenv(fenv_t *);         /* 丸めモード問い合わせ */
#define  FE_TONEAREST     0x00000000
#define  FE_TOWARDZERO    0x00000001
#define  FE_UPWARD        0x00000002
#define  FE_DOWNWARD      0x00000003
```

この章の課題

課題 13.1 本書のサポートページにある多倍長演算ライブラリを使ってみよ．プログラム見本の `inflib.f`, `infdec.f` がライブラリのソースファイルで，`infexp.f`, `inflog.f`, `inftri.f` などがそれを利用したプログラム例である．コンパイル例は次の通り：

```
g77 -c infdec.f inflib.f
g77 inflog.f inflib.o infdec.o -o inflog
./log
```

課題 13.2 C 言語で次の Machin の級数を実装し，π を 1000 桁計算せよ：

$$\pi = 16\left(\frac{1}{5} - \frac{1}{3 \cdot 5^3} + \cdots + \frac{(-1)^n}{(2n+1) \cdot 5^{2n+1}} + \cdots\right)$$
$$- 4\left(\frac{1}{239} - \frac{1}{3}\frac{1}{239^3} + \cdots + \frac{(-1)^n}{2n+1}\frac{1}{239^{2n+1}} + \cdots\right).$$

［この問題では，必要なのは多倍長数の単変数による割り算と，固定小数点多倍長数の加減算だけなので，次問で取り上げる多倍長演算の完全なライブラリを構築しなくても，直接単独で解くことができる．参考プログラム：`pi.f`］

課題 13.3 多倍長数の加減乗算を実行できるライブラリを作れ．それを用いて $\sqrt{2}$ を 1000 桁計算せよ．勇気のある人は除算にも挑戦してみよ．［第 6 章に紹介した Newton 法と割り算を避ける工夫を組み合わせた方法によれば，最後のものは多倍長数同士の除算を使わずに計算できる．］

課題 13.4 GMP を利用するプログラム例を実行してみよ．次にこれを真似して何か興味を持った数を 100 桁計算してみよ．

課題 13.5 CPU の丸めモードを FORTRAN 77 から変更できるようにするためのサブルーチンを C 言語で書け．　　［参考：`x86_cpumode_f.c`, `ppc_cpumode_f.c`］

課題 13.6 第 1 章で実験した 数値微分 $\dfrac{1+h-1}{h}$ の計算を CPU の丸めモードが切り捨ての状態で実行したとき，$h \to 0$ においてどのようなことが観察されるか？またその理由を考えよ．

付録 A

Fortran 90 の概要

この章では，現代の実用的 FORTRAN である Fortran90 の概要を紹介します．そのためまず FORTRAN 自身についての歴史も見てみましょう．

■ A.1　FORTRAN の歴史

FORTRAN は 1950 年代，IBM の John Backus（ジョン・バッカス）等により開発されました．それまで，プログラミングはほぼ機械語と一対一のアセンブリ言語でなされ，計算機毎に異なっていたのを初めて統一仕様にし，なおかつスピードもアセンブラに近く，科学計算のためにコンピュータを使いたい技術者をアセンブラプログラミングから開放しました．

FORTRAN はその後も IBM において進化してきましたが，初めて特定企業を離れて標準化されたのは **FORTRAN 66** で，ANSI の前身 ASA にり規格制定されたものです．その後のベンダーによる独自発展などを取り入れた改良規格として，**FORTRAN 77** が ANSI により 1978 年に制定され，文字列も扱えるようになって，以後永く標準として使われてきました．これらの発展段階は日本においても，それぞれ JIS により標準化されてきました．

この頃から各種の高級言語が登場・普及し始め，FORTRAN は旧式になってきたので，構造化などの新しい言語の長所を採り入れ，**Fortran 90** の名前で 1991 年 ISO/IEC 1539 として標準制定されました．これは FORTRAN 77 の " 上位互換 " という位置付けでしたが，普通の意味での上位互換ではなく，全く新しい言語を古い言語と共存させたようなものでした．この後は比較的小さな改訂が続きます．まず **Fortran 95** が ISO 1997 により制定され，HPF (High Performance Fortran) の活動成果を採り入れました．このとき FORTRAN 77 の一部仕様をサポートからはずしています．**Fortran 2003** はかなりメジャーな改定で，並列計算を主な目的として開発されました．本書執筆時点で既にいくつかの商用コンパイラではサポートが始まっているようです．

■ A.2　Fortran 90 の概要

以下，FORTRAN 77, Fortran 90 を F77, F90 と略記します．

【1. FORTRAN らしさ】　F90 は，本書で主に扱ってきた F77 の 上位互換 ということですが，この意味は，確かに F77 コンパイラの全機能はサポートされているもの

A.2 Fortran 90 の概要

の，拡張子が .f または .for の F77 ファイルに対しては，F77 コンパイラとして正しく働きます[1]が，拡張子が .f90 だと，F90 の文法に従っていなければコンパイルできません．なので，F90 は普通の意味で F77 の上位互換という訳ではなく，全く新しい言語と思った方がよいようです．(これは何となく C と C++ の関係に似ていますね．)

F90 の F77 との共通点としては，以下のような点が引き継がれています．
☆ 引数は参照渡し．
☆ 大文字と小文字は区別が無い．
☆ 配列の表記法が A(i,j) のように関数と同じ丸括弧である．
☆ 2 次元配列は一つ目の添え字が内側を動く．

F90 の "新言語" としての特徴については，以下，観点毎にていねいに見てゆきます．

【2. C 言語に近付いた点】

☆ カラムの特別な意味は失われ，任意の場所から書き始めてよくなった．1 行の字数制限も無くなった．原則として改行マークで指令が終わるが，; (セミコロン) で区切って 1 行に複数個の指令が書け，逆に長い指令は行末に & を付けると次行に継続できる．
☆ 算術条件の書き方が自然な記号 <, >, <=, >=, == になった．ただし .NE. は != でなく /= と記す．また論理演算子の表現 .and. 等は昔のままである．
☆ implicit none を指定することで，全使用変数の型宣言を強制できる．
☆ 構造化のための書き方が増えた．カウンタのない do 文で無限ループが実現できる．

```
    do
        if (...) exit      !ループからの脱出
    end do
```

switch 文に相当するものも導入された．

```
    select case (i)
    case (1)
      ......
    case (3,5:8,12)            ! 5:8 は 5,6,7,8 の意
      ......
    case default
      ......
    end select
```

☆ ラベルが名前になった．go to 文の飛び先だけでなく，if, do, where, select などの範囲の明確化にも使える．更に，これらから脱出する exit 指令で脱出の対象ループの指定にも使える．(C 言語では常に break で一つ外にしか出られないので，より進化している．)

```
    swap: if (x<y) then
              dummy=y; y=x; x=dummy
          end if swap
```

---

[1] しかも g95 は g77 より優れています．著者は昔 ProFORTRAN でコンパイルできたものが g77 ではコンパイルできないものが有って困っていたのですが，g95 ではコンパイルできました．

★ ダイナミックなメモリ管理が可能になった．malloc, free の類似として allocate, deallocate が使える．ポインタも導入された．(ただし指せるのは target 宣言された変数のみで C 言語のようにバイト単位でのアクセスは不可，ポインタに対する inc 演算等も無い．)
★ ヘッダファイルに相当するもののインクルードが可能になった．use mymodule で，マクロ定義モジュール mymodule を組み込める．
★ 使うサブルーチンの型宣言が必要になった．呼ぶ方のプログラムに

```
interface ... end interface
```

で挟んで呼ばれる方の型宣言を書く．
★ 整数変数に対するビット操作関数が追加された．

  ★bit_size(i) 整数 i の総ビット数を返す．
  ★btest(i,p) 整数 i の第 p ビットが 1 (.true.) か 0 (.false.) かを返す．
  ★iand(i,j), ior(i,j), ieor(i,j) 整数 i,j のビット毎 and, or, xor を返す．
  ★ishift(i,s), ishiftc(i,j) 整数 i の s ビット左 (巡回) シフトを返す．
  ★ibset(i,p), ibclr(i,p) 整数 i の第 p ビットを 1, 0 にしたものを返す．
  ★not(i) 整数 i のビット毎 not ($0 \rightleftarrows 1$) を返す．

★ 再帰呼び出しが可能となった．function または subroutine 宣言の前に recursive を冠する．直接自分を呼ぶ場合は更に，返り値を result(g) で宣言行の末尾に続ける．

【3. C++ 言語に近付いた点】
★ 異なる型の変数に対する関数を同じ関数名でまとめることで，型を気にしない関数呼び出しが可能になった．組込み関数については，例えば exp(z) は，z が単精度実数，倍精度実数，複素数のとき，対応する型の計算値を返す．ユーザー定義関数についても似たことが実現できる．
★ 行列やベクトルの演算が標準で使えるようになった．行列 (2次元配列) の成分毎の和や差は C=A+B 等で可能．ただし，行列の積は演算子でなく，関数 matmul(a,b) を使う．(A*B と書くと，成分ごとに積を取った行列が得られる．) その他, transpose(a) で行列 a の転置行列が得られ，dot_product(a,b) でベクトルの内積が計算できる．
★ 配列に対して演算子や elemental な関数が要素毎に作用できる．例えば，行列 $A = (a_{ij})$ に対し exp(A) は行列 $(\exp(a_{ij}))$ を与える．
★ type 宣言で構造体に似たものがユーザー定義できる：

```
type rational
    integer(I4B):: num,den    ! 型 I4B については A.3 参照
end type rational
```

としておき，type (rational):: x と宣言すると，x%num, x%den で，要素 (component) が取り出せる．(C 言語の x.num, x.den に相当．) 更に，メンバー関数相当もあり，一部の演算子の多重定義も可能．これらは，C++ のクラスに相当する module の中に書く：

A.2 Fortran 90 の概要

```
module rational_arithmetic
  use MyType
  type rational
    integer(I4B):: num,den    ! numerator, denominator の略
  end type rational
  interface operator(+)
    module procedure add_rational
  end interface
  ......
contains
  function add_rational(x,y)
    implicit none
    type(rational):: add_rational
    type(rational), intent(IN):: x, y
    add_rational%num=x%num*y%den+x%den*y%num
    add_rational%den=x%den*y%den
    if (add_rational%den<0) then
      add_rational%num=-add_rational%num
      add_rational%den=-add_rational%den
    end if
    add_rational=reduction(add_rational)
  end function add_rational
  ......
end module rational_arithmetic
```

これを使うときは，

```
use rational_arithmetic
```

と宣言し，次いで

```
type (rational) :: x,y
```

と宣言すれば，有理数の加法が x+y でできる．(上では約分関数 reduction の内容は省略したが，これはもちろん自分で書く必要がある．サポートページのプログラム例 rational_arithmetic.f90 参照．)

★ データの隠蔽機能がある．あるサブルーチンだけで使うサブルーチンを CONTAINS 宣言により入れ子にして，外から見えなくできる．type の要素も PRIVATE 宣言により外から見えなくできる．type 自身を PRIVATE にすることも可能．

【4. Fortran90 独自の拡張】

★ 副プログラムの引数について，入力か出力か両方かを明示する．intent(IN), intent(OUT), intent(INOUT) を型の最後に書く．

★ 整合配列がサブルーチンの添え字だけでなく，ワークスペースでも使えるようになった．n が変数でも次が可能：

```
real(kind(1.0D0)), dimension(:,:), allocatable :: A
allocate(A(n,n))
......
deallocate(A)
```

★ 配列の部分情報抽出機能がものすごい．例えば，

  ★ b(50)=a(2:100:2) 配列 a の偶数番目だけで，サイズが半分の配列を作る．
  ★ sum(a,dim=1) 行列 a の各列の成分の総和より成るベクトルを返す．

- ★ sum(a,mask=(a>=0.)) ベクトル a の非負成分のみの和を返す.
- ★ product(a,mask=(a/=0.)) ベクトル a の非零成分のみの積を返す.
- ★ maxval(a,dim=2) 行列 a の各行の成分の最大値より成るベクトルを返す.
- ★ maxloc(a) 最大成分の位置を 1 次元整数配列として返す. (a が 1 次元配列のときは, 長さ 1 の配列を返し, スカラー型ではない.)
- ★ shape(a) 配列 a の型を 1 次元整数配列として返す.
- ★ size(a) 配列 a の成分の総数を返す.
- ★ size(a,1) は第 1 添え字に関するサイズを返す.
- ★ lbound(a) は配列の各添え字の範囲の下限を 1 次元配列として返す.
- ★ lbound(a,1) は配列の第 1 添え字の範囲の下限をスカラーとして返す.

☆ 配列の生成機能も強力:
- ★ spread(x,1,ncopies=n) x を n 個並べたベクトルを返す.
- ★ x=(/(a+r*i,i=0,n-1)/) 初項 a, 公差 r の等差数列を定義.

☆ 面白い関数の例:
- ★ huge(x) x と同じ型で表現可能な最大の正数.
- ★ tiny(x) x と同じ型で表現可能な最小の正数.
- ★ epsilon(x) x と同じ型で 1 に加えたとき無視されない最小の正数.

■ A.3　Fortran 90 のプログラム例

Fortran 90 で書いた簡単なプログラムの例を掲げます.

例 **A.1** 行列とベクトルの積の計算

Fortran 90 のコード matmul.f90

```
program MatMulCheck
use Mytype                    ! 後述のヘッダファイル mytype.f90 を読み込む.

implicit none                 ! F77 伝統の暗黙の型宣言の不使用を選ぶと
integer(I4B):: i,j,n          ! 使う変数をすべて宣言しなければならない.
real(DP),dimension(:,:),Allocatable:: A     ! 動的配列の宣言
real(DP),dimension(:),Allocatable:: x,y

write(*,*)'Size n='
read(*,*)n
allocate(A(n,n))              ! 指定のサイズで配列のメモリーを確保
allocate(x(n)); allocate(y(n))
write(*,*)'Input matrix A:'
read(*,*)A                    ! 行列を伝統的な 1 次元配列化して読み込む.
write(*,*)'Input vector x:'
read(*,*)x
y=matmul(A,x);                ! 行列とベクトルの積の組み込み関数
write(*,*)'Ax = '
write(*,*)y
deallocate(y); deallocate(x)  ! 確保したメモリーの開放
deallocate(A)
end program MatMulCheck       ! プログラム名は省略可
```

上で型宣言に用いられている DP, I4B 等は, モジュール Mytype を含む次のファイルで定義されます.

―――――――――――― Fortran 90 のコード mytype.f90 ――――――――――――
```
module Mytype
integer, parameter:: I4B=selected_int_kind(9)   !4バイト整数
integer, parameter:: I2B=selected_int_kind(4)   !2バイト整数
integer, parameter:: I1B=selected_int_kind(3)   !1バイト整数
integer, parameter:: SP=kind(1.0)               !単精度実数型
integer, parameter:: DP=kind(1.0D0)             !倍精度実数型
integer, parameter:: SPC=kind((1.0,1.0))        !単精度複素数型
integer, parameter:: DPC=kind((1.0D0,1.0D0))    !倍精度複素数型
real(SP), parameter:: PI=3.14159265359_SP
real(DP), parameter:: PI_DP=3.14159265358979323846_DP
end module Mytype
```

フリーのコンパイラ g95 を用いたこれらのコンパイルの仕方は次の通りです：

```
g95 -c mytype.f90 -o /dev/null  （一度だけ）
g95 matmul.f90
```

1回目のコンパイルでは mytype.mod が作られ，次のコンパイルでそれが読み込まれ使われます．(mytype.o は不要なので -o /dev/null で出力先を無にして出力を抑制しました．) .o ファイルのリンクとは異なり，mytype.mod は次のコンパイル時に自動的に読み込まれるので，コマンドラインに明記する必要はありません．良く分からない人は単に次を2回続けて実行しても構わないでしょう．

```
g95 matmul.f90 mytype.f90
```

本書のサポートページには，もう少し実用的な例として，共役勾配法を F90 で書いたもの conjgrad.f90 を掲げておきました．同様にコンパイルして試してみてください．

■ A.4　Fortran 95, Fortran 2003 ■

ここでは，Fortran 90 のその後の発展を手短かに紹介します．F95 は F90 の後継規格ですが，マイナーな拡張で，F77 から F90 のような大変化はありません．F95 の主な機能拡張は次の通りです：

☆ forall ループが追加された．これは do ループより並列化が容易．用例：

```
forall (i=0:9,j=0:9) a(i,j)=10*i+j
```

☆ where ブロックがネスト可能になった．(F90 では1重だけだった．) forall ブロックとの相互ネストも許されるようになった．

☆ ユーザー定義関数も Elemental 宣言すると，elemental 関数になり，配列に成分毎に適用できるようになる．(F90 では，単変数用とベクトル用の両方の関数を定義し，Interface 宣言によってオーバーロードするしかなかった．)

☆ 拡張機能として，浮動小数点例外，CPU 丸めモード等のサブルーチンがライブラリで提供された．これらは use ieee_features, use ieee_arithmetic 等の宣言で使える．(ただし CPU 依存であり，g95 では Intel, PowerPC とも未実装らしい．)

Fortran 2003 はメジャーバージョンアップです．主に並列化に重点を置いた発展がなされました．本書執筆時点では g95 の後に出た GNU の gfortran が少しずつサポートを増やしているところのようです．Fortran 2003 の主な機能拡張は次の通りです：

★ 関数を指すポインタが追加された．
★ C 言語とのインタフェースが整備された．

```
use iso_c_binding
integer(c_int):: i,j
real(c_float):: r,s
```

などで，C 言語で書いたサブルーチンと確実なデータの受渡しが保証されるようになった．

この章の課題

課題 **A.1** 本文の解説に従い，F90 のプログラム見本をコンパイル・実行してみよ．
課題 **A.2** F77 または C で以前に書いたプログラムを，本章の解説とプログラム見本を参考に F90 に移植してみよ．
課題 **A.3** 上で作ったプログラムについて，もとのものと実行速度を比較せよ．

付録B

FORTRAN 77の指令

この章では，FORTRAN 77 の指令一覧を示します．その後で，本書で紹介しているグラフィックライブラリ xgrf.c から呼び出せる主なサブルーチンの一覧を示します．

■ B.1 FORTRAN 77 の指令

以下の内容は，指令語，その簡単な説明，対応する C 言語の関数，の順です．指令語の末尾に括弧のついたものは組み込み関数で，括弧内に引数（R1, ... は実数，I1, ... は整数，D1, ... は倍精度実数，C1, ... は複素数，H1, ... は文字型の変数を表し，/ は"又は"の意）を付記しました．関数値の型は暗黙の型宣言に従っています．C 言語の対応関数はもちろん FORTRAN と完全には対応していません．それらの使い方は UNIX の man コマンド等で確認してください．( ) をつけたのはキャスト，* 印を付けたのは gcc の complex 拡張です．

ABS(R1)	絶対値を与える関数	fabs
ACOS(R1)	逆余弦関数 Arccos	acos
AIMAG(C1)	複素数 C1 の虚部を与える	imag*
AINT(R1)	実数 R1 の小数部切り捨て	
ALOG(R1)	自然対数関数	log
ALOG10(R1)	常用対数関数	
AMAX0(I1,I2, ...)	整数 I1,I2, ... のうち最大のもの	
AMAX1(R1,R2, ...)	実数 R1,R2, ... のうち最大のもの	fmax
AMIN0(I1,I2, ...)	整数 I1,I2, ... のうち最小のもの	
AMIN1(R1,R2, ...)	実数 R1,R2, ... のうち最小のもの	fmin
AMOD(R1,R2)	R1-n*R2 (n=INT(R1/R2))	fmod
ANINT(R1)	R1 にもっとも近い整数（小数部の四捨五入）	round
ASIN(R1)	逆正弦関数 Arcsin	asin
ASSIGN	行番号に名前を割当てる	
ATAN(R1)	逆正接関数 Arctan	atan
ATAN2(R1,R2)	Arctan(R1/R2) に点 (R2,R1) の属する象限に応じた符号を付けたもの	
BACKSPACE	逐次アクセスファイルのレコード番号を一つ戻す	
BLOCK DATA	共通ブロック名付きで COMMON 宣言した変数に初期値を割り付けるための副プログラムの宣言	
CABS(C1)	複素数 C1 の絶対値	abs*
CALL	副プログラムを呼ぶときの冠辞	
CCOS(C1)	複素数型の余弦関数	cos*
CEXP(C1)	複素数型の指数関数	exp*

CHAR(I1)	コード I1 を持つ文字を与える関数	(char)
CHARACTER	文字変数に対する宣言文	char
CLOG(C1)	複素数型の対数関数	log*
CLOSE	ファイルを閉じる	fclose
CMPLX(R1/I1/D1/R1,R2/I1,I2/D1,D2)	実数型を複素数型に変換する，又は指定された実部・虚部を持つ複素数を与える	complex*
COMMON	副プログラムと共用する変数の宣言	
COMPLEX	複素数型の変数の宣言	complex*
CONJG(C1)	複素数 C1 の複素共役を与える	conj*
CONTINUE	何もしない．DO ループの端や GO TO 文の飛び先に用いる	
COS(R1)	余弦関数	cos
COSH(R1)	双曲余弦関数 $\cosh x = \frac{e^x+e^{-x}}{2}$	cosh
CSIN(C1)	複素数型の正弦関数	sin*
CSQRT(C1)	複素数型の平方根	sqrt*
DABS(D1)	倍精度実数の絶対値を与える	fabs
DACOS(D1)	倍精度型の逆余弦関数 Arccos	acos
DASIN(D1)	倍精度型の逆正弦関数 Arcsin	asin
DATA	変数に初期値を与える	
DATAN(D1)	倍精度型の逆正接関数 Arctan	atan
DATAN2(D1,D2)	関数 ATAN2 の倍精度版	
DBLE(R1/I1)	与えられた数値を倍精度型に変換	(double)
DCOS(D1)	倍精度型の余弦関数	cos
DCOSH(D1)	倍精度型の双曲余弦関数 cosh	cosh
DDIM(D1,D2)	DIM の倍精度版	
DEXP(D1)	倍精度型の指数関数	exp
DIM(R1,R2)	R1-min{R1,R2}	
DIMENSION	（暗黙の型宣言に従う）配列の寸法宣言	
DINT(D1)	整数部を与える関数の倍精度版	
DLOG(D1)	倍精度型の自然対数関数	log
DLOG10(D1)	倍精度型の常用対数関数	
DMAX1(D1,D2, ...)	AMAX1 の倍精度版	
DMIN1(D1,D2, ...)	AMIN1 の倍精度版	
DMOD(D1,D2)	AMOD の倍精度版	
DNINT(D1)	ANINT （小数部四捨五入）の倍精度版	
DO	ループ命令	for
DOUBLE PRECISION	倍精度型の宣言文	double
DPROD(R1,R2)	実数の積を倍精度で答える	
DSIGN(D1,D2)	SIGN の倍精度版	
DSIN(D1)	倍精度型の正弦関数	sin
DSINH(D1)	倍精度型の双曲正弦関数 sinh	sinh
DSQRT(D1)	倍精度型の平方根	sqrt
DTAN(D1)	倍精度型の正接関数	tan
DTANH(D1)	倍精度型の双曲正接関数 tanh	tanh
ELSE	ブロック IF 文の選択肢の指示	else
ELSE IF	ブロック IF 文の続き	else if
END	プログラム単位の終わりを示す	
ENDFILE	ファイルにファイル・エンドの印を記す	
END IF	ブロック IF 文の終わりを示す	

B.1 FORTRAN 77 の指令

ENTRY	副プログラムを途中から呼び出すため，その位置を示すラベルにつける冠辞	
EQUIVALENCE	二つの変数の記憶場所を共通にするための宣言文	
EXP	指数関数	exp
EXTERNAL	副プログラムの引数中に関数副プログラムがあるとき，それを宣言するための冠辞	
FLOAT(I1)	整数型を実数型に変換	(float)
FORMAT	データの読み書きのための書式を指定する文	
FUNCTION	関数副プログラムの宣言	
GO TO	無条件ジャンプ	goto
IABS(I1)	整数の絶対値	abs
ICHAR(H1)	文字 H1 のコードを与える関数	(unsigned short)
IDIM(I1,I2)	I1-min{ I1,I2}	
IDINT(D1)	倍精度実数型を整数型に変換	(int)
IDNINT(D1)	倍精度実数の小数部四捨五入	
IF	条件判断文	if
IF THEN	条件判断文（ブロック IF 文）	if
IFIX(R1)	実数型を整数型に変換	
IMPLICIT	指定した頭文字で始まる変数の暗黙の型を変更	
INDEX(H1,H2)	文字列 H1 中に含まれる文字列 H2 の位置を与える	strstr
INQUIRE(unit/file,EXIST=H1,FORM=H2,ACCESS=H3,RECL=I1,NEXTREC=I2, ...)		
	指定した装置またはファイルの諸属性を与える．この例では H1 に|YES|か|NO|, H2 に|FORMATTED|等, H3 に |DIRECT| 等, I1 にレコード長（直接アクセスのみ), I2 に次のレコード番号（逐次アクセスのみ) が入る．	
INT(R1)	実数の整数部分を与える	(int)
INTEGER	整数型の変数の宣言	
INTRINSIC	組込み関数を副プログラムの実引数に使うための宣言	
ISIGN(I1,I2)	I1 の符号を I2 のそれに合わせる（0 は正と見做す）	
LEN(H1)	文字列 H1 の長さを与える	strlen
LOGICAL	論理型の変数の宣言	
MAX0(I1,I2, ...)	整数 I1,I2, ... のうち最大のもの	
MAX1(R1,R2, ...)	実数 R1,R2, ... のうち最大のもの	
MIN0(I1,I2, ...)	整数 I1,I2, ... のうち最小のもの	
MIN1(R1,R2, ...)	実数 R1,R2, ... のうち最小のもの	
MOD(I1,I2)	整数 I1 を I2 で割った余りを与える関数	%演算子
NINT(R1)	実数 R1 の小数部を四捨五入したもの	
OPEN	ファイルを開く	fopen
PARAMETER	定数に名前を付ける	const
PAUSE	プログラムの実行を一時休止	
PRINT	WRITE(*, と同じ	printf
READ	データを読み込む	scanf, fscanf
REAL	実変数の宣言	float
REAL(C1)	複素数 C1 の実部	real*

RETURN	副プログラムから主プログラムへの復帰指令	return
REWIND	逐次アクセスファイルのレコード番号を先頭に戻す	rewind
SAVE	副プログラムの変数のデータを保存する指令	static
SIGN(R1,R2)	R1 の符号を R2 のそれに合わせる	
SIN(R1)	正弦関数	sin
SINH(R1)	双曲正弦関数 $\sinh x = \frac{e^x - e^{-x}}{2}$	sinh
SNGL(D1)	倍精度型を単精度型に変換	(float)
SQRT(R1)	平方根 $\sqrt{x}$ を与える関数	sqrt
STOP	プログラムの実行を中断	
SUBROUTINE	副プログラムの宣言	
TAN(R1)	正接関数 tan	tan
TANH(R1)	双曲正接関数 $\tanh x = \frac{e^x - e^{-x}}{e^x + e^{-x}}$	tanh
WRITE	データを書き出す	printf, fprintf

■ B.2　xgrf.c で提供されるサブルーチン

以下の命令はいずれもライブラリ xgrf.c に含まれており，サブルーチンとして FORTRAN 77 からコールして使うものです．描画命令は線図形を描くものと面図形を描くものとに大別されます．例えば CIRCLE で円を描く場合はたとい内部に色を塗らなくても面図形の扱いとなるので，円周の色は線図形に対する命令 LCOLOR ではなく面図形の境界色に対する命令 BLCOLR で指定したものとなることに注意してください．

用いられる変数は全て整数型です．特に指示されたものを除き 2 バイトでも 4 バイトでも構いません．

以下の説明で使われる色やモードのコードは後の付表に一覧が掲げてあります[1])．

【補助命令】

INIT(IX1,IY1,IX2,IY2)	描画用の新しい窓を開く
CLS()	画面全体を消去する（正確には GCOLOR で指定した色で塗りつぶす）
CLS2(IX1,IY1,IX2,IY2)	2 点 (IX1,IY1), (IX2,IY2) で囲まれた領域を消去する
MODE(M)	出力する図形を出力先の画面に既に存在するデータと如何なる関係で表示するかを指定する．モードの種類と意味は付表 5 参照．
COLOR(IC,IRED,IGREEN,IBLUE)	色コード IC に対応する実際の色を，それに続くデータにより定める．各色のデータを保持する整数変数は 0 〜 255 の値をとり，いずれも大きい方が輝度が増す．従って発現される色は赤：緑：青=IRED:IGREEN:IBLUE の割合で混合された中間色となる．
GCOLOR(IC)	背景色を IC に設定．初期値は 0（黒）．
CLOSEX()	窓を閉じて描画を終了
WAIT(MS)	MS マイクロ秒待機する
GTIME(IH,IM,IS,IMS)	現在時刻 IH 時 IM 分 IS 秒 IMS マイクロ秒を返す

---

[1]) これらは昔 FMR-60 というパソコン上で 16 色グラフィック機能を用いて開発したもの (拙著『教養の数学・計算機』，東京大学出版会 1991) を UNIX の X11 上に移植したものです．関数の中には未実装のものもありますが，今後追加する予定です．逆にマウス操作など，以前には無かった機能も追加されています．

B.2 xgrf.c で提供されるサブルーチン

【線図形の描画】

LCOLOR(IC)	線の描画色を IC とする．初期値は 15(白)．色は付表 1 参照．
LWIDTH(I)	線の太さを I にする．初期値は I=1．
LSTYLE(IS)	線種を IS とする．線種は付表 2 参照．
LINE(IX1,IY1,IX2,IY2)	2 点 (IX1,IY1),(IX2,IY2) を既定の線種の既定の色の線分で結ぶ．
LINE2(IX1,IY1,IX2,IY2,IC,IS)	2 点 (IX1,IY1),(IX2,IY2) を色 IC，線種 IS の線分で結ぶ．
MOVE(IX,IY)	線分描画の基点を (IX,IY) に移動．
LINETO(IX,IY)	最後に描いた線分の位置または MOVE で定めた位置から点 (IX,IY) まで，既定の色と既定の線種で線分を描く．
ARC(IX,IY,IX1,IY1,IX2,IY2,IR)	点 (IX,IY) を中心とし半径 IR の円の弧を中心角 $\theta 1$ から $\theta 2$ まで正の向きに描く．ここに θj はベクトル (IXj,IYj) が x 軸の正の向きと成す角．
ZIGZAG(N,ID(I))	N 本の線分より成る折れ線を描く．配列 ID は 2 バイト宣言されたものとし，その第 I 要素以降に N+1 個の頂点の x,y 座標を保持すること．(I を省略して単に ID と記せば ID(1) と見做される．)
LINEP(N,ID)	第 N 番の線分パターンを ID のデータにより登録．ID は線分パターンの一列 16 ドット分のビットイメージを 0 と 1 で表したものを二進法で解釈した 2 バイトの整数値を保持すること（変数としては 4 バイト整数も可）．

【面図形の描画】

PCOLOR(IC)	領域塗りの色を IC とする．
PMODE(M)	領域塗りのモード指定．モードについては付表 3 参照．
PAINT(IX,IY,IBC)	境界色 IBC の線で囲まれた領域の点 (IX,IY) を含む連結成分を既定の色と既定のモードで塗る．
PAINT2(IX,IY,IBC,M,IC)	境界色 IBC の線で囲まれた領域の点 (IX,IY) を含む連結成分を色 IC，モード M で塗る．
HATCHS(IS)	領域塗りのモードがハッチングの場合，ハッチング・パターンを IS とする．パターンについては付表 4 参照．
TILES(IS)	領域塗りのモードがタイル塗りの場合，タイル・パターンを IS とする．タイル種は TILPTN で登録されたものである．
BLMODE(M)	面図形の境界線のモードを指定する．0 のとき境界線を描かず，1 のとき描く．(初期値は 1)
BLSTYL(IS)	面図形の境界線の線種を IS とする．初期値は 1 (実線)．
BLCOLR(IC)	面図形の境界線の色を IC とする．
BOX(IX1,IY1,IX2,IY2)	2 点 (IX1,IY1),(IX2,IY2) を対角頂点とする長方形を面図形として描く．(中は領域塗りの既定の色で塗られることに注意．以下面図形の場合は全て同様である．)
CIRCLE(IX,IY,IR)	点 (IX,IY) を中心とする半径 IR の円を面図形として描く．
SECTOR(IX,IY,IX1,IY1,IX2,IY2,IR)	点 (IX,IY) を中心とする半径 IR の円の中心角 $\theta 1, \theta 2$ (ARC の項参照) に対応する扇形を面図形として描く．(半径も境界の一部と見做される．)

ELLIPS(IX,IY,IRX,IRY)　点 (IX,IY) を中心とする横半径 IRX, 縦半径 IRY の楕円を面図形として描く．
PSET(IX,IY,IC)　点 (IX,IY) に色 IC で点を打つ．
TILPTN(M,N,ID(I))　2バイト宣言された配列 ID の第 I 要素以下のデータを用いて横8ドット，縦 M ドットのタイルパターンを第 N 番に登録．配列の各要素は点毎の色識別番号を保持するので，ID のサイズ ≥ 8M が必要．
HCHPTN(M,N,ID(I))　2バイト宣言された配列 ID の第 I 要素以下のデータを用いて横8ドット，縦 M ドットのハッチングパターンを第 N 番に登録．配列の各要素は行毎のビットイメージを二進法で表記したものに相当する整数値を保持すること．TILPTN はドット毎の色指定だが，これは単色（PCOLOR で指定）．
POLYGN(N,ID)　2バイト整数の配列 ID に格納された N 個の座標データを頂点とする N 角形を描き，内部の現在のモードで塗る．

【文字】

CHCOLR(IC)　画面へ表示する文字の色を指定．
CHARAC(IX,IY,MOJI)　点 (IX,IY) より右方向に水平に変数 MOJI が含む文字列を画面に表示する．MOJI の宣言文字長は ≤ 24 なることを要す．

【キーボードとマウス】　（以下はいずれも関数の扱いである）

MOUSE(IX,IY)　マウスクリックイベントを拾う．(IX,IY) はスクリーン座標，戻り値はボタンの種類（1:左，2:中，3:右）
MBOX(IX,IY,IX2,IY2)　マウスで領域を取得．左ボタン押し下げで指定領域の開始位置（IX,IY）を，ドラッグしてボタンを離すことで終了位置（IX2,IY2）を取得．戻り値は同上．
KEY()　押されたキーのアスキーコードを返す．英字キーと数字キーはほぼ拾えるが，その他は機種依存になる．

* * * * *

【付表 1】　カラーコード（初期設定値；すべて上書き変更可能）

0	黒	1	黒
2	青（暗）	3	青（明）
4	赤（暗）	5	赤（明）
6	紫（暗）	7	紫（明）
8	緑（暗）	9	緑（明）
10	水色（暗）	11	水色（明）
12	黄（暗）	13	黄（明）
14	白（暗）	15	白（明）
16〜255	ユーザー定義用		

B.2 xgrf.c で提供されるサブルーチン

【付表 2】 線種（パターンは十六進表示）

1	実線	(FFFF)	（初期値）
2	破線	(FCFC)	
3	点線	(EEEE)	
4	一点鎖線	(FF18)	
5	二点鎖線	(FCCC)	
6～127	ユーザー定義パターン	（初期値は FFFF）	

【付表 3】 ペイントモード

0	塗らない（初期値）	1	ベタ塗り
2	タイル塗り	3	ハッチング塗り

【付表 4】 ハッチング・パターン

1	≡（初期値）	2	|||
3	///	4	\\\
5	♯	6	✕✕✕
7～127	ユーザーの定義パターン（初期値は無地）		

【付表 5】 ドット・データ書き込みモード

1	AND	（出力図形の各ドットを出力画面に既に存在する各ドットと AND をとったものを表示する．）
3	PSET	（出力図形をそのまま描く．）初期化値
6	XOR	（1 の AND の代わりに XOR をとったものを描く．）
7	OR	（1 の AND の代わりに OR をとったものを描く．）
12	NOT	（出力データを NOT により反転させて描く．このモードは文字の出力に対してのみ許される．）

参 考 文 献

　本書を読むための予備知識を提供する書物と，進んで勉強するときの参考書を最小限提示しておきます．これらにふさわしい書物は世の中にたくさんありますが，ここでは著者の身近にあったものから選びました．

[1] 金子 晃『数理系のための基礎と応用 微分積分 I,II』，サイエンス社, 2000, 2001.

[2] 金子 晃『線形代数講義』，サイエンス社, 2004.

　　この二つは本書で使われる微積分と線形代数の知識のための参考書です．著者のものを宣伝しておきますが，手持ちのものが利用可能ならばそれで構いません．

[3] 森 正武『数値解析 (第2版)』，共立出版, 2002.

　　本書から更に進んで，数値解析まで勉強してみようという人に薦めます．

[4] 杉原正顕，室田一雄『数値計算法の数理』，岩波書店, 1994.

　　同じく数値計算から数値解析に到る参考書です．

[5] 金子 晃『偏微分方程式』，東京大学出版会, 1998.

　　第11, 12章で扱った偏微分方程式の参考書です．世の中には偏微分方程式の良い参考書がたくさんあるので，ここでは敢えて著者のものだけにしておきます．(^^;本書で紹介した数値解法の背景にある問題の起源が見えてくることを期待します．

[6] 浦 昭二『FORTRAN 77 入門』，培風館, 1982.

　　昔からある本ですが，FORTRAN 77 の参考書としては今でもこれ一冊で十分でしょう．

[7] W. H. Press, S. A.Teukolsky, W. T. Vetterling, B. P. Flannery, "Numerical Recipes in FORTRAN (第2版)", Cambridge Univ. Press, 1992.

　　主な数値計算アルゴリズムと，プログラム見本が載っている便利なハンドブックです．C言語版やFORTRAN 90 版もあります．

[8] M. Metcalf, J. Reid, M. Cohen, "fortran 95/2003 explained", Oxford Univ. Press, 2004.

　　FORTRAN 90 から 2003 までの変化を勉強するのに利用しました．

[9] 大石進一『精度保証付き数値計算』，コロナ社, 2000.

　　精度保証計算の参考書を一つだけ挙げておきます．

索　引

あ　行

アスキーコード　9
アスキーコード表　10
アセンブラ　111
値渡し　115
アドレス　15
アフィン写像　185
アンダーフロー　33
暗黙の型宣言　40

1次元配列　99
インタープリタ　12

英数字　16
エディター　4
エミュレート　3

オーバーフロー　32
オーバーフロー(整数の)　22
帯状行列　134
オブジェクトモジュール　18
オプション　5
重み　87
温度勾配　203

か　行

解析解　198, 203
外部コマンド　6
仮数部　26
加速緩和法　195
型　15
型変換　43, 143
カラム　16
仮引数　105
カレントディレクトリ　5
環境変数　183
関数ポインタ　122
ガンマ関数　109

機械語　15, 18
規格化浮動小数点数　28

疑似言語　38
疑似コード　38
偽寸法配列　141
キャスト　43
境界条件　204
共役勾配法　221
局所変数　105

区間演算　239
組込み関数　111, 114
クラス　176
クロック数　113

計算型 GO TO 文　172
計算機イプシロン　32
桁落ち　26

高級言語　15
格子点　124
構造型　173
後退代入　130
勾配演算子　207
コード　9, 11, 14
コマンド　4
コマンドライン　12
コメント　16, 59
コンパイラ　4

さ　行

再帰呼び出し　110
サブディレクトリ　5
サブルーチン　106
作用素ノルム　188
参照渡し　115

シェル　4
シェルコマンド　4
シェルスクリプト　183
指数部　26
指数変換　82
実行文　17
実装　21

257

実引数　105
支配方程式　196
充填 Julia 集合　178
主記憶　2
縮小写像　187
消去法　130, 131
条件数　228
情報落ち　27
初期条件　146, 204
初期値問題　146
自励系　162

数値解　203
スタック　115
スペクトル半径　194
スペクトル法　216
スラッシュ /　6

整合配列　141
整商　42
全角文字　11
漸近的アンダーフロー　32
宣言文　17
前進消去　130

相空間　162
装置番号　138
ソースコード　14

た 行

ターミナルウインドウ　4, 6
台　219
対角優位行列　190
台形公式　73
多重定義　175, 176
単精度　28

逐次アクセス　138
直交行列　192

ディレクトリ　3
テキストデータ　10
テキストファイル　10
デバッグ　19
デフォールト　5
テンプレート　177

な 行

2 次元配列　128
2 次収束　94
2 重指数変換　82
2 の補数表現　21

熱伝導の法則　203, 207
熱方程式　203

ノルム　187, 188, 216
ノルムの公理　187

は 行

バイアス　28
倍精度　29
バイト　9
配列　99, 128
バグ　12
パス　6
パスを通す　7
バックスラッシュ \　7
発散演算子　207
バッファ　137
バッファリング　137
半角文字　11
汎関数　79
番地　15
バンド幅　134

ピクセル　25
ビッグエンディアン　30
ビット　9
ピボット　130
標準出力装置　16
標準書式　16
標準入力装置　16
標本点　87

ファイル　3
ファイル属性　17, 183
不動点　187
不動点定理　188
フリーソフト　7
プログラム　14
ブロック IF 文　91
プロンプト　13

索　引　　259

分割コンパイル　107
文関数　58
冪乗法　199
ヘッダファイル　114
変数　15
ポインタ　116, 143
補間　124
補間多項式　124

ま　行

前処理　194
マクロ　13
丸め誤差　27
丸めモード　239

密行列　134

メモリーリーク　143

文字コード　9

や　行

有限要素法　219

ら　行

ライブラリ関数　111
ラプラシアン　202

リアルタイム　118
力学系　161
離散型の Gronwall 不等式　153
リダイレクト　137
律速　133
リトゥルエンディアン　30
リンカー　18

ループ　39

欧　字

Bernoulli 数　82
Bernoulli 多項式　83
Bernoulli 法　199

CALL 文　106
Cauchy 列　187
Choleski 分解　224
CONTINUE 文　40
Courant-Friedrichs-Lewy の条件　211
CPU　2
Cygwin　3

DE 変換　82
DO 文　40, 78

ELSE　90
ELSE IF 文　172
END DO　74
END IF　91
Euclid ノルム　187
Euler-Maclaurin の公式　82
EXTERNAL 文　121

FEM　219
FORMAT 文　40
FORTRAN と C のリンク　120
Fourier 級数　198, 217
free　143
FreeFEM　221

g77　17
Galerkin 法　219
Gauss-Seidel 法　186
Gauss の発散定理　207
gcc　18
gdb　19
GMP　237
gnuplot　137
GO TO 文　71
Green の定理　219
Gronwall の不等式　152

Hausdorff 次元　179
Hilbert 空間　216

IEEE　28
IEEE 754 規格　28
IF 文　70, 90
IMPLICIT 文　90
INTRINSIC　121

Jacobi 法　185
Julia 集合　178

L_1 ノルム　　187
L_∞ ノルム　　187
L_2 内積　　215
L_2 ノルム　　187, 216
Lagrange 補間多項式　　125
Lanczos 法　　226
LAPACK　　230
Laplace 演算子　　202
.LE.　　71
.LT.　　90
Linux　　3
LR 分解　　134
ls　　5

malloc　　142
Mandelbrot 集合　　168
Maxima　　48

Neumann 級数　　229
Newton の運動方程式　　148
Newton 法　　93

OpenGL　　166
OS　　2

Padé 近似　　126
PARAMETER 文　　108
Pari/GP　　237
Poisson 方程式　　215

Richardson 加速法　　98
Risa/Asir　　92
Romberg 積分法　　100
Runge-Kutta 法 (2 次の -)　　154
Runge-Kutta 法 (4 次の -)　　155

stdout　　138
Sturm 列　　228

tee　　137
THEN　　90

UNIX　　3

van der Pol 方程式　　163

WHILE 文　　71
Windows　　3

xgrf.c　　118, 252
Xlib　　118, 165

著者略歴

金 子　　晃
かねこ　あきら

1968年　東京大学 理学部 数学科卒業
1973年　東京大学 教養学部 助教授
1987年　東京大学 教養学部 教授
1997年　お茶の水女子大学 理学部 情報科学科 教授 (現職)
　　　　理学博士

主要著書

数理系のための 基礎と応用 微分積分 I, II
(サイエンス社，2000, 2001)
線形代数講義 (サイエンス社，2004)
応用代数講義 (サイエンス社，2006)
定数係数線型偏微分方程式 (岩波講座基礎数学，1976)
超函数入門 (東京大学出版会，1980–82)
教養の数学・計算機 (東京大学出版会，1991)
偏微分方程式入門 (東京大学出版会，1998)

ライブラリ数理・情報系の数学講義-10
数値計算講義

2009年 4月10日 ⓒ　　　　　　初 版 発 行

著 者　金 子　　晃　　　発行者　木 下 敏 孝
　　　　　　　　　　　　印刷者　杉 井 康 之
　　　　　　　　　　　　製本者　小 高 祥 弘

発行所　株式会社 サイエンス社
〒151–0051　東京都渋谷区千駄ヶ谷1丁目3番25号
営業 ☎ (03) 5474–8500 (代)　振替 00170-7-2387
編集 ☎ (03) 5474–8600 (代)
FAX ☎ (03) 5474–8900

印刷　(株)ディグ　　　製本　小高製本工業 (株)

《検印省略》
本書の内容を無断で複写複製することは，著作者および
出版者の権利を侵害することがありますので，その場合
にはあらかじめ小社あて許諾をお求め下さい．

ISBN978-4-7819-1225-7
PRINTED IN JAPAN

サイエンス社のホームページのご案内
http://www.saiensu.co.jp
ご意見・ご要望は
rikei@saiensu.co.jp　まで．

数値計算 ［新訂版］
洲之内治男著　石渡恵美子改訂　Ａ５・本体1600円

数値計算の基礎と応用
杉浦　洋著　Ａ５・本体1800円

数値計算の基礎
藤野清次著　Ａ５・本体1700円

数値計算入門
河村哲也著　２色刷・Ａ５・本体1600円

ザ・数値計算リテラシ
戸川隼人著　２色刷・Ａ５・本体1480円

理工学のための 数値計算法
水島・柳瀬共著　２色刷・Ａ５・本体2000円
発行：数理工学社

工学のための 数値計算
長谷川・吉田・細田共著　２色刷・Ａ５・本体2500円
発行：数理工学社

＊表示価格は全て税抜きです．

サイエンス社

C言語による
数値計算入門
皆本晃弥著　2色刷・B5・本体2400円

数値計算とその応用
アトキンソン／ハーリ／ハドソン共著
神谷紀生他訳　B5・本体3200円

FORTRAN Ⅳ／77による
数値計算プログラム［増補版］
マコーミク／サルバドリ共著
清水留三郎訳　A5・本体2000円

Fortran 95, C & Java による
新数値計算法
小国　力著　A5・本体2200円

BASIC数値計算プログラム集
戸川隼人著　A5・本体1165円

計算機のための　**数値計算**
戸川隼人著　A5・本体1311円

数値解析入門［増訂版］
山本哲朗著　A5・本体2000円

＊表示価格は全て税抜きです．

サイエンス社

新装版　UNIX ワークステーションによる
科学技術計算ハンドブック
－基礎篇 C 言語版－
戸川隼人著　Ａ５・本体3800円

線形代数と線形計算法序説
村田健郎著　Ａ５・本体2200円

コンピュータによる
偏微分方程式の解法 ［新訂版］
G.D.スミス著　藤川洋一郎訳　Ａ５・本体2233円

数値シミュレーション入門
河村哲也著　２色刷・Ａ５・本体2000円

FORTRAN による
演習数値計算
洲之内・寺田・四条共著　Ａ５・本体1553円

数値解析演習
山本・北川共著　Ａ５・本体1900円

＊表示価格は全て税抜きです．

サイエンス社